시험, 생활, 교양 상식으로 나눠서 배우는

수학 대백과사전

시험, 생활, 교양 상식으로 나눠서 배우는

수학대백과사전

초판 1쇄 | 2020년 12월 28일
초판 7쇄 | 2024년 5월 25일

지은이 | 구라모토 다카후미
옮긴이 | 린커넥터
발행인 | 김태웅
기획편집 | 이미순
교정교열 | 김창수
디자인 | 남은혜, 김지혜
마케팅 총괄 | 김철영
온라인 마케팅 | 하유진
제　작 | 현대순

발행처 | (주)동양북스
등　록 | 제 2014-000055호
주　소 | 서울시 마포구 동교로22길 14 (04030)
구입 문의 | 전화 (02)337-1737 팩스 (02)334-6624
내용 문의 | 전화 (02)337-1762 dybooks2@gmail.com

ISBN 979-11-5768-677-3 03410

数学大百科事典 仕事で使う公式・定理・ルール127
(Sugaku Daihyakka Jiten : 5626-2)
©2018 Takafumi Kuramoto
Original Japanese edition published by SHOEISHA Co.,Ltd.
Korean translation rights arranged with SHOEISHA Co.,Ltd. through Botong Agency Inc.
Korean translation copyright © 2020 by Donyang Books Co.

이 도서의 국립중앙도서관 출판예정도서목록(CIP)은 서지정보유통지원시스템 홈페이지(http://seoji.nl.go.kr)와
국가자료공동목록시스템(http://www.nl.go.kr/ kolisnet)에서 이용하실 수 있습니다.
(CIP제어번호: CIP2020052569)

시험, 생활, 교양 상식으로 나눠서 배우는

수학 대백과 사전

구라모토 다카후미 지음 | 린커넥터 옮김

동양북스 **SE** SHOEISHA

미래를 살아가면서 알아 두면 좋은 학문, 수학!

인공지능, 빅데이터, 양자 컴퓨터는 2020년 현재 많은 주목을 받고 있으며 미래에 IT의 중심이 될 기술입니다. 해당 분야를 공부하기 시작한 사람도 많을 것으로 생각합니다. 그런데 "책을 읽었지만 아무것도 모르겠다"라고 말하는 사람도 있습니다. 여러 이유가 있겠지만 아마 수학 때문일 것입니다. 방금 소개한 기술에는 대학교 이상에서 배우는 수학 개념이 바탕이 되며, 수학 없이는 그 본질을 이해할 수 없습니다.

1900년대 후반 글로벌 시대가 열리면서 외국인과 대화하거나 외국어 자료 등을 찾을 필요성이 늘었고, 모두가 외국어를 공부하면서 외국어가 우리 삶에 한 부분으로 자리 잡았습니다. 마찬가지로 인공지능 시대가 열리면, 우리 삶 주변에 컴퓨터가 탑재된 자율 주행 자동차나 로봇이 늘어날 것이며 컴퓨터는 단순한 도구에서 가족이나 동료 같은 존재가 될 것입니다.

그런데 인공지능을 탑재한 컴퓨터는 수학의 세계에 살고 있습니다. 약간 과장해서 말하면 컴퓨터의 모국어는 수학입니다. 즉, 컴퓨터의 사고 회로를 이해하고 의사소통하려면 수학을 알아야 합니다. 물론 여러분의 눈앞에 있는 컴퓨터와는 마이크나 키보드 등의 인터페이스 도구로 소통하니 수학이 모국어라고 말하면 이해하기 어려울지도 모릅니다. 하지만 여러분이 소통하는 모든 내용은 수학 개념을 이용해 컴퓨터가 이해할 수 있도록 바뀝니다. 또한, 컴퓨터의 능력을 최대한 끌어내려면 컴퓨터의 모국어인 수학을 이해해야 합니다.

그럼 컴퓨터에서 사용하는 수학 개념을 이해하려면 무엇을 하면 좋을까요? 이때는 기존의 수학 교과서와는 다른 관점으로 접근하는 것이 좋습니다. 수학 교과서는 모국어가 수학인 컴퓨터와 대화하고 싶은 사람에게 서예나 시를 가르치는 것과 같습니다. '즐거운 수학', '아름다운 수학'이라는 예술적인 콘셉트도 마찬가지입니다. 이들 모두는 수학 자체에 초점이 맞춰져 있습니다.

하지만 우리가 원하는 것은 의사소통 도구 관점의 수학입니다. 예술이 아닌 도구 관점이라는 것에 큰 차이가 있습니다. 서예나 시는 사람의 마음을 풍요롭게 해주지만 눈앞의 문제를 해결해 주지 않습니다. 이 책에서 추구하는 수학은 컴퓨터와 효과적으로 소통하고 업무 성과를 높여주는 관점의 수학입니다.

저는 수학 교수가 아닙니다. 컴퓨터의 두뇌에 해당하는 반도체 설계에 참여하는 엔지니어입니다. 조금 전문적으로 설명하면 담당 업무는 모델링이며, 반도체의 특성을 표현하는 데 수학을 활용합니다. 구체적으로는 대수, 행렬, 벡터, 미적분, 복소수, 통계의 개념을 사용합니다. 이 경험을 바탕으로 저는 이 책에서 수학 개념을 이해한 후 어떻게 활용할지를 알려줄 것입니다.

저는 수학적인 재능이 있는 사람이 아닙니다. 실제로 대학교 때는 고등 수학 이론을 이해하기 어려워 좌절한 적도 있습니다(그 당시 읽었던 교재는 지금도 서재에 꽂혀 있지만 다시 읽어 보아도 이해하기 어렵습니다). 그런데 실제 업무에서 수학을 활용하다 보니 어떤 노하우 같은 것이 보이기 시작했습니다. 이는 영어로 대화할 때 문법이나 단어를 조금 다르게 사용해도 듣는 사람은 이해하는 것과 같은 원리입니다. 엄격함과 두려움을 떨치고 이 책으로 차근차근 중고등학교 수학 개념을 읽다 보면 여러분의 실생활이나 업무에 수학이 쓸모 있음을 충분히 알 것으로 확신합니다.

여기까지 지은이의 말을 읽었다면 여러분이 이 책에 관심이 생겼다고 생각하겠습니다. 그럼 이야기를 풀어 가겠습니다. 먼저 이 책의 본문을 읽기 전에 지금까지 여러분이 배운 수학은 왜 이해하기 어려웠는지, 어떤 방법으로 여러분이 수학을 이해하도록 도울 것인지를 설명할 것입니다.

술술 읽으면서 느끼는 실용 수학의 재미를 느낀다!

대부분의 사람이 수학을 어렵거나 재미없다고 느낍니다. 아마 그간 수학을 배우면서 시험 문제를 푸는 요령 위주로 공부하는 현실이 지겨웠던 사람이 있었을 것입니다. 혹은 노력한 만큼 성적이 향상되지 않아 답답했던 사람도 있었을 것입니다. 고등학교를 졸업한 후라면 굳이 수학을 따로 공부할 이유가 없었고 자연스레 멀어진 사람도 있을 것입니다. 제 주변에도 대부분 수학에 관심 있냐고 물어보면 대부분 관심 없다고 말합니다.

그런데 최근에 그 흐름이 조금 바뀌어 수학에 관심을 갖는 사람이 늘어나는 분위기입니다. 원래 중고등학교부터 "국어·영어·수학이 입시의 주요 과목이다"라고 할 정도로 수학은 중요했었지만, 최근에는 수학의 아름다움이나 수학을 실용적으로 어떻게 활용하는가에 관해 자주 이야기하기 시작했습니다. 또한, IT 분야의 큰 흐름인 인공지능 연구에서는 수학이 없으면 주요 이론을 이해하기 어려울 정도로 중요성이 높아졌습니다.

이 책은 이러한 시간 흐름 속에서 출간되어 여러 가지 관점에서 수학을 소개합니다. 의외로 시험의 중요성을 강조해 시험을 위해 수학을 공부할 때 필요한 조언을 아끼지 않습니다. "시험에 자주 나오는 부분이니 열심히 문제를 풀어야 한다"라고도 하고, "한정된 시간에 문제를 풀려면 공식을 외워두는 것이 좋다"라고도 말합니다.

그러면서도 교양으로 수학을 배우려는 독자도 충분히 배려합니다. "교양으로 수학을 배우는 독자도 이 정도는 알아두기 바랍니다"라고도 하고, 왜 배워야 하는지 그 이유를 설명합니다. 풀어야 할 문제는 하나도 없는데, 마치 교과서나 참고서처럼 각 절 도입부마다 대상 독자에 따라서 해당 개념이 얼마나 중요한지 별 5개 기준으로 점수를 부여해 독자에게 이유를 확실히 각인시킬 정도입니다.

이 모든 것은 아마도 수학 지식을 알려준다는 기본적인 목적은 유지하면서도 기존의 책에는 없는 목적성을 뚜렷하게 부여해 이 책을 읽는 사람이 수학에 집중하면 좋겠다는 바람이 있기 때문이라고 생각합니다.

이 책의 주요 독자는 시험을 대비해 중고등학교 수학을 빠르게 정리하려는 사람, 실무에서 수학을 활용하려는 사람입니다. 하지만 삶의 어느 한쪽에 수학을 다시 기억하고 싶다고 생각한 사람이라면 지금 당장 이 책을 읽어도 좋습니다. 굳이 권하고 싶지는 않지만, 교과서라는 틀을 벗어나 고등학교 수학을 선행 학습하려는 사람도 이 책은 도움을 줄 것으로 생각합니다.

끝으로 이렇게 재미있는 콘셉트의 책을 번역하는 데 많은 도움을 준 린커넥터 식구들과 동양북스 관계자 여러분 감사드립니다. 그리고 늘 삶에 든든한 힘이 되어주는 가족에게 감사드립니다.

이 책의 특징과 활용 방법

수학을 활용하는 것은 어떤 의미인가요?

이 책은 수학을 활용하는 방법을 알려줍니다. 예를 들어 고객을 유치하거나 불량품을 줄이는 등의 실생활 문제에 수학 개념을 적용하여 해결하는 것입니다.

여러분에게 "수학을 잘하려면 무엇을 해야 할까요?"라고 질문하겠습니다. 아마 많은 분이 "학교에서 알려주는 수학 문제를 열심히 푸는 것"이라고 대답할 것입니다. 그런데 학교에서 알려주는 수학 문제를 푸는 것과 수학을 활용하는 것은 의외로 전혀 별개의 문제입니다.

예를 들어 다음 문제를 살펴보겠습니다.

> x^5를 미분하면 $5x^4$이고, $2x^4$를 미분하면 $8x^3$입니다. 즉, x^n을 미분하면 xn^{n-1}입니다. 그럼 $3x^3$을 미분한 결과는 무엇인가요?

곱셈을 이해한다면 초등학생도 규칙을 외워서 $9x^2$이라는 결과를 계산할 수 있습니다.

그런데 이 문제를 규칙에 따라 푼 것만으로 '미분'을 이해하고 활용할 수 있느냐고 묻는다면 '그렇다'라고 답하긴 어렵습니다. 심지어는 대학 입시에 나오는 어려운 미분 문제를 풀었다고 해서 미분을 명확히 이해했다고 말하기 어려운 경우도 있습니다.

보통 대학교 이후에는 실생활의 문제를 해결할 때 컴퓨터를 사용합니다. 그래서 학교 시험에서 중요한 계산의 속도와 정확성은 중요하지 않습니다. 수학을 실제 활용할 때 중요한 것은 어떤 개념을 어떤 상황에 사용할지 판단하는 감각입니다. 이는 현재 교육 과정에서 배울 수 있는 것이 아닙니다.

이 책에서는 BUSINESS 에서 해당 개념이 어떤 상황에서 사용되는지 설명합니다. 수학을 사용하는 감각을 익히는 데 도움을 줄 것입니다.

개념 사이의 연관 관계를 설명합니다

현재 수학 교육은 개념 각각을 자세히 설명하는 것을 중요하게 생각합니다(당연히 수학 교육에 꼭 필요합니다). 그런데 개념에만 너무 집중하다 보면 큰 그림(개념 사이의 연관 관계)을 잘 보지 못한다는 문제가 있습니다.

이 책의 각 장 처음에는 Introduction이라는 코너가 있습니다. 해당 장에서 배우는 개념의 중요성과 다른 항목과의 연관 관계를 나타냅니다. 물론 본문의 설명에서도 규칙과 함께 큰 그림을 이해하도록 배려합니다.

참고로 개념의 난이도에 따라 엄격한 정의를 따르지 않고 간단하게 표현한 부분이 있습니다. 이는 독자 여러분이 개념을 쉽게 이해하는 것이 무엇보다 중요하다고 생각해서 생략한 것이니 양해하기 바랍니다.

고등학교 수학을 중점적으로 다룹니다

이 책은 고등학교 수학을 중점적으로 다룹니다. 사실 고등학교 수학은 고급 과정입니다. 고등학교에서 배우는 함수, 미적분, 벡터* 등을 완전히 이해한다면 수학을 활용하는 데 필요한 기초 지식은 충분히 배웠다고 생각해도 됩니다.

물론 통계, 수치 해석, 선형대수 등 고등학교에서 선택해서 배우거나 배우지 않지만 중요한 개념도 있습니다(이 책에서는 해당 개념도 어느 정도 다룹니다). 그러나 이 책에서 설명하는 고등학교 수학을 제대로 이해한다면 배우지 않는 개념도 자연스럽게 이해할 수 있습니다. 만약 이해하기 어렵다면 고등학교 수학 과정을 제대로 이해했는지 한 번 더 생각해 보기 바랍니다.

또한, 대부분의 사람이 인생에서 수학을 이해하려고 가장 집중하는 시기는 고등학교 3학년(수학능력시험 전)일 것입니다. 고등학생이 이 책의 주 독자는 아니지만, 수험생에게 중요한 수학 개념과 실용 관점에서 자주 활용하는 수학 개념을 비교했을 때 수학을 더 잘 이해할 수 있다고 생각합니다. 그래서 수험생에게 중요한 수학 개념도 포함했습니다.

---

* 옮긴이: 현재 우리나라의 고등학교 정규 교과에서는 벡터와 행렬을 배우지 않습니다. 고급 수학이라는 선택 과목에서 다룬다는 점을 참고하기 바랍니다.

특히 수험생에게는 중요하지만 실용 관점에서는 중요하지 않은 수학 개념, 혹은 그 반대의 경우를 의식해서 읽으면 재미있을 것입니다.

이 책의 활용 방법

이 책의 활용 방법은 다음과 같습니다. 먼저 별(★) 표시와 요약 부분을 참고해 세부 개념이 아닌 개요를 파악하기 바랍니다.

또한, 절 단위로 알고 싶은 항목만 사전처럼 찾아서 공부해도 좋지만, 가능하면 이 책 전체를 한 번 쭉 읽기 바랍니다. 수학의 큰 그림을 파악할 수 있을 것입니다.

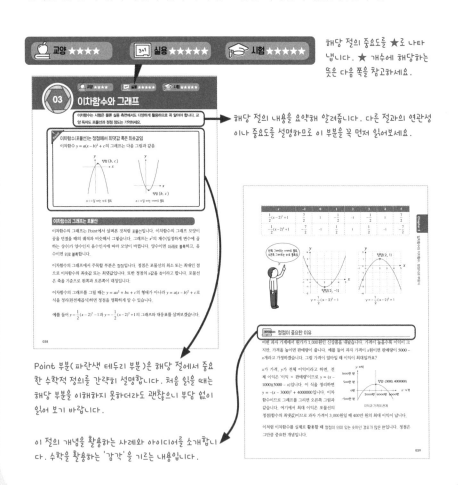

해당 절의 중요도를 ★로 나타냅니다. ★ 개수에 해당하는 뜻은 다음 쪽을 참고하세요.

해당 절의 내용을 요약해 알려줍니다. 다른 절과의 연관성이나 중요도를 설명하므로 이 부분을 꼭 먼저 읽어보세요.

Point 부분(파란색 테두리 부분)은 해당 절에서 중요한 수학적 정의를 간략히 설명합니다. 처음 읽을 때는 해당 부분을 이해하지 못하더라도 괜찮으니 부담 없이 읽어 보기 바랍니다.

이 절의 개념을 활용하는 사례와 아이디어를 소개합니다. 수학을 활용하는 '감각'을 기르는 내용입니다.

이 책에서 배우는 수학 개념은 '교양', '실용', '시험'이라는 항목으로 나눈 후 항목별 중요도를 ★ 개수로 나타냅니다. 항목별 ★ 개수가 나타내는 뜻은 다음과 같습니다.

🍎 '교양'의 대상 독자

회사에 근무하는 관리직으로, 문과 계열 전공을 공부했으며 고등학교 이후에 수학을 배운 적이 거의 없음. 기술 영업 직군이나 기술 관련 직군의 사람과 대화할 수 있는 최소한의 수학 지식이 필요함

★★★★★ → 매우 중요한 항목입니다. 계산 방법도 알아야 합니다.
★★★★ → 중요한 항목입니다. 가능하면 계산 방법도 알면 좋습니다.
★★★ → 계산 방법을 알 필요는 없지만 개념은 이해해야 합니다.
★★ → 여유가 있으면 개념을 이해해 두기 바랍니다.
★ → '교양' 독자는 읽지 않아도 됩니다.

3+1 '실용'의 대상 독자

전기, 정보, 기계, 건축, 화학, 생물학, 약학 등 기업에서 제품 개발, 설계, 제조 공정 관리 등에 일하는 엔지니어나 프로그래머, 데이터를 분석하는 엔지니어와 컨설턴트 등

★★★★★ → 업무에 필수로 사용합니다. 모르면 창피할 것입니다.
★★★★ → 업무에 자주 사용하는 편입니다. 계산 방법도 알아 두면 좋습니다.
★★★ → 업무에 필요할 수 있으므로 개념을 이해해 둡니다.
★★ → 업무에서 해당 개념을 사용할 일이 적습니다.
★ → 업무에서 해당 개념이 필요하지 않습니다.

🎓 '시험'의 대상 독자

수학 시험을 치르는 이과 계열 고등학생

★★★★★ → 기초 중의 기초입니다. 무의식적으로 계산할 수 있어야 합니다.
★★★★ → 시험에 자주 나오는 개념입니다. 모르면 좋은 성적을 거두기 어렵습니다.
★★ → 시험에 나오는 개념입니다. 제대로 공부해 둡시다.
★★ → 고등학교 수학 범위지만, 시험에 잘 나오지 않습니다.
★ → 고등학교 수학 범위를 벗어난 개념입니다.

Contents

02 일차함수와 이차함수, 방정식과 부등식 ········ 031

Introduction

Contents

Chapter

03 지수와 로그 •••••••••••••••••••••••••••• 055

Contents

Chapter

05 미분 •••••••••••••••••••••••••••••• 101

Chapter

06 적분 · 123

Contents

08 수치해석 ···························· 163

Introduction

컴퓨터는 명령하지 않으면 아무것도 할 수 없다 ·················· 164

숫자를 다룰 때의 어려움 ·· 164

Contents

Chapter

09

수열 · 179

Contents

Contents

Contents

이 책의 문의 사항

『수학대백과사전』은 독자의 문의에 대응하는 몇 가지 방법을 마련해놓았습니다. 다음 사항을 읽고 지침에 따라 문의하십시오.

이 책과 관련된 질문

이 책과 관련된 질문은 wizplan.dybooks.it@gmail.com 혹은 동양북스 IT 블로그의 『수학대백과사전』 페이지(https://dybit.tistory.com/7)에 댓글로 남겨주기 바랍니다.

이 책의 정오표 확인

동양북스 IT 블로그(https://dybit.tistory.com/8)에 등록된 '정오표'를 참고하세요. 지금까지 알려진 오탈자나 추가 정보를 등록해놓고 있습니다.

답변 방식

질문의 답은 질문한 방법에 맞춰서 드릴 것입니다. 질문의 내용에 따라서 답변에 며칠 혹은 그 이상의 시간이 소요될 수 있습니다.

질문할 때 주의할 사항

이 책에서 설명하는 범위 이외의 질문, 이해하기 어려운 내용의 질문, 문제 풀이 질문 등에는 답변을 드리기 어렵습니다. 이 점 미리 양해 부탁드립니다.

※ 이 책에서 소개하는 URL 등은 예고 없이 변경될 수 있습니다.

※ 이 책은 정확한 사실에 근거해 집필 및 번역하려고 했지만, 지은이, 옮긴이, 출판사 등에서 이 책의 내용이 완벽하다고 보장하지는 않습니다. 또한, 이 책의 내용이나 예제에 따라 실행한 어떤 운용 결과에 책임을 지지 않습니다.

※ 이 책에 사용한 회사 이름이나 제품 이름은 해당 회사의 상표 또는 등록 상표입니다.

Introduction

수학의 핵심은 확장, 추상화, 논리

이 장에서는 준비 운동을 한다는 느낌으로 중학교에서 배운 수학을 복습하겠습니다. 가장 기초가 되는 내용이라서 여러분의 일상을 크게 바꾸지는 않을 것입니다. 하지만 지금부터 살펴볼 수학 지식을 이해하는 데 도움이 되니 가볍게 읽으면서 혹 기억나지 않는 부분은 제대로 이해하기 바랍니다.

일상에 도움을 주는 방향으로 수학을 이해할 때의 핵심은 확장, 추상, 논리입니다. 이 관점에서 중학교 수학을 살펴보겠습니다.

'확장'은 수를 이해하는 다양한 관점을 익히는 것입니다. 예를 들어 중학교에서는 초등학교에서 배운 정수, 소수, 분수의 개념을 확장해 음수와 무리수 등 조금 어려운 개념을 배웁니다. 음수의 개념을 알기 전에는 통장에 '1000'이라는 숫자가 적혀 있으면 1,000원이 있다고 이해할 것입니다. '0'이 적혀 있으면 내 통장에 돈이 없다고 생각하겠죠. 그런데 음수의 개념을 이해하면 '–1000'이라는 숫자가 적혔을 때 빚 1,000원이 있다고 생각할 것입니다. 이러한 '확장'의 개념은 자주 등장하며 여러분이 산수를 배우다가 수학을 처음 접하는 지점이기도 합니다. 처음에는 왜 이러한 개념이 있는지 이해하지 못하지만, 익숙해지면 생각의 폭이 넓어집니다.

'추상화'는 특정한 상황을 토대로 핵심적인 특징을 정리해 나타내는 것입니다. 중학교 수학을 배우기 시작하면서 문자로 표현하는 식(문자식)을 많이 접하게 됩니다. 그런데 문자식은 직관적인 숫자를 다루지 않아서 많은 학생이 수학을 싫어하는 원인이 된다고 생각합니다. 그런데도 문자식을 사용하는 이유는 사물을 추상화하기 때문입니다. 예를 들어 어떤 가게에서 모든 상품을 20% 할인한다고 생각해 봅시다. 상품의 정가가 2,000원이라면 실제 내야 할 금액은 $2000 \times 0.8 = 1600$원입니다. 이 계산을 추상화하면 $x \times 0.8 = 0.8x$라는 문자식으로 나타낼 수 있습니다. 즉, x라는 항목에 상품의 가격을 대입하면 모든 상품의 할인가를 계산할 수 있는 문자식이 됩니다. 이러한 추상화는 제한적이지만 일어나지 않은 상황을 예측하는 데 도움이 됩니다. 수학이 왜 우리 삶에 도움이 되는지에 관한 답 가운데 하나이기도 합니다.

'논리'는 생각을 정리해 누구나 이해할 수 있게 표현하는 것입니다. 중학교 수학 시간에 도형의 증명 문제를 풀었던 것을 기억하나요? 솔직히 실생활에서 그 증명을 이용할 상황은 거의 없습니다. 그러나 증명 과정을 배우면서 자기 생각을 논리적으로 정리해 상대방에게 말하는 능력을 기를 수 있습니다. 꼭 도형의 증명 문제가 아니더라도 수학의 증명 문제 대부분은 논리력을 기르는 토대가 됩니다.

중학교 수학은 방금 설명한 확장, 추상화, 논리를 본격적으로 배우는 단계입니다. 이를 염두에 두고 이 장을 읽기 바랍니다. 참고로 일차함수와 이차방정식은 중학교에서 배우지만 이 책에서는 2장에서 다룹니다.

🍎 교양 독자가 알아 둘 점

이 장의 모든 내용을 이해하면 좋습니다. 양수나 음수가 섞인 방정식 등을 계산해 보면서 옛 기억을 떠올려 보기를 권합니다.

업무에 활용하는 독자가 알아 둘 점

도형 관련 부분을 제외하면 모두 중요한 내용입니다. 만약 이해되지 않는 부분이 있다면 꼭 이해하고 넘어가기 바랍니다.

🎓 수험생이 알아 둘 점

모든 내용을 꼭 이해하고 기억해야 합니다. 책에서 소개하는 계산 방법은 손으로 바로 풀 수 있는 수준이 되어야 합니다.

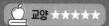

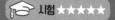

01 양수와 음수

이 책이 사전이 아니었다면 굳이 설명할 필요가 없을 정도로 기본적인 내용입니다. 음수와 음수를 곱하면 양수가 된다는 사실은 꼭 기억하기 바랍니다.

음수 × 양수 = 음수, 음수 × 음수 = 양수

음수의 덧셈, 뺄셈

- (양수 혹은 음수) + (음수): 오른쪽 음수의 절댓값에서 왼쪽 양수 혹은 음수의 절댓값을 뺌
- (양수 혹은 음수) − (음수): 오른쪽 음수의 절댓값에 왼쪽 양수 혹은 음수의 절댓값을 더함

예) $7 + (-2) = 7 - 2 = 5$, $-7 + (-2) = -9$

$7 - (-2) = 7 + 2 = 9$, $-7 - (-2) = -5$

음수의 곱셈(나눗셈에서도 같음)

$(양수) \times (양수) = (양수)$

$(양수) \times (음수) = (음수)$

$(음수) \times (양수) = (음수)$

$(음수) \times (음수) = (양수)$

예) $2 \times 3 = 6$, $2 \times (-3) = -6$, $(-2) \times 3 = -6$, $(-2) \times (-3) = 6$

(−) × (+)는 (−),
(−) × (−)는 (+)
임

절댓값: 부호를 제외한 숫자(수직선에서의 거리)

예) 4의 절댓값은 4, −4의 절댓값도 4

음수의 계산을 수직선으로 이해하기

음수를 처음 접한다면 음수를 더하거나 뺀다는 생각 자체가 생소할지도 모릅니다. 이럴 때는 수직선 위에 음수가 있다고 생각하면 이해하기 쉽습니다.

수직선(number line)은 다음 쪽 그림처럼 숫자를 직선 위에 나열한 것입니다. 그럼 수직선에서 양수를 더하는 것은 오른쪽으로 이동하는 것이고, 양수를 빼는 것은 왼쪽으로 이

동하는 것입니다. 예를 들어 3 + 2는 3에서 2만큼 오른쪽으로 이동하는 것이므로 답은 5
입니다. 3 − 2는 3에서 2만큼 왼쪽으로 이동하는 것이므로 답은 1입니다.

이 개념을 음수에 적용하면 이동 방향은 반대입니다. 음수를 더하는 것은 왼쪽으로 이동
하는 것이고, 음수를 빼는 것은 오른쪽으로 이동하는 것입니다. 예를 들어 1 + (−3)은 1
에서 왼쪽으로 3만큼 이동하는 것이므로 답은 −2입니다. 1 − (−3)은 1에서 오른쪽으로 3
만큼 이동하는 것이므로 답은 4입니다.

수직선으로 음수의 덧셈과 뺄셈을 살펴볼 때 오른쪽에 있는 수일수록 큰 수임을 꼭 기억해야
합니다. 즉, 2와 5 중에는 당연히 5가 크지만 −2와 −5 중에는 −2가 더 큽니다.

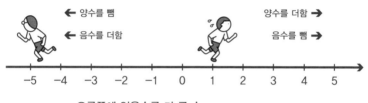

오른쪽에 있을수록 더 큰 수
절댓값: 0을 기준으로 두었을 때의 거리

곱셈일 때는 음수(−) × 양수(+) = 음수(−), 음수(−) × 음수(−) = 양수(+)임을 기억하세요. 참
고로 음수 × 음수 × 음수는 (음수 × 음수 = 양수) × 음수이므로 음수입니다. 즉, 짝수
개의 음수를 곱하면 양수이며, 홀수 개의 음수를 곱하면 음수입니다. 나눗셈에는 곱셈과
똑같은 규칙이 적용됩니다.

BUSINESS 은행 대출과 온도 표현

은행에서 마이너스 통장을 개설하고 돈을 찾으면 잔액이 음수로 표시됩니다. '−'라는 기
호만 봐도 현재 빚을 지고 있음을 바로 알 수 있습니다.

온도 단위 ℃는 물이 얼기 시작하는 온도를 0℃로 나타냅니다. 그런데 겨울에 물이 단단
하게 얼거나 눈이 내릴 정도가 되면 온도가 0℃ 아래로 내려갑니다. 이때 온도는 0℃보다
낮다는 뜻인 음수로 나타냅니다. 예를 들어 −20℃라면 0℃보다 20℃만큼 낮은 온도입니
다. 앞에서 설명한 수직선과 같은 개념으로 음수를 사용한 것입니다.

02 무리수와 루트

꼭 알아야 할 부분입니다. 교양 독자도 루트가 무엇을 뜻하는지와 무리수라는 숫자도 있다는 것을 알아 두기 바랍니다.

Point

무리수는 분수로 나타낼 수 없으며 '$\sqrt{}$' 기호를 사용함

숫자의 분류

- 정수: ……, -3, -2, -1, 0, 1, 2, 3, ……
- 자연수: 1, 2, 3, 4, …… (0을 제외한 양의 정수)
- 유리수: 분수로 나타낼 수 있는 수
- 무리수: 분수로 나타낼 수 없는 수

루트 계산하기(여기에서 a와 b는 양수)

$\sqrt{a}$ 는 제곱하면 a가 되는 수를 나타냄

- $\sqrt{a^2} = a$　(예: $\sqrt{25} = \sqrt{5^2} = 5$)
- $\sqrt{a} \times \sqrt{b} = \sqrt{ab}$ (예: $\sqrt{2} \times \sqrt{5} = \sqrt{10}$)
- $\sqrt{a} \div \sqrt{b} = \sqrt{\dfrac{a}{b}}$ (예: $\sqrt{3} \div \sqrt{2} = \sqrt{\dfrac{3}{2}}$)　 $\sqrt{a} + \sqrt{b} = \sqrt{(a+b)}$ 는 틀린 식임

무리수가 없으면 좋겠지만……

중학교 수학에는 루트($\sqrt{}$)가 나옵니다. 왠지 어려울 것 같고 보는 것만으로도 싫다는 사람도 있을 듯합니다. 하지만 이런 이상한 기호를 사용해야만 하는 그만한 사정이 있습니다.

약 2,500년 전 유명한 수학자이자 철학자였던 피타고라스의 제자가 정사각형의 대각선 길이를 연구했습니다. 그리고 대각선의 길이가 분수로 표현될 수 없다는 사실을 증명했습니다. 피타고라스는 그 당시 모든 숫자를 정수의 비율로 나타낼 수 있다(즉, 모든 숫자는 분수로 표현할 수 있다)고 주장했는데, 이와 어긋나는 부분이 있음을 증명한 것입니다.

피타고라스는 매우 실망해 이를 비밀로 하였습니다. 그러나 그 개념을 증명한 제자가 그만 공개해 버렸습니다. 피타고라스는 루트를 정말 싫어했던 것 같습니다. 그 제자를 죽였

다는 소문이 있을 정도입니다. 이러한 역사적 사실과 소문을 고려하면 루트를 처음 보면서 '어려운 기호가 나왔구나!'라고 느끼는 중학생의 마음은 상대적으로 가벼울 것입니다.

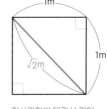

정사각형의 대각선 길이

어쨌든 분수로 나타낼 수 없는 수가 있는 건 분명한 사실입니다. 무리수는 '분수로 나타내기에 무리가 있는 수'라는 뜻으로 붙인 이름입니다. 그래서 새로운 기호 '$\sqrt{}$'를 사용하기로 한 것입니다.

무리수는 기본적으로 제곱해서 a가 되는 수인 제곱근의 일부분입니다. 단, 무리수가 아닌 제곱근이 있습니다. 예를 들어 10까지의 자연수 중 1, 4, 9의 제곱근은 각각 ±1, ±2, ±3이므로 무리수가 아닙니다. 하지만 그 외의 제곱근은 모든 무리수입니다.

제곱근은 두 가지 부분에 주의해야 합니다. 2를 제곱하든 –2를 제곱하든 4입니다. 마찬가지로 $\sqrt{2}$든 $-\sqrt{2}$ 든 제곱하면 2입니다. 학교 시험에서 이 음수의 제곱근을 잊어버려 문제를 틀리는 사람이 제법 있습니다.

왜 분모를 유리화해야 할까?

학교 시험에서는 '분모를 유리화하세요'라는 문제가 나옵니다. 이는 $\dfrac{1}{\sqrt{2}}$처럼 분모에 $\sqrt{}$를 사용한 수가 있으면 정수로 바꾸는(앞 예에서는 분모와 분자에 $\sqrt{2}$를 곱해 $\dfrac{\sqrt{2}}{2}$로 만듦) 문제입니다.

왜 분모를 정수로 바꾸는 걸까요? 보통 이렇게 하면 더 간단한 수가 된다고 알려져 있는데, 무리수를 처음 접하는 사람은 $\dfrac{1}{\sqrt{2}}$과 $\dfrac{\sqrt{2}}{2}$ 중 어느 쪽이 더 간단한 수인지 알 수 없습니다. 만약 여러분에게 제가 $\dfrac{1}{\sqrt{2}}$가 더 간단한 수라고 말하면 믿을지도 모릅니다.

사실 분모를 정수로 바꾸는 이유는 분모의 무리수를 정수로 바꾸면 나누기한 값을 좀 더 쉽게 추정할 수 있기 때문입니다. 예를 들어 $\sqrt{2}$는 약 1.414……입니다. 그럼 2 ÷ 1.414……보다는 1.414…… ÷ 2를 어림으로 계산하는 것이 더 쉽습니다.

시험 이외에서 수학을 활용하는 독자는 분모의 유리화를 신경 쓰지 않아도 괜찮습니다.

03 문자식

문자식(문자를 사용하는 식)은 수학의 기본으로 매우 중요한 개념입니다. 문자식의 규칙을 이해하지 못하면 컴퓨터 프로그래밍도 하기 어렵습니다.

 문자식에서 '×'는 생략, '÷'는 분수임

① ×는 생략

예) $2 \times x \times y = 2xy$

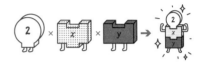

② ÷는 오른쪽에 있는 수의 역수(1/해당 숫자)를 곱함

예) $3x \div y = \dfrac{3x}{y}$

③ 문자식의 곱셈 결과는 알파벳순으로 나열함(숫자는 맨 앞에 작성)

예) $b \times c \times a \times 2 = 2abc$

④ 같은 문자는 거듭제곱으로 표현함

예) $a \times a \times a \times b \times b \times 4 = 4a^3b^2$

⑤ 1과 문자의 곱셈에 '1'은 적지 않음. −1과 문자의 곱셈에도 '1'은 적지 않음

예) $1 \times x \times y = xy$, $(-1) \times x \times y = -xy$

문자식을 사용하는 이유

문자식을 사용하는 이유는 수학의 주요 개념을 **추상화(abstraction)**하는 데 있습니다. 수학의 추상화란 공통된 속성을 파악해 어떤 일정한 규칙으로 정리하는 것입니다. 예를 들어 500원짜리 사탕 3개와 800원짜리 초콜릿 2개를 샀다면 내야 할 총금액은 $500 \times 3 + 800 \times 2 = 3100$원입니다. 이 식은 단순히 사탕 3개와 초콜릿 2개를 샀을 때의 금액을 나타낼 뿐입니다.

이때 문자식을 사용하면 500원짜리 사탕 x개와 800원짜리 초콜릿 y개를 살 때의 총금액은 $500x + 800y$원으로 나타낼 수 있습니다. 이는 사탕이나 초콜릿을 몇 개 사든 적용할 수 있는 일정한 규칙이며, x와 y의 값만 알면 언제든 계산할 수 있습니다. 이것이 추상화입니다.

문자식을 사용하면 계산해야 할 숫자가 완전히 정해지지 않아도 식을 정의할 수 있습니다.

추상화의 장점

수학의 추상화에는 어떤 장점이 있을까요? 그 예를 살펴보겠습니다.

홀수와 홀수를 더하면 짝수일까요? 홀수일까요? 정답은 짝수입니다. 그럼 이를 어떻게 추상화하면 될까요?

한 가지 방법으로는 하나하나 계산해 보는 것이 있습니다. 예를 들어 1 + 1 = 2는 짝수, 1 + 3 = 4는 짝수, ..., 이렇게 계속 계산해 확인하는 것이죠. 하지만 100개를 계산하든 1,000개를 계산하든 계산할 다음 수가 있으므로 언제까지 계산해야 할지 알 수가 없습니다.

이때 m과 n을 사용해 2개의 홀수를 나타내는 $2m - 1$, $2n - 1$이라는 문자식을 정의하겠습니다. 여기서 m과 n이 자연수(1, 2, 3, ...)이라면 $2m - 1$과 $2n - 1$은 1, 3, 5, ...이므로 모든 홀수를 나타냅니다.

다음으로 이 문자식 2개를 더해 봅니다. 문자식으로는 다음과 같이 나타낼 수 있습니다.

$$(2m - 1) + (2n - 1) = 2(m + n) - 2 = 2(m + n - 1)$$

m과 n은 자연수이므로 $m + n - 1$도 자연수입니다. 자연수에 2를 곱한 수는 반드시 짝수이므로, 어떤 홀수이더라도 홀수 2개를 더하면 짝수가 된다고 결론 내릴 수 있습니다. 이렇게 문자식은 수학에서 강력한 힘을 발휘합니다.

BUSINESS 컴퓨터 프로그램은 문자식을 활용하여 작성함

컴퓨터의 소프트웨어를 만들 때는 프로그래밍 언어를 사용합니다. 이때 CPU에 포함된 고속 연산용 임시 기억 장치인 레지스터나 컴퓨터의 주기억장치인 RAM 등의 데이터 연산 방법은 문자식으로 작성합니다. 따라서 **프로그래머라면 문자식의 개념을 꼭 알아야 합니다.**

04 교환법칙, 분배법칙, 결합법칙

수학 계산에 꼭 필요한 법칙들입니다. 단, 너무나 당연해서 많은 사람이 '법칙'인 줄도 모릅니다.

'법칙'이라고 하지만 당연한 사실임

교환법칙

$$a + b = b + a, \quad a \times b = b \times a$$

예) $2 + 3 = 3 + 2 = 5, \quad 2 \times 3 = 3 \times 2 = 6$

분배법칙

$$a(b + c) = ab + ac$$

예) $2(3 + 4) = 2 \times 3 + 2 \times 4 = 6 + 8 = 14$

결합법칙(어디에 괄호가 붙든 결과는 같음)

$$a + b + c = a + (b + c), \quad abc = a(bc)$$

예) $2 + 3 + 4 = 2 + (3 + 4) = 2 + 7 = 9$

$2 \times 3 \times 4 = 2 \times (3 \times 4) = 2 \times 12 = 24$

당연한 건데 법칙이라고?

당연하다고 느끼는 교환법칙

앞에서 소개한 세 가지 법칙은 당연하다고 생각할 겁니다. 2×3과 3×2의 계산 결과는 같습니다. 하지만 교환법칙이 성립하는 연산은 덧셈과 곱셈뿐입니다. 뺄셈과 나눗셈에서는 성립되지 않으니 주의하기 바랍니다. 즉, $2 - 3$과 $3 - 2$의 계산 결과는 다르며 $2 \div 3$과 $3 \div 2$의 계산 결과도 다릅니다.

분배법칙도 결합법칙과 마찬가지로 덧셈과 곱셈에서만 성립합니다.

대부분의 사람에게 이러한 법칙들이 몸에 배어 있는 듯합니다. 물론 수학이라는 학문은 이러한 법칙들을 깊이 연구하면서 철학에서 다룰 만한 문제를 발견하는 것이긴 합니다. 하지만 대학교에서 본격적으로 수학을 배우는 사람이 아니라면 공기처럼 당연하다고 여겨도 좋습니다.

왜 문자식은 '÷'를 생략할까?

03 문자식에서 '÷'는 오른쪽에 있는 수의 역수를 곱한다고 했습니다. 실제로 중학교나 고등학교 수학 교과서를 살펴보면 '÷'라는 기호 대신 곱셈으로 바꿔서 나타냅니다. 왜 그럴까요? 나눗셈에서는 교환법칙과 결합법칙이 성립되지 않아 불편하기 때문이라고 생각합니다.

그런데 세 가지 법칙이 성립하지 않는 것은 **뺄셈**도 같습니다. 그런데 왜 뺄셈은 기호를 덧셈으로 바꾸지 않을까요? 뺄셈은 예를 들어 2 − 3을 2 + (−3)처럼 음수를 사용한 덧셈으로 바꾸면 교환법칙과 결합법칙이 성립합니다. 하지만 이 상황에서도 − 기호를 제외한 상태로 의미를 나타낼 수 없으므로 굳이 덧셈으로 바꾸지 않는 것입니다.

나눗셈은 어떨까요? 나눗셈은 역수를 곱해 곱셈으로 바꿀 수 있습니다. 예를 들어 $3 \div 2 = 3 \times \dfrac{1}{2}$ 입니다. 즉, 나눗셈은 분수라는 역수로 나타내면 곱셈 계산으로 바뀌므로 이 장에서 다루는 세 가지 계산 법칙들이 모두 성립합니다. 그래서 '÷라는 기호를 곱셈으로 바꿔서 사용한다'라고 생각하는 것입니다.

수학에서는 사용하는 기호가 적을수록 좋음

원래 수학은 단순함을 중요하게 생각하는 학문이므로 사용하는 기호는 적을수록 좋다고 생각합니다. 그래서 '÷'를 바꾸게 되었습니다.

그런데 '÷'라는 기호를 바꿔서 나타내는 이유가 또 있습니다. 나눗셈 기호가 통일되지 않아서 그렇습니다. 예를 들어 독일에서는 '6 ÷ 2 ='을 '6 : 2 ='이라고 나타냅니다. 이렇게 통일되지 않은 기호를 사용하면 헷갈리는 사람이 생기므로 '÷'를 바꾸게 된 것이기도 합니다.

초등학교를 졸업했다면 '÷'와도 졸업합시다.

05 곱셈 공식과 인수분해

시험에는 반드시 나오는 필수 법칙입니다. 그러나 수험생 이외는 어떤 개념인지 아는 정도로 충분합니다.

Point

곱셈 공식과 인수분해는 머리가 아니라 손으로 기억하는 것임

곱셈 공식(①은 모든 연산의 기초 공식, ②~④는 ①에서 파생되는 공식)

① $(a + b)(c + d) = ac + ad + bc + bd$

② $(ax + b)(cx + d) = acx^2 + (ad + bc)x + bd$

　예) $(x + 2)(2x + 3) = 2x^2 + (3 + 4)x + (2 \times 3) = 2x^2 + 7x + 6$

③ $(x + y)^2 = x^2 + 2xy + y^2$

　예) $(x + 3)^2 = x^2 + (2 \times 3)x + 3^2 = x^2 + 6x + 9$

④ $(x + a)(x - a) = x^2 - a^2$

　예) $(x + 3)(x - 3) = x^2 - 3^2 = x^2 - 9$

인수분해

곱셈 공식의 반대

특히 ②는 곱셈 공식을 반대로 적용하면

$acx^2 + (ad + bc)x + bd = (ax + b)(cx + d)$

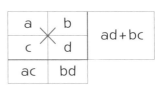

곱셈 공식의 반대

손이 바로 움직여야 하는 공식

곱셈 공식은 곱셈 형태로 나타낸 문자식을 전개하여 덧셈 형태로 나타내는 것입니다. 인수분해(factorization)는 반대로 덧셈 형태로 나타낸 문자식을 곱셈 형태로 나타내는 것입니다.

곱셈 공식과 인수분해는 다양한 유형의 문제로 시험에 자주 나옵니다. 나오지 않는 경우가 드물어서 문제를 보자마자 공식을 이용해 바로 문제를 풀 정도로 눈과 손이 익숙해져야 합니다. 여기에서 시간을 보내면 다른 문제를 풀 시간이 부족해집니다.

가끔 "인수분해를 어떻게 이해해야 하나요?"라고 질문하는 학생이 있습니다. 인수분해는 이해하는 것이 아니라 어떤 운동을 꾸준히 하는 것처럼 반복해서 문제를 풀어 몸이 기억할 정도로 익숙해져야 합니다.

왜 인수분해가 필요할까?

곱셈 공식은 식을 전개해 계산할 때 필요합니다. 그럼 인수분해는 어디에 사용할까요? 이는 문자식의 곱 형태가 필요한 상황이 무엇인지 생각하면 정답에 다가갈 수 있습니다. 힌트는 '0'입니다.

예를 들어 $abcd$, 즉 $a \times b \times c \times d$라는 식이 있다고 해보죠. 이때 a, b, c, d 중 하나가 0이면 $abcd$도 0입니다. 그런데 $x^2 - 3x + 2$라는 문자식으로는 x가 어떤 값일 때 0이 되는지 바로 알 수 없지만, $(x - 2)(x - 1)$로 인수분해하면 $x = 1$ 또는 $x = 2$일 때 0이 된다는 걸 알 수 있습니다(지금은 이러한 개념을 '인수정리'라고 한다는 것만 알아 둡니다).

"이러한 사실을 알고 있으면 어떤 상황에서 도움이 되나요?"라고 묻는다면 명확하게 설명하기는 어렵습니다. 하지만 도움이 되는 것은 확실합니다. 가장 알기 쉬운 예는 나중에 소개할 이차방정식을 풀 수 있다는 것입니다.

BUSINESS 직원의 노력과 회사가 얻는 이익의 관계를 인수분해 관점에서 생각하기

어떤 현상을 곱셈 형태의 수식으로 나타내면 재미있는 사실을 알 수도 있습니다.

예를 들어 직원의 노력이 a, 경영자의 노력이 b, 세상의 흐름이 c일 때 회사의 이익이 abc, 즉 $a \times b \times c$라고 가정하겠습니다.

이때 어떤 값 하나만 0이어도 결과는 완전히 0입니다. 즉, 직원이 열심히 노력해도 경영자가 아무것도 하지 않으면 이익은 0이며, 회사 구성원 모두가 노력해도 세상의 흐름과 맞지 않으면 역시 이익은 0입니다. 인수분해는 어떤 관계를 다른 관점으로 해석할 수 있게 해줍니다.

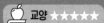 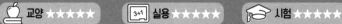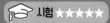
06 일차방정식

가장 기본적인 방정식입니다. 이 정도라면 교양 독자도 문제를 풀 수 있게 연습해 두는 것이 좋습니다.

Point 항의 위치를 바꾸면 부호가 바뀐다?

방정식을 푸는 데 필요한 등식의 성질

① $A = B$이면 $A \pm C = B \pm C$, 즉 등식의 양변에 같은 수를 더하거나 빼도 등식이 성립함

　예) $2x - 1 = x + 2$이면 $(2x - 1) + 1 = (x + 2) + 1$

② $A = B$이면 $A \times C = B \times C$, 즉 등식의 양변에 같은 수를 곱하거나 나누어도 등식이 성립함

　예) $2x - 1 = x + 2$이면 $(2x - 1) \times 2 = (x + 2) \times 2$

③ $A = B$이면 $B = A$, 즉 등식의 좌변과 우변을 바꿔도 등식이 성립함

　예) $2x - 1 = x + 2$이면 $x + 2 = 2x - 1$

항의 위치를 바꾸는 방법

$A + B = C + D$는 $A = C + D - B$, 즉 좌변에서 우변으로 또는 우변에서 좌변으로 항을 바꾸면 부호가 바뀜

예) $2x - 1 = x + 2$이면 $2x = x + 2 + 1$ 또는 $2x - x = 2 + 1$

방정식에서 사용하는 용어

- 등식: 등호(=)로 숫자의 관계를 나타낸 식. 예를 들어 $2x + 1 = 5$
- 항: 어떤 식의 각 요소. 예를 들어 방정식 $2x + 1 = 5$일 때 $2x$, 1, 5를 '항'이라고 함
- 계수: x 같은 변수 앞에 곱하는 숫자(상수). 예를 들어 방정식 $2x + 1 = 5$에서 $2x$의 계수는 '2'
- 해: 방정식이 등식이 되도록 하는 값. 예를 들어 $2x + 1 = 5$의 해는 $x = 2$
- 좌변, 우변, 양변: 등호를 사이에 두고 각각 왼쪽, 오른쪽, 왼쪽과 오른쪽 모두를 뜻함. 예를 들어 방정식 $2x + 1 = 5$일 때 좌변은 $2x + 1$, 우변은 5, 좌변과 우변을 합해서 양변이라고 함

방정식은 미지수를 계산하는 등식

지금까지 문자식의 계산 문제에서는 $2x + 5x + 2 + 1$ 같은 문자식을 간단하게 정리하였습니다. 하지만 방정식은 $2x - 1 = x + 2$처럼 양변을 포함한 등식을 만족하는 x를 계산하는 문제입니다.

따라서 방정식에서는 Point에서 소개한 등식의 성질과 항의 위치를 좌변에서 우변 혹은 우변에서 좌변으로 바꾸는 것(수학에서는 '이항'이라고 합니다)이 중요합니다. 실제로 이항과 양변에 같은 수를 곱함이라는 방법으로 모든 일차방정식을 풀 수 있습니다. 또한 일차방정식에서 일차란 미지수 x를 거듭제곱한 횟수인 '차수'가 1임을 뜻합니다. 예를 들어 방정식 $2x - 1 = x + 2$는 양변 모두 x의 거듭제곱이 1이므로 일차입니다. $x^2 + x = x + 5$는 양변 중 한쪽 변에 x의 거듭제곱이 2이므로 이차방정식입니다.

BUSINESS 제품 가격 계산하기

실제로 방정식을 사용하는 예를 살펴보겠습니다.

문제 어떤 상품을 반값에 사면 정가보다 900원이 저렴합니다. 이 상품의 정가는 얼마일까요?

이 상품의 정가가 x원이면 정가의 절반은 $\frac{x}{2}$원, 정가보다 900원 싼 금액은 $x - 900$원입니다. 정가는 항상 일정하므로 다음 등식이 성립합니다.

> 일차방정식은 두 가지 방법으로 풀 수 있음

$$\frac{x}{2} = x - 900$$

$$\frac{x}{2} - x = -900 \text{ (우변의 } x\text{를 좌변으로 이항함)}$$

$$-\frac{x}{2} = -900$$

$$x = 1800 \qquad \text{(양변에 } -2\text{를 곱함)}$$

$x = 1800$이므로 이 상품의 정가(x)는 1,800원입니다. 즉, '이항'과 '양변에 같은 수를 곱함'이라는 두 가지 방법으로 일차방정식의 해를 계산했습니다.

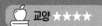 
07 연립방정식

교양 독자도 간단한 문제는 풀어 보는 것이 좋습니다. 방정식은 보통 여러 개의 미지수를 포함합니다.

 Point

연립방정식은 미지수의 개수만큼 방정식이 있음

연립방정식은 2개 이상의 미지수와 방정식을 조합하는 식임

$$\begin{cases} 2x + y = 5 \\ x + 2y = 3 \end{cases}$$

연립방정식의 해결법에는 가감법과 대입법이 있음

- 가감법: 두 방정식을 더하거나 빼면서 미지수를 없애서 해결함
- 대입법: 한 방정식을 다른 방정식에 대입하여 미지수를 없애서 해결함

연립방정식은 미지수가 여러 개 있는 방정식

앞에서 설명한 기본적인 일차방정식은 미지수(변수)가 하나(x)만 있습니다. 반면 여러 개의 미지수를 포함한 방정식들이 세트로 묶인 것을 **연립방정식**이라고 합니다. 문제를 푸는 방법에는 가감법과 대입법이 있습니다.

Point에서는 변수도 2개(x와 y), 방정식도 2개가 있습니다. 방정식이 2개 있는 이유는 변수가 2개일 때 조건(식)도 2개가 있어야 해를 찾을 수 있기 때문입니다.

변수가 3개 이상 있는 연립방정식은 변수의 개수만큼 방정식이 있어야 풀 수 있습니다. 실용 수학에서는 변수가 수십 개 있는 연립방정식을 푸는데, 사람이 직접 풀기에는 시간도 오래 걸리고 매우 복잡하므로 계산은 컴퓨터에 맡깁니다. 단, 아무리 변수가 늘어나 복잡해지더라도 문제를 푸는 기본 개념은 바뀌지 않습니다. 따라서 변수가 2개인 예제를 통해 기본 개념을 몸에 익혀 보겠습니다.

BUSINESS 사과와 귤의 가격 계산하기

실제로 연립방정식을 이용해 풀겠습니다. 당연히 가감법으로 풀건 대입법으로 풀건 답은
같습니다.

> [문제] 사과와 귤을 합쳐 10개 샀습니다. 사과는 600원, 귤은 400원이며, 10개를 구매한 금액은
> 4,600원이었습니다. 그렇다면 사과와 귤을 몇 개씩 샀을까요?

문제 풀이에 필요한 기본 개념

사과를 x개, 귤을 y개, 두 과일을 합쳐 10개 샀으므로 $x + y = 10$입니다.
600원인 사과 x개, 400원인 귤 y개를 사 4,600원을 냈으니 $600x + 400y = 4600$입니다.
따라서 풀어야 할 방정식은 다음과 같습니다.

$$\begin{cases} x + y = 10 & \cdots ① \\ 600x + 400y = 4600 & \cdots ② \end{cases}$$

🍎 (x)개 + 🍊 (y)개 = 10
🍎 × + 🍊 y = 4600
600원 400원

가감법을 사용한 풀이

①의 양변에 600을 곱한 식 ①′에서 ②를 뺍니다.

$$\begin{array}{r} 600x + 600y = 6000 \quad \cdots ①′ \\ -)\ 600x + 400y = 4600 \quad \cdots ② \\ \hline 200y = 1400 \end{array}$$

따라서 $y = 7$입니다.
이 값을 ①에 대입하면 $x + 7 = 10$이므로 $x = 3$입니다.
따라서 사과는 3개, 귤은 7개를 샀습니다.

대입법을 사용한 풀이

①에서 $y = 10 - x$, 이를 ②에 대입하면 $600x + 400(10 - x) = 4600$입니다.
앞 식을 정리하면 $200x = 600$, 따라서 $x = 3$입니다.
이를 ①에 대입하면 $3 + y = 10$이므로 $y = 7$입니다.

08 비례

나중에 소개할 일차함수를 이해할 때 필요한 개념으로 중요합니다. 또한 실생활에서 '비례'라는 말을 자주 사용하므로 이참에 정의를 제대로 알아보겠습니다.

Point

비례는 x가 2배면 y도 2배라는 개념임

x와 y가 '$y = ax$'(a는 비례상수라고 함)라는 식으로 표현되면 'y는 x에 비례한다' 라고 함

비례 관계를 나타내는 그래프의 특징

- a(비례상수)가 양수인지 음수인지에 따라 다음 그림처럼 선의 방향이 바뀜
- 반드시 원점 $(0, 0)$을 지남
- x가 2배, 3배, ……이면 y도 2배, 3배, ……가 됨

실생활에서 볼 수 있는 비례의 예

비례는 일차함수의 하나로 Point에서 설명한 특징을 갖는 관계를 뜻합니다. 예를 들어 동쪽에서 서쪽으로 시속 4km로 걷는 사람이 특정 시간 동안 걸은 거리(km)는 4와 걸은 시간을 곱하면 계산할 수 있으므로 시간과 거리는 비례 관계입니다. 이때 비례상수 (proportional constant)는 4입니다.

그럼 $y = 4x$의 그래프와 비례상수가 -4인 $y = -4x$의 그래프를 그려 보겠습니다. 참고로 비례상수를 절반으로 설정한 $y = 2x$와 $y = -2x$의 그래프도 점선으로 그려 보겠습니다.

x	-3	-2	-1	0	1	2	3
$y = 4x$	-12	-8	-4	0	4	8	12
$y = -4x$	12	8	4	0	-4	-8	-12

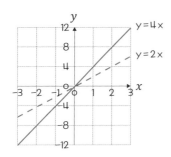
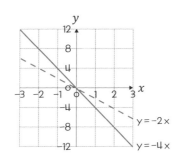

표와 그림을 살펴보면 Point에서 설명한 특징을 확실하게 볼 수 있습니다.

좌표란 무엇인가?

그래프가 처음 나왔으니 '좌표'가 무엇인지 간략하게 설명하겠습니다. 좌표는 **1장 01**에서 설명한 수직선을 가로와 세로로 교차시켰을 때 서로 만나는 위치입니다.

좌표에서는 오른쪽 그림처럼 가로의 수직선을 x축, 세로의 수직선을 y축이라고 합니다. 그리고 $x = 1$과 $y = -2$가 만나는 점을 $(1, -2)$로 나타냅니다. (x, y) 순서로 쓴다고 정해져 있습니다. 반대로 쓰지 않도록 주의합니다.

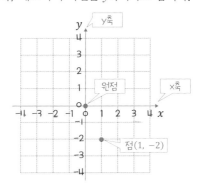

좌표 중에서 x축과 y축이 만나는 점, 즉 $(x, y) = (0, 0)$인 점을 원점이라고 합니다. 비례 관계에 있는 그래프는 반드시 원점을 지납니다.

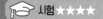

09 반비례

반비례는 시험을 준비하는 사람에게 비례보다 중요도가 약간 낮습니다. 그러나 실용적인 관점에서는 반비례하는 양이 많으므로 중요한 개념입니다.

Point

반비례는 x가 2배면 y는 1/2배인 개념

x와 y가 '$y = \dfrac{a}{x}$'(a는 비례상수)라는 식으로 표현되면 'y는 x에 반비례한다'라고 함

반비례 관계를 나타내는 그래프의 특징

• a(비례상수)가 양수인지 음수인지에 따라 다음 그림처럼 모양이 바뀜
• 분모는 0이 되면 안 되므로 $x = 0$에서 정의되지 않음
• x가 2배, 3배, ……이면 y는 $\dfrac{1}{2}$배, $\dfrac{1}{3}$배, ……가 됨
• x가 0에 가까워지면 y의 절댓값은 급격하게 증가함
• x의 절댓값이 커지면 y는 점점 0에 가까워짐

쉽게 접하는 반비례의 예

반비례는 $y = \dfrac{a}{x}$로 표현하며 Point에서 설명한 특징을 갖는 관계를 말합니다. 예를 들어 현재 위치에서 서쪽으로 8km 떨어진 지점으로 $x$km/h의 속도로 이동할 때 걸리는 시간을 y라고 하면, $y = \dfrac{8}{x}$이므로 반비례 관계입니다. 이때 비례상수는 8입니다.

$y = \dfrac{8}{x}$의 그래프와 비례상수가 –8인 $y = -\dfrac{8}{x}$의 대응표와 그래프를 그려보겠습니다.

x	–8	–4	–2	–1	0	1	2	4	8
$y = \dfrac{8}{x}$	–1	–2	–4	–8	–	8	4	2	1
$y = -\dfrac{8}{x}$	1	2	4	8	–	–8	–4	–2	–1

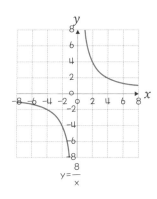

$$y = \dfrac{8}{x}$$

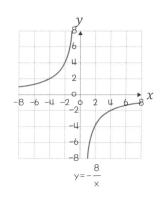

$$y = -\dfrac{8}{x}$$

Point에서 설명한 특징대로 그래프가 그려짐을 알 수 있습니다.

참고로 수학에서는 분모가 0이 될 수 없다(0으로 나눌 수 없음)는 절대적인 규칙이 있으므로, $x = 0$일 때는 y가 정의되지 않습니다.

BUSINESS 거리 · 속도 · 시간에 관한 법칙 = 비례 · 반비례

비례와 반비례를 이해하는 데 가장 적합한 예제로 속도, 시간, 거리의 관계를 들 수 있습니다. 중학교 때 거리, 속도, 시간에 관한 법칙을 배웠을 것입니다.

이 법칙에서는 '속도가 일정하면 거리는 시간에 비례한다', '거리가 일정하면 속도는 시간에 반비례한다'라는 관계가 있습니다.

거리(km) = 속도(km/h) × 시간(h)

속도(km/h) = 거리(km) ÷ 시간(h)

시간(h) = 거리(km) ÷ 속도(km/h)

교양 ★★★★　3+1 실용 ★★　시험 ★★★

도형의 성질

고등학교에서는 도형과 관련된 문제가 거의 나오지 않습니다. 실용적 측면에서도 도형의 성질을 사용할 일이 거의 없습니다. 상식을 넓힌다는 느낌으로 읽기 바랍니다.

Point

원주율은 원둘레(원주)와 지름(반지름 아님)의 비율

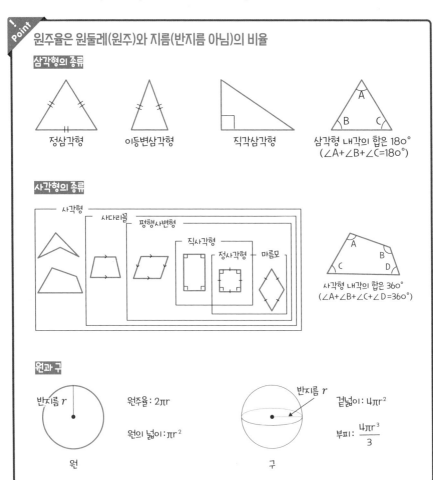

삼각형의 종류

정삼각형　이등변삼각형　직각삼각형

삼각형 내각의 합은 180°
(∠A+∠B+∠C=180°)

사각형의 종류

사각형　사다리꼴　평행사변형　직사각형　정사각형　마름모

사각형 내각의 합은 360°
(∠A+∠B+∠C+∠D=360°)

원과 구

반지름 r

원주율: $2\pi r$

원의 넓이: πr^2

원

반지름 r

겉넓이: $4\pi r^2$

부피: $\dfrac{4\pi r^3}{3}$

구

기억해 두면 좋은 도형의 성질

도형의 성질은 실용 수학에서 사용할 경우가 많지 않습니다. 고등학교 이상에서는 시험 문제로 출제되는 일도 거의 없습니다. 이 책에서는 중학교에서 배우는 도형 관련 내용 중 평면도형, 공간도형, 작도(cartography) 등은 생략합니다. '최소한의 교양'이라는 느낌으로 이 절에서 소개하는 내용을 기억해 두세요.

삼각형에는 세 변의 길이가 같은 정삼각형, 두 변의 길이가 같은 이등변삼각형, 직각(90°)을 포함하는 직각삼각형이 있습니다. 삼각형 세 내각의 합이 180°라는 것도 기억하세요. 특히 직각삼각형은 나중에 소개할 피타고라스의 정리와 삼각함수에서 나옵니다.

사각형에는 마주 보는 변 한 쌍이 평행한 사다리꼴, 마주 보는 변 두 쌍이 평행한 평행사변형, 네 변의 길이가 모두 같은 마름모, 모든 내각이 직각인 직사각형, 모든 변의 길이가 같으며 모든 내각이 직각인 정사각형이 있습니다. 사각형 네 내각의 합은 360°라는 것도 기억하세요. 참고로 오각형, 육각형 등 n각형의 모든 내각의 합은 $180(n-2)°$입니다.

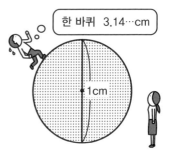

한 바퀴 3.14…cm

1cm

원과 구에서 원주율은 중요한 개념입니다. 초등학교에서 배우는데 의외로 정의를 기억하지 못하는 사람이 있습니다. 원주율은 원둘레와 지름의 비율입니다. 즉, 지름이 1cm인 원의 원둘레는 3.14……cm입니다. 원주율은 무리수이며 그리스 문자 π(파이)라는 기호로 나타냅니다.

π를 사용하면 원과 구의 겉넓이와 부피 등은 Point에서 소개한 공식으로 정의할 수 있습니다. 수험생이 아니라면 구와 관련된 내용은 필요할 때 살펴보면 됩니다.

11 합동과 닮음

도형 관련 지식은 사용할 일이 적지만, 도형의 닮음이라는 개념은 실생활에서 종종 볼 수 있으므로 알아보겠습니다.

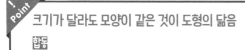

크기가 달라도 모양이 같은 것이 도형의 닮음

합동

도형 2개가 있을 때 한쪽을 이동, 회전, 반전시켜서 다른 한쪽과 딱 겹쳐지면 두 도형은 '합동'이라고 함

삼각형 ABC와 DEF는 합동임
기호 '≡'는 합동을 뜻함

$$\triangle ABC \equiv \triangle DEF$$

닮음

도형 2개가 있을 때 한쪽을 일정한 비율로 확대·축소해서 다른 한쪽과 합동이라면 두 도형은 '닮음'이라고 함

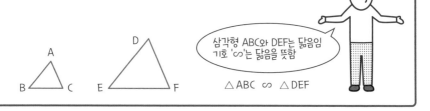

삼각형 ABC와 DEF는 닮음임
기호 '∽'는 닮음을 뜻함

$$\triangle ABC \sim \triangle DEF$$

닮음의 의미

합동은 '똑같은 도형'이라는 뜻입니다. 이해하기 쉽습니다. 하지만 닮음은 이해하기 약간 어려울 수도 있습니다.

PC나 스마트폰 등에서 사진을 확대하거나 축소하는 것을 상상해 봅시다. 사진 안 사물이 작아지거나 커지더라도 모양 자체가 달라지지는 않습니다. 이것이 수학의 닮음입니다.

즉, '크기는 달라도 모양은 같음'이라고 말할 수 있습니다. 예를 들어 모든 원(타원 제외)과 구는 닮음입니다.

닮음에는 닮음비라는 개념이 있습니다. 이는 닮음 관계인 도형에서 서로 대응하는 선의 비율입니다. 방금 모든 원은 닮음이라고 했습니다. 이때 원의 반지름 비율이 닮음비입니다. 삼각형은 대응하는 변의 길이 비율이 닮음비입니다.

참고로 닮음비가 $1:n$이면 넓이의 비율은 $1:n^2$, 부피의 비율은 $1:n^3$임을 기억하세요. 즉, 어떤 도형의 변이 2배로 커지면 해당 도형의 면적은 4배로, 부피는 8배로 커집니다.

📖 BUSINESS 거대한 비행기를 만들 수 없는 이유

세계에서 가장 큰 배의 길이를 아시나요? 무려 길이가 450m, 폭이 60m를 넘는다고 합니다. 남산 타워의 높이가 약 236m이니 약 1.9배에 해당하는 길이입니다.

그런데 세계에서 가장 큰 비행기의 길이는 약 85m로 배와 비교하면 차이가 있습니다. 물론 비행기가 길면 그만큼 활주로가 길어야 하는 등의 사정이 있지만, 비행기는 물리적으로 거대하게 만들기 어려운 이유가 있습니다.

배는 무게와 부력(중력을 이기고 위로 떠오르려는 힘)이 부피에 비례합니다. 앞에서 부피는 닮음비의 세제곱과 비례한다고 했으므로 배를 크게 만들어도 필요한 부력을 얻습니다. 그런데 비행기의 경우는 다릅니다. 비행기는 무게가 부피에 비례하지만, 양력(운동 방향과 수직 방향으로 작용하는 힘)은 날개의 면적에 비례하므로 닮음비의 제곱 이상으로 커지지 않습니다. 단순히 크기를 키우는 것으로는 필요한 양력을 얻을 수 없다는 뜻입니다. 이러한 이유로 비행기는 배와 비교했을 때 본질적으로 크게 만들 수가 없습니다.

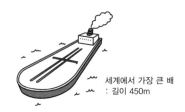

세계에서 가장 큰 배
: 길이 450m

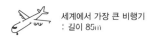

세계에서 가장 큰 비행기
: 길이 85m

증명

논리적 사고를 위한 훈련이므로 수험생은 물론 교양 독자도 알아 두면 좋은 부분입니다. 단, 실용성은 낮습니다.

수학에서 증명된 것은 절대로 바뀌지 않음

수학의 증명이란?

가정으로 시작해 이미 옳다고 아는 사실을 바탕으로 논리를 세워 결론을 유도하는 것임

증명과 함께 사용하는 말

- 정의: 어떤 단어의 의미를 명시한 것
  예) 이등변삼각형의 정의는 두 변이 같은 삼각형임. 즉, 이등변삼각형의 두 변은 같음
- 정리: 정의를 바탕으로 증명된 사항
  예) 이등변삼각형의 밑각은 같음(이는 이등변삼각형의 정의에서 증명됨)

왜 증명을 배울까?

증명은 수학의 생명과도 같습니다. 대학 등 연구 기관에서 수학을 연구하는 전문가들은 정리를 증명하는 것이 주요 업무입니다. 하지만 실무에서 수학을 사용하는 사람에게는 증명이 그리 필요하지 않습니다. 왜냐하면 수학을 '사용'하는 사람은 이미 증명된 정리를 사용하는 것이 주요 업무이기 때문입니다.

중학교나 고등학교 수학에서 증명을 다루는 이유는 무엇일까요? 일반적으로 수학의 증명 과정이 논리적 사고를 훈련하는 데 좋기 때문입니다. 수학의 증명 과정을 이용하면 모순이나 비약 없이 설명할 수 있습니다.

참고로 컴퓨터는 수학 기반의 논리로 작동합니다. 프로그래밍할 때는 수학 증명에서 다루는 논리 전개가 도움이 되기도 합니다.

BUSINESS 이등변삼각형의 밑각이 같음을 증명하기

문제 △ABC가 이등변삼각형이면 ∠B = ∠C(밑각이 같음)임을 증명하세요.

(증명)

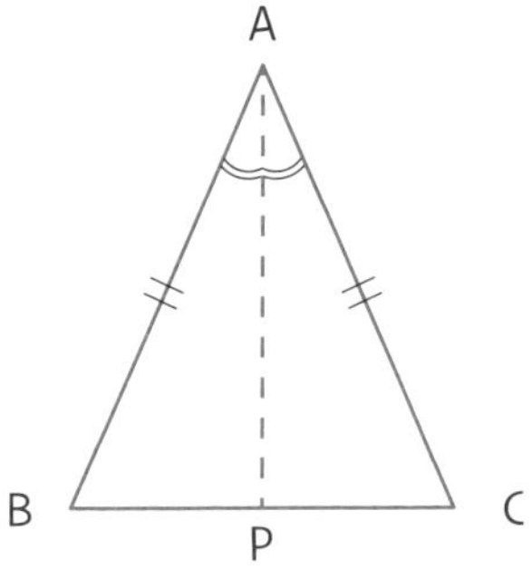

∠A를 절반으로 나누는 선(이등분선)과 변 BC가 만나

는 점(교점)을 P라고 하면

△ABP와 △ACP에서 △ABC가 이등변삼각형이므로

AB = AC …… ①

변 AP는 △ABP와 △ACP 모두에 속하므로

AP = AP …… ②

변 AP는 ∠A의 이등분선이므로

∠BAP = ∠CAP …… ③

①~③에서 두 변의 길이와 그 사이의 각이 같으므로 △ABP ≡ △ACP, 즉 합동입니다.

합동인 삼각형에 대응하는 각의 크기는 같으므로

∠B = ∠C

(증명 완료)

수학에서 증명이 된 사실을 정리라고 하며, 진리로
삼아 어떤 가설을 증명할 때 사용할 수 있습니다.
수학의 정리는 절대 예외를 허용하지 않는다는 점에
서 큰 힘을 발휘합니다.

수학 이외의 논리 전개 과정에서는 '기온이 올라

감' → '아이스크림이 팔림' → '아이스크림 회사가 돈을 벎'처럼 어떤 사실들이 연결되었을
때 꼭 사징과 결론으로 연관된다고 100% 확신하기 어렵습니다. 그러나 수학의 증명 기반
논리는 A → B → C → …… → Z처럼 수많은 사실이 가정과 결론 관계로 연관 있으니,
가정이 올바르면 결론은 100% 옳습니다.

13 피타고라스의 정리

피타고라스의 정리는 도형의 특징을 나타낼 뿐만 아니라 벡터의 길이 계산과 삼각함수의 기반이 되는 매우 중요한 정리입니다.

빗변의 길이는 피타고라스의 정리를 이용해 계산함

피타고라스의 정리

직각삼각형의 직각을 이루는 두 변의 길이가 a, b이고 빗변(직각삼각형에서 가장 긴 변, 직각과 마주 보는 변)의 길이가 c이면 a, b, c는 다음 식이 성립함

$$a^2 + b^2 = c^2$$
$$즉,\ c = \sqrt{a^2 + b^2}$$

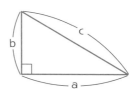

피타고라스의 정리가 중요한 이유

앞에서 도형의 성질은 실용 수학에 큰 도움이 되지 않는다고 했는데, 피타고라스의 정리는 단순히 빗변의 길이를 계산하는 것이 아닙니다. 이 정리는 '길이를 계산'하는 기본 정리이며, 삼각함수의 기본이기도 합니다. 또한 벡터의 크기, 통계의 분산이나 표준편차 계산 등다른 수학 분야에서도 중요합니다. 교양, 실용, 시험 중 어느 범주에 속하는 사람이든 중요한 개념이므로 확실히 알아 두세요.

피타고라스의 정리는 직각삼각형에서 빗변이 아닌 두 변의 길이가 a와 b, 빗변의 길이가 c일 때 $a^2 + b^2 = c^2$라는 식이 성립한다는 것입니다. 이해하기도 기억하기도 쉽습니다. 중학교 교과서와 참고서에 증명 과정이 소개되어 있습니다. 증명 과정을 살펴보았다면이 식은 기억해 두고 해당 과정은 잊어도 괜찮습니다.

피타고라스의 정리를 공간도형에 확장하기

피타고라스의 정리 자체가 간단해서 이것이 왜 중요한지 궁금한 사람도 있을 겁니다. 여기에서는 피타고라스의 정리를 이용해 공간도형의 길이를 계산해보겠습니다.

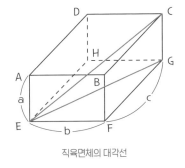

직육면체의 대각선

오른쪽과 같은 직육면체가 있다고 생각해 보죠. 각 변 중 AE의 길이를 a, EF의 길이를 b, FG의 길이를 c라고 하겠습니다. 그러면 대각선 EC의 길이는 어떻게 표현할까요?

이때는 피타고라스의 정리를 두 번 이용합니다. 먼저 △EFG는 ∠F가 직각, EF의 길이가 b, FG의 길이가 c인 직각삼각형이므로, 피타고라스의 정리를 이용하면 EG의 길이는 $\sqrt{b^2+c^2}$ 입니다.

다음으로 △CGE는 ∠G가 직각, CG의 길이가 a, EG의 길이가 방금 계산한 $\sqrt{b^2+c^2}$ 인 직각삼각형입니다. 즉, 피타고라스의 정리를 이용하면 대각선 EC의 길이는 $\sqrt{a^2+b^2+c^2}$ 입니다.

여기서 핵심은 평면이든 공간이든 대각선의 길이는 다른 변의 길이 제곱의 합에 루트를 씌워 계산한다는 점입니다. 이 원리는 뒤에서 벡터의 절댓값, 표준편차 등 여러 가지 값을 계산할 때 사용합니다.

BUSINESS TV 화면의 크기

TV 화면의 크기를 보통 '○○인치'라고 말합니다. 사실 여기서 '인치'의 기준은 화면의 대각선 길이입니다. 즉, 화면의 가로와 세로 길이를 각각 제곱해 더한 후 루트를 씌워 계산할 수 있으므로 피타고라스 정리의 응용입니다. 참고로 화면의 가로 길이와 세로 길이의 비율이 4:3인 화면과 16:9인 화면

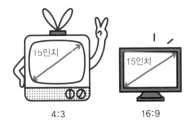

4:3

16:9

(가로가 훨씬 긴 화면)이 있을 때, 같은 인치라면 4:3 비율의 화면이 면적은 더 넓습니다.

Column

절댓값은 거리다

양수와 음수를 배운 후에는 '절댓값'이라는 개념을 배웁니다. 중학교에서는 단순히 '부호를 없앤 숫자'라고 가르칩니다. 하지만 '절댓값'은 계속 나오는 개념이므로 근본적으로 이해하는 것이 좋습니다.

절댓값은 무엇과 연관해서 생각하면 좋을까요? '거리'가 좋겠군요. 지금부터 절댓값을 '부호를 없앤 숫자'가 아닌 '거리'로 이해하기 바랍니다. 왜냐하면 절댓값은 양수와 음수뿐만 아니라 뒤에 나오는 평면도형, 공간도형, 벡터, 행렬, 복소수 등에서도 사용하는 개념이기 때문입니다. 이때 절댓값에 공통으로 포함되는 요소가 '거리'입니다.

다음 그림을 살펴보겠습니다.

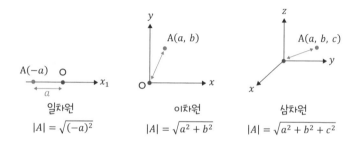

일차원
$$|A| = \sqrt{(-a)^2}$$

이차원
$$|A| = \sqrt{a^2 + b^2}$$

삼차원
$$|A| = \sqrt{a^2 + b^2 + c^2}$$

일차원 선의 a가 양수라면 $-a$를 의미하는 점 A의 절댓값은 O(원점)과의 거리가 a이므로 a입니다. 이는 $\sqrt{a^2}$로도 나타냅니다.

이차원이면 점 A(a, b)와 원점과의 거리는 $\sqrt{a^2 + b^2}$입니다. 그리고 삼차원(공간)이라면 점 A(a, b, c)와 원점과의 거리는 $\sqrt{a^2 + b^2 + c^2}$입니다. 이 거리가 점 A 위치 벡터의 절댓값입니다. 이 수식 형태는 피타고라스의 정리와 같습니다. 즉, '거리'는 피타고라스의 정리와 깊은 관계가 있습니다.

절댓값을 단지 '부호를 없앤 숫자'로 이해해도 시험 문제를 푸는 데 큰 영향은 없지만, 앞으로 절댓값을 활용할 때를 고려하면 약간 아쉬움이 남습니다. 꼭 '절댓값은 거리'라는 개념을 기억하기 바랍니다.

02

일차함수와 이차함수, 방정식과 부등식

Introduction

함수는 어디에 사용할까요?

수학을 배우기 시작하면 곧 함수라는 개념을 접하게 됩니다. 많은 사람이 처음에는 함수라는 용어를 어색하게 느끼지만, 곧 익숙해집니다. 단, "함수가 무엇인가요?"라고 묻는다면 바로 설명하기 어려운 정도겠지요.

나중에 더 자세히 설명하겠지만, 함수는 어떤 숫자를 넣으면 어떤 숫자가 나오는 상자 같은 것입니다. 사람들은 이 함수의 개념을 이용해 경우에 따라 미래를 예측하기도 합니다. 예를 들어 약 75년마다 지구에 접근하는 핼리 혜성을 생각해 볼까요? 마지막으로 지구에 접근했던 때는 1986년입니다. 따라서 다음 접근 시기는 2061년일 것입니다. 어떻게 핼리 혜성이 2061년에 지구에 다시 접근한다고 예측할 수 있을까요? 이는 시간과 혜성의 위치를 나타내는 함수가 있기 때문입니다.

이처럼 직접 알 수 없는 미래를 예측하려고 함수를 사용하면서 인류는 발전해 왔습니다.

일차함수와 이차함수가 중요한 이유

이 장에서 소개하는 것은 일차함수와 이차함수입니다. 일차함수와 이차함수는 매우 중요합니다.

첫 번째 이유는 일차함수와 이차함수로 나타낼 수 있는 상황이 많다는 것입니다. 일차함수는 직선이므로, 직선 형태의 변화는 모두 일차함수로 나타낼 수 있습니다. 이차함수의 그래프는 포물선이며, 물건을 던질 때의 궤적 같은 변화는 이차함수로 나타낼 수 있습니다.

두 번째 이유는 일차함수와 이차함수는 이해하기 쉽다는 것입니다. 이 책 뒷부분에서 소개할 다양한 함수 중에서 가장 이해하기 쉬운 것이 일차함수와 이차함수입니다. 상황에 따라서 일차함수나 이차함수 형태와 다소 차이가 있어도 단순하게 나타내려고 억지로 일차함수와 이차함수 형태를 적용하는 사례도 있습니다.

이 장은 수학에서 매우 중요한 내용을 담았습니다. 참고로 삼차 이상의 다항함수도 다루므로 다른 장을 읽지 않더라도 이 장은 꼭 읽으세요.

방정식과 부등식은 그래프로 그리면 이해하기 쉬움

이 장에서는 방정식과 부등식도 함께 설명합니다. 함수는 그래프로 이해하는 것이 기억에 오래 남기 때문입니다.

방정식은 그래프에서 x축($y = 0$)과 만나는 점을 계산하는 것이라고 이해하면 좋습니다. 부등식은 조건이 많으면 복잡하지만 그래프로 나타내면 깔끔하게 정리할 수 있습니다.

🍎 교양 독자가 알아 둘 점

일차함수와 이차함수의 그래프 모양을 바로 떠올리는 것이 목표입니다. 일차함수는 직선의 변화, 이차함수는 포물선의 변화임을 이해하세요. 그리고 절편, 기울기, 정점이라는 용어는 기억해 두세요.

3+1 업무에 활용하는 독자가 알아 둘 점

모든 내용이 매우 중요합니다. 이 장의 내용을 이해하기 어렵다면 수학과 관련된 업무를 하기 어렵다고 해도 과언이 아닙니다. 이해하기 어렵다면 PC 등에서 그래프를 그리면서 공부하면 이해도를 높일 수 있습니다.

🎓 수험생이 알아 둘 점

일차함수와 이차함수는 시험에 자주 나오는 기초 내용이므로 완벽하게 이해하세요. 식 형태로 이해하기 어렵다면 그래프를 그려 봅니다. 다항함수 문제도 나오니 익숙해져야 합니다.

 교양 ★★　　 실용 ★★　　 시험 ★★

01 함수의 정의

함수의 정의를 설명합니다. 이해하기 쉬우므로 가볍게 한번 읽어 보세요.

함수는 숫자를 넣으면 숫자가 나오는 상자

두 변수 x와 y가 있고 변수 x값에 대응하는 y값이 하나일 때, y를 x의 '함수'라 하며 $y = f(x)$로 나타냄. 예를 들어 x에 a를 대입했을 때의 값은 $f(a)$로 나타냄

함수란?

함수는 숫자를 넣으면 숫자가 나오는 상자와 같습니다. 구체적인 예를 들어 보죠. 1병에 1,300원인 주스를 x병 샀을 때의 총액은 함수로 나타낼 수 있습니다.

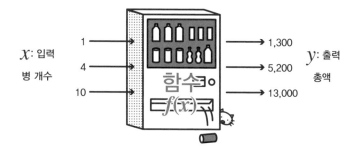

병 1개를 사면 1,300원, 병 4개를 사면 5,200원, 병 10개를 사면 13,000원 등 병 개수를 입력하면 총액이 나오는 자판기가 바로 함수의 개념입니다. 사실 이 예는 간단하고 이해하기 쉬우므로 "함수를 사용해야 하나?"라는 의문이 들 수도 있습니다. 그런데 수학은 미래를 생각해 추상화하는 학문입니다. 이렇게 간단한 관계도 $y = f(x)$라고 정의하는 것입니다.

참고로 f는 함수의 영어 표기인 function의 머리글자를 뜻한다고 알려져 있습니다. 또한 함수의 개수가 늘면 임의의 알파벳을 이용하여 표기하는 것이 관례입니다. 실제로 $y = g(x)$, $y = h(x)$와 같이 함수를 표기합니다.

역함수, 다변수함수, 합성함수

이번에는 여러 가지 함수를 소개합니다. 가장 먼저 소개할 것은 역함수(inverse function)입니다. 앞에서 병 개수 x를 입력하면 총액 y를 출력하는 상자를 $f(x)$라고 정의했습니다. 역함수는 이 함수의 정의와 반대 개념입니다. 즉, 총액 x를 입력하면 병 개수 y를 출력하는 함수입니다. 보통 $y = f(x)$의 역함수는 $x = f^{-1}(y)$로 나타냅니다.

다변수함수(multivariate function)는 입력으로 삼는 변수가 여러 개인 함수를 말합니다. 예를 들어 우유 1병이 x, 우유에 넣는 토핑 1개를 y라고 하겠습니다. 그리고 토핑을 넣으면 최종 음료 가격에 200원이 추가된다고 생각해 보죠. 그럼 토핑을 넣으면($x = 1$, $y = 1$) 음료 가격인 z값은 1500, 토핑을 넣지 않으면($x = 1$, $y = 0$) z값은 1300입니다. 또한 우유를 마시지 않는다면 애초에 z값이 0이 될 것입니다. 이렇게 2개 이상의 변수로 출력이 결정되는 것이 다변수함수입니다. 식은 보통 $z = f(x, y)$로 나타냅니다.

마지막은 합성함수(composite function)입니다. 합성함수는 두 함수를 결합해 사용(어떤 함수의 출력 값을 다른 함수의 입력 값으로 사용해 최종 출력)하는 함수를 뜻합니다. 예를 들어 자녀(x) 1명마다 주스 2병을 산다고 할 때 병의 총 개수를 계산하는 함수인 $g(x)$와 주스의 병 개수로 총액을 계산하는 함수 $f(x)$가 있다면 $g(x)$의 출력을 $f(x)$의 입력으로 삼아 총액을 계산할 수 있습니다. 식은 보통 $y = f(g(x))$로 나타냅니다.

역함수와 합성함수는 약간 어려운 개념이지만, 이렇게 사례 중심으로 설명하면 이해할 수 있을 겁니다.

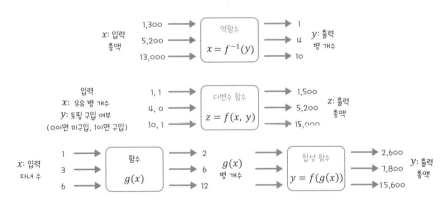

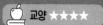

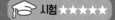
02 일차함수와 그래프

나중에 다룰 미적분에서도 중요한 내용입니다. 기울기의 개념은 확실히 이해하기 바랍니다.

일차함수의 그래프는 기울기와 절편이 결정함

일차함수 $y = ax + b$의 그래프는 다음 그림처럼 직선임. 여기에서 a를 '기울기', b를 '절편'이라고 함

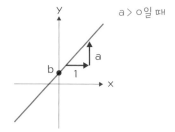

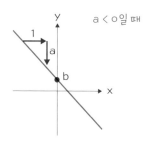

일차함수의 그래프는 직선

일차함수의 그래프는 직선입니다. 이 책에 나오는 여러 가지 함수 중에서 가장 간단합니다. 또한 **1장 08**에서 설명한 비례는 일차함수에서도 특히 절편이 0인 일차함수를 뜻합니다. 달리 말하자면 원점을 지나는 직선이라고 할 수 있습니다.

일차함수에서 중요한 매개변수 a를 기울기라고 합니다. x가 1 증가했을 때 y가 증가한 값을 뜻합니다. a가 양수면 x가 증가할 때 y도 증가하므로 그래프는 오른쪽 위로 뻗는 직선이 됩니다. a가 음수면 x가 증가할 때 y는 감소하므로 오른쪽 아래로 내려가는 직선이 됩니다. 기울기는 나중에 미분에서 중요한 의미가 있으므로 제대로 이해해야 합니다.

절편 b는 직선이 y축과 만날 때의 y값($x = 0$일 때 y값)을 뜻합니다.

BUSINESS 기울기와 절편이 중요한 이유

실제로 일차함수를 사용하는 예제에서 기울기와 절편의 의미를 다시 확인해 보겠습니다.

인쇄소에 연하장 인쇄를 맡긴다고 생각해 봅시다. 인쇄소 A는 5장 인쇄하면 2,000원, 15장 인쇄하면 4,000원을 받습니다. 인쇄소 B는 인쇄를 맡길 때 2,000원이라는 고정 금액을 내며 1장당 인쇄비는 150원입니다. 인쇄소 A와 B에서 각각 1장의 연하장을 인쇄할 때 총액을 y원으로 하는 그래프는 다음 그림과 같습니다.

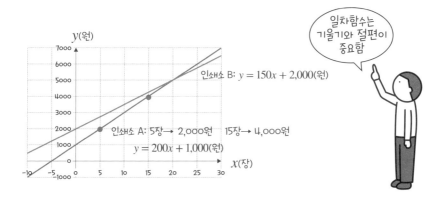

그래프를 보면 인쇄소 A는 초기 비용이 싸지만 장당 가격은 비쌉니다. 인쇄소 B는 초기 비용이 비싸지만 장당 가격은 쌉니다. 두 그래프의 변화를 살펴보면 연하장을 20장 이상 인쇄할 때는 인쇄소 B의 총액이 인쇄소 A의 총액보다 낮음을 알 수 있습니다.

한편 일차함수를 실제로 사용할 때 절편과 기울기는 특별한 의미가 있기도 합니다. 예를 들어 인쇄소 A의 '5장 인쇄하면 2,000원, 15장 인쇄하면 4,000원'이라는 소개 글과 인쇄소 B의 '기본 금액 2,000원, 1장당 150원 추가'라는 소개 글 중 어느 쪽이 이해하기 쉬울까요? 인쇄소 B의 소개 글이 알기 쉽지 않을까요? 수학적으로 살펴보면 인쇄소 B는 기울기(1장당 인쇄비)와 절편(기본 금액)으로 총액을 빠르게 계산할 수 있기 때문입니다. 이러한 이유로 일차함수의 기울기와 절편은 중요합니다.

5장: 2,000원
15장: 4,000원

인쇄소 A

고정 금액: 2,000원
1장: 150원

인쇄소 B

03 이차함수와 그래프

이차함수는 시험은 물론 실용 측면에서도 다양하게 활용하므로 꼭 알아야 합니다. 교양 독자도 포물선과 정점 정도는 기억하세요.

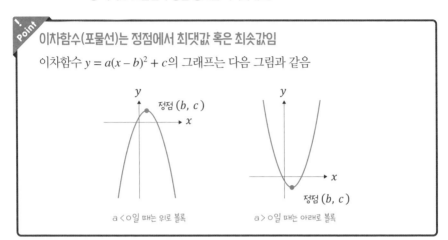

> **Point**
>
> **이차함수(포물선)는 정점에서 최댓값 혹은 최솟값임**
>
> 이차함수 $y = a(x - b)^2 + c$의 그래프는 다음 그림과 같음
>
> 정점 (b, c)
>
> $a < 0$일 때는 위로 볼록
>
> 정점 (b, c)
>
> $a > 0$일 때는 아래로 볼록

이차함수의 그래프는 포물선

이차함수의 그래프는 Point에서 살펴본 것처럼 포물선입니다. 이차함수의 그래프 모양이 공을 던졌을 때의 궤적과 비슷해서 그렇습니다. 그래프는 a, 즉 x^2의 계수(일정하게 변수에 곱하는 상수)가 양수인지 음수인지에 따라 모양이 바뀝니다. 양수이면 아래로 볼록하고, 음수이면 위로 볼록합니다.

이차함수의 그래프에서 주목할 부분은 정점입니다. 정점은 포물선의 최소 또는 최대인 점으로 이차함수의 최솟값 또는 최댓값입니다. 또한 정점의 x값을 축이라고 합니다. 포물선은 축을 기준으로 왼쪽과 오른쪽이 대칭입니다.

이차함수의 그래프를 그릴 때는 $y = ax^2 + bx + c$의 형태가 아니라 $y = a(x - b)^2 + c$로 식을 정리(완전제곱식)하면 정점을 명확하게 알 수 있습니다.

예를 들어 $y = \dfrac{1}{2}(x - 2)^2 - 1$과 $y = -\dfrac{1}{2}(x - 2)^2 + 1$의 그래프와 대응표를 살펴보겠습니다.

x	-1	0	1	2	3	4	5
$\frac{1}{2}(x-2)^2+1$	$\frac{7}{2}$	1	$-\frac{1}{2}$	-1	$-\frac{1}{2}$	1	$\frac{7}{2}$
$-\frac{1}{2}(x-2)^2+1$	$-\frac{7}{2}$	-1	$\frac{1}{2}$	1	$\frac{1}{2}$	-1	$-\frac{7}{2}$

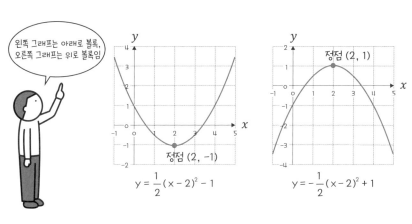

📔BUSINESS 정점이 중요한 이유

어떤 과자 가게에서 원가가 1,000원인 신상품을 내놨습니다. 가격이 높을수록 이익이 크지만, 가격을 높이면 판매량이 줍니다. 예를 들어 과자 가격이 x원이면 판매량이 5000 – x개라고 가정하겠습니다. 그럼 가격이 얼마일 때 이익이 최대일까요?

x가 가격, y가 전체 이익이라고 생각하면, 전체 이익은 '이익 × 판매량'이므로 $y = (x - 1000)(5000 - x)$입니다. 이 식을 정리하면 $y = -(x - 3000)^2 + 4000000$입니다. 이차함수이므로 그래프를 그리면 오른쪽 그림과 같습니다. 여기에서 최대 이익은 포물선의

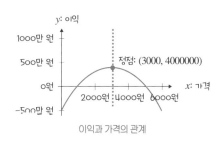

이익과 가격의 관계

정점(함수의 최댓값)이므로 과자 가격이 3,000원일 때 400만 원의 최대 이익이 납니다.

이처럼 이차함수를 실제로 활용할 때 정점이 의미 있는 숫자인 경우가 많은 편입니다. 정점은 그만큼 중요한 개념입니다.

 교양 ★★　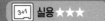 실용 ★★★　 시험 ★★★★★

04 이차방정식의 풀이

이차방정식 근의 공식은 수험생이라면 꼭 암기해야 합니다. 하지만 교양 독자라면 근의 공식이 있다는 사실만 알아도 충분합니다.

> **Point**
>
> ## 이차방정식은 공식을 사용해 해를 계산할 수 있음
>
> ### 근의 공식 사용하기
>
> $ax^2 + bx + c = 0$이라는 이차방정식이 있을 때 다음 공식에 a, b, c를 대입함
>
> $$x = \frac{-b \pm \sqrt{b^2 - 4ac}}{2a}$$
>
> 예) $2x^2 - 5x - 3 = 0$이면,
>
> $a = 2$, $b = -5$, $c = -3$임
>
> 근의 공식에 대입하면,
>
> $$x = \frac{-(-5) \pm \sqrt{(-5)^2 - \{4 \times 2 \times (-3)\}}}{2 \times 2}$$
>
> $$= \frac{5 \pm \sqrt{49}}{4} = \frac{5 \pm 7}{4}$$
>
> $$x = 3 \ \text{또는} \ -\frac{1}{2}$$
>
> ### 완전제곱식 사용하기
>
> 좌변을 완전제곱식 형태로 정리한 후 이차방정식의 해를 계산함
>
> $$(x - b)^2 = c$$
>
> $$x - b = \pm\sqrt{c}$$
>
> $$x = b \pm \sqrt{c}$$
>
> 예) $2x^2 - 5x - 3 = 0$
>
> $$\left(x^2 - \frac{5}{2}x + \frac{25}{16}\right) = \frac{3}{2} + \frac{25}{16}$$
>
> $$\left(x - \frac{5}{4}\right)^2 = \frac{49}{16}$$
>
> $$x = \frac{5}{4} \pm \sqrt{\frac{49}{16}}$$
>
> $$x = 3 \ \text{또는} \ -\frac{1}{2}$$
>
> ### 인수분해 사용하기
>
> 먼저 $(ax - b)(cx - d) = 0$의 형태로 정리함
>
> $ax - b = 0$ 또는 $cx - d = 0$은
>
> $(ax - b)(cx - d) = 0$과 같으므로
>
> $$x = \frac{b}{a} \ \text{또는} \ \frac{d}{c}$$임
>
> 예) $2x^2 - 5x - 3 = 0$
>
> $$(2x + 1)(x - 3) = 0$$
>
> $$x = 3 \ \text{또는} \ -\frac{1}{2}$$

이차방정식의 풀이 방법은 세 가지가 있음

이차방정식을 푸는 방법은 세 가지가 있습니다. 첫 번째는 근의 공식에 값 대입하기, 두 번째는 완전제곱식 사용하기, 세 번째는 인수분해 사용하기입니다.

이 중 가장 확실한 방법은 근의 공식에 대입하는 것입니다. 주어진 이차방정식에 a, b, c를 대입해 실수 없이 계산하면 풀 수 있기 때문입니다. 이차방정식의 해는 보통 2개이므로 식에 '$\pm$'가 있습니다.

두 번째로 완전제곱식을 사용하면 계산이 복잡하므로 교육적으로만 의미가 있을 뿐 실제로 자주 활용하지 않습니다. 그러나 이차함수의 그래프를 그릴 때 완전제곱식을 사용하면 좋으므로 방법 자체는 알아 두면 유용합니다.

세 번째인 인수분해는 이차방정식을 가장 빠르게 푸는 방법입니다. 계산을 실수할 확률이 낮으므로 권하는 방법이기도 합니다. 하지만 해가 정수가 아니라면 인수분해 과정이 복잡하므로 빨리 포기하고 근의 공식을 사용하세요.

BUSINESS 과자 가게의 이익

03에서 살펴본 과자 가게의 예를 다시 살펴보겠습니다. 어떤 과자 가게에서 원가가 1,000원인 신상품을 내놨습니다. 가격이 높을수록 이익이 크지만, 가격을 높이면 판매량이 줄어듭니다. 예를 들어 과자 가격이 x원일 때 판매량은 $5000 - x$개라고 가정하겠습니다. 그럼 이익을 300만 원 내려면 과자 가격이 얼마여야 할까요?

x가 가격이면 과자 1개를 팔았을 때 이익은 $x - 1000$이며 전체 이익은 $(x - 1000)(5000 - x)$입니다. 이익이 300만 원일 때 과자 가격을 알아내는 것이니,

$$(x - 1000)(5000 - x) = 3000000$$

앞 식을 정리하면 $x^2 - 6000x + 8000000 = 0$

인수분해하면 $(x - 4000)(x - 2000) = 0$이므로

$$x = 4000 \text{ 또는 } 2000$$

즉, 가격을 4,000원이나 2,000원으로 책정하면 300만 원의 이익을 냅니다.

 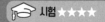
05 이차방정식의 허수해

허수를 사용하면 루트 안이 음수라도 방정식을 풀 수 있습니다. 그러나 실제로 활용할 때는 해에 의미가 없습니다.

> **Point**
>
> **$i^2 = -1$은 그저 규칙일 뿐이므로 깊게 생각할 필요가 없음**
>
> 모든 이차방정식을 풀려면 허수를 사용해야 함
>
> - 제곱했을 때 −1이 되는 수를 '허수'라고 하며 'i'로 나타냄. 즉, $i^2 = -1$임
> - $a + bi(a, b$는 실수)처럼 허수를 사용하는 숫자를 '복소수'라고 함
> - 복소수를 계산할 때 허수는 문자식으로 다룸
>
>   예) $(2 + 3i) + (3 + i) = 5 + 4i, \quad i(i + 5) = i^2 + 5i = -1 + 5i$

루트 안에 음수를 사용한다면?

근의 공식을 사용하면 이차방정식을 풀 수 있습니다. 그런데 주의해야 할 점이 있습니다. 근의 공식에서 루트 안, 즉 $b^2 - 4ac$의 값이 음수일 때 어떻게 처리하는지입니다. 중학교 수학에서는 보통 '방정식의 해가 없다'라고 합니다. 양수와 양수를 곱하든, 음수와 음수를 곱하든 양수이므로 루트 안 숫자가 음수일 때는 없기 때문입니다.

그런데 루트 안 숫자가 음수일 때라도 어떻게든 방정식을 풀고 싶은 수학자가 제곱했을 때 −1이 되는 수를 가정했습니다. 즉, i라고 쓰고 $i^2 = -1$이라고 한 것입니다. 예를 들어 $x^2 = -4$ 같은 방정식이라면 $x = 2i$라는 답을 쓸 수 있습니다. 그러나 이 값은 어디까지나 가정일 뿐 실용적인 측면에서 실제로 다룰 수는 없습니다. '허수'라는 이름이 괜히 붙은 것이 아닙니다.

물론 허수 개념은 **13장**에서 다룰 복소수 평면처럼 고등학교 혹은 그 이상의 수학을 이해하는 데 의미가 있는 개념입니다. 그러나 실수 계수가 있는 이차방정식을 풀어서 얻은 허수해는 실용적인 측면에서는 의미가 없습니다.

BUSINESS 허수로 매긴 가격!?

이번에도 **03**에서 살펴본 과자 가게의 예를 다시 살펴보겠습니다. 어떤 과자 가게에서 원가가 1,000원인 신상품을 내놨습니다. 가격이 높을수록 이익이 크지만, 가격을 높이면 판매량이 줄어듭니다. 예를 들어 과자 가격이 x원이면 판매량이 $5000 - x$개라고 가정하겠습니다. 그럼 이익을 800만 원 내려면 과자 가격이 얼마여야 할까요?

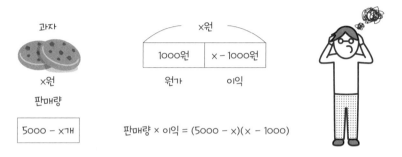

과자 1개를 팔았을 때의 이익은 $x - 1000$이며 전체 이익은 $(x - 1000)(5000 - x)$입니다. 이익이 800만 원일 때 과자 가격을 알아내는 것이니,

$$(x - 1000)(5000 - x) = 8000000$$

앞 식을 정리하면 $x^2 - 6000x + 13000000 = 0$

근의 공식에 $a = 1$, $b = -600$, $c = 13000000$을 대입하면

$$x = 3000 - 2000i \text{ 또는 } 3000 + 2000i$$

즉, 가격이 $3000 - 2000i$원 또는 $3000 + 2000i$원이면 800만 원의 이익을 낼 수 있습니다. 그런데 당연히 이런 가격은 매길 수 없습니다. 즉, 정확하게 800만 원의 이익을 내는 것은 불가능합니다.

이처럼 이차방정식을 실제로 활용할 때는 해가 의미 있는 숫자인지 확인해야 합니다. 방금 소개한 예처럼 해가 허수이거나 음수이면 현실적으로 가격을 매길 수 없습니다.

06 이차방정식의 판별식, 해와 계수의 관계

시험에서나 고려할 개념입니다. 교양이나 실용 독자라면 읽지 않아도 괜찮습니다.

Point

판별식과 해와 계수의 관계는 계산이 편해지는 도구

이차방정식 근의 공식에서 루트 안에 있는 $b^2 - 4ac$를 '판별식'이라고 함. 판별식을 $D = b^2 - 4ac$라고 하면 실수 계수의 이차방정식은 다음과 같은 성질이 있음

- $D > 0$이면 실수해 2개가 있음
- $D = 0$이면 실수해 1개가 있음(중근)
- $D < 0$이면 허수(복소수)해 2개가 있음

해와 계수의 관계

이차방정식 $ax^2 + bx + c = 0$의 해 2개를 α, β라고 하면 다음 관계가 성립함

$$\alpha + \beta = -\frac{b}{a}, \quad \alpha\beta = \frac{c}{a}$$

복잡한 계산을 하지 않고 해의 성질을 구분하는 판별식

여기서 설명하는 판별식은 이차방정식이 실수해를 갖는지, 05에서 설명한 허수해를 갖는지 판별하는 식입니다. 식의 형태는 사실 이차방정식 $ax^2 + bx + c = 0$의 근의 공식인 $x = \dfrac{-b \pm \sqrt{b^2 - 4ac}}{2a}$의 루트 안 $b^2 - 4ac$입니다. 알기 쉽습니다.

판별식이 양수이면 이차방정식은 실수해 2개가 있고, 음수이면 허수해 2개가 있습니다. 0이면 해에 루트가 존재하지 않으므로 실수해 1개가 있습니다. 사실 판별식이 0이면 이차방정식이 $(x - \alpha)^2 = 0$ 같은 완전제곱식 형태라는 뜻입니다. 사실 엄격하게 말하자면 해가 2개지만 그 값이 같으므로 1개인 것입니다. 그래서 일반적인 해보다는 무겁다고 느껴 중근이라고 합니다.

물론 판별식을 이용하지 않아도 근의 공식을 풀어 해를 계산할 수 있습니다. 하지만 근의 공식보다 판별식 $D = b^2 - 4ac$의 계산이 훨씬 간단하다는 장점이 있습니다. 즉, 판별식은 한정된 시간에 모든 문제를 풀어야 하는 수험생에게 유용합니다.

다음은 이해를 돕고자 판별식 값과 $y = ax^2 + bx + c$ 그래프의 관계를 나타내는 그림입니다.

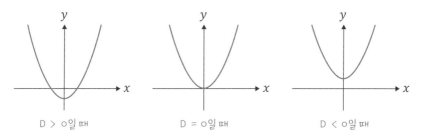

이차방정식 $ax^2 + bx + c = 0$의 해는 그래프와 x축($y = 0$)의 교차점을 뜻합니다. $D > 0$이면 그래프는 x축과의 교차점 2개가 있습니다. $D = 0$이면 x축과의 교차점 1개, $D < 0$이면 x축과의 교차점이 없습니다.

BUSINESS 해와 계수의 관계로 빠르게 문제 해결하기

해와 계수의 관계는 다음과 같은 문제를 해결할 때 활용합니다.

> 문제 이차방정식 $2x^2 + 5x + 4 = 0$의 해를 α, β라고 할 때 $\alpha^2 + \beta^2$의 값을 계산하세요.

다음처럼 해와 계수의 관계를 활용하면 쉽게 해결할 수 있습니다.

$\alpha^2 + \beta^2 = (\alpha + \beta)^2 - 2\alpha\beta$이며, 해와 계수의 관계에서 $\alpha + \beta = -\dfrac{b}{a} = -\dfrac{5}{2}$, $\alpha\beta = \dfrac{c}{a} = 2$입니다. 따라서 $\alpha^2 + \beta^2 = \left(-\dfrac{5}{2}\right)^2 - 2 \times 2 = \dfrac{9}{4}$입니다.

이 방법은 이차방정식을 풀어 답을 계산한 후 $\alpha^2 + \beta^2$에 대입하는 것보다 빠르게 계산할 수 있습니다. 빠른 계산 속도와 정확성이 중요한 수험생은 꼭 알아 두세요. 단, 수험생 이외의 독자에게는 그다지 필요하지 않은 방법입니다.

07 다항함수

실용 수학에서는 다항함수를 간단한 함수로 근사(복잡한 함수를 계산 가능한 함수로 나타내는 것)할 때가 있으므로, 함수의 성질을 충분히 알아 두어야 합니다.

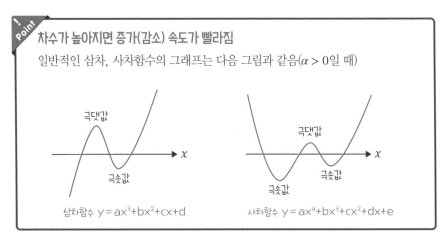

Point
차수가 높아지면 증가(감소) 속도가 빨라짐
일반적인 삼차, 사차함수의 그래프는 다음 그림과 같음($\alpha > 0$일 때)

극댓값
극솟값
삼차함수 $y = ax^3 + bx^2 + cx + d$

극댓값
극솟값
극솟값
사차함수 $y = ax^4 + bx^3 + cx^2 + dx + e$

차수가 늘어날 때마다 곡선이 추가된다

이번에는 삼차 이상의 함수를 설명합니다. 차수가 높을수록 Point에서 소개한 그림처럼 그래프의 곡선이 많아집니다. 즉, 어떤 지점 이후 y값이 감소(극대)하거나 증가(극소)합니다. 삼차함수는 2개, 사차함수는 3개가 있습니다. 눈치 빠른 분이라면 이러한 지점이 n차함수일 때 $n-1$개(최대)임을 알아챘을 겁니다.

다음으로 다항함수에서 중요한 것은 증가 속도입니다. 오른쪽 그림은 $y = x^2$, $y = x^4$, $y = x^6$의 그래프를 나타낸 것입니다. x가 3일 때, x^2, x^4, x^6은 각각 9, 81, 729입니다. 차수가 커지면 함숫값이 증가하는 속도는 급격히 커짐을 알 수 있습니다.

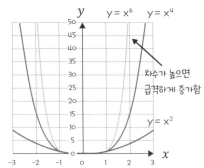

그럼 이차함수, 사차함수, 육차함수 같이 함수를 최고 차수 기준으로 분류하는 이유는 무엇일까요? 이는 최고 차수의 증가(감소) 속도가 크며 증가 속도가 큰(작은) 영역에서 최고 차수의 항이 함숫값을 결정하기 때문입니다.

BUSINESS 다항함수를 사용해 수치 데이터 나타내기

실제로는 어떤 데이터를 다양한 차수의 함수로 나타내는 사례가 많습니다. 엑셀(Excel) 같은 스프레드시트 소프트웨어에는 대부분 피팅 기능으로 지원합니다.

다음 그림은 데이터를 일차함수부터 육차함수까지 나타낸 예입니다. 그림의 R^2을 결정계수라고 하며 0에서 1까지의 값을 갖습니다. 결정계수가 클수록 그래프와 실제 값 사이의 오차가 작습니다.

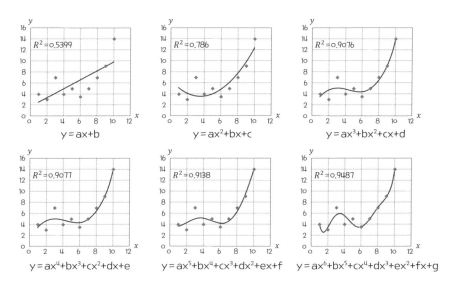

그림을 살펴보면 함수의 차수가 늘어날수록 그래프의 곡선이 늘어나고 R^2값이 커지며 그래프와 실제 값 사이의 오차가 작아짐을 알 수 있습니다. 그러나 차수가 높으면 변수가 늘어나는 등 실제 계산할 때 고려해야 할 요소가 많아집니다. 즉, 오차를 허용할 수 있는 범위 안에서 가능하면 작은 차수의 함수로 나타내는 것이 좋습니다.

08 인수정리와 나머지정리

개념이 쉽게 잡히지 않아 어렵다고 느낄지도 모르겠지만 다항식의 해를 알면 인수분해할 수 있다는 사실만 알면 됩니다. 실용 수학에서는 잘 사용하지 않습니다.

Point

$f(a) = 0$이면 $f(x)$는 $(x - a)$가 인수임

인수정리

다항식 $f(x)$를 $ax - b$로 나누면, $f\left(\dfrac{b}{a}\right) = 0$임

또한 $f\left(\dfrac{b}{a}\right) = 0$이면, 다항식 $f(x)$를 $ax - b$로 나눌 수 있음

예) $f(x) = x^3 - 2x^2 - x + 2 = (x - 2)(x + 1)(x - 1)$을 $x - 2$, $x + 1$, $x - 1$로 나눌 수 있음. 그러므로 $f(2) = f(-1) = f(1) = 0$

나머지정리

다항식 $f(x)$를 $ax - b$로 나눈 나머지는 $f\left(\dfrac{b}{a}\right)$임

예) $f(x) = x^3 - 2x^2 - x + 5 = (x - 2)(x + 1)(x - 1) + 3$을 $x - 2$, $x + 1$, $x - 1$로 나눈 나머지는 $f(2) = f(-1) = f(1) = 3$

인수정리는 구체적인 예와 함께 살펴보면 어렵지 않다

인수정리와 나머지정리는 '나머지가 몇 개인가'라는 개념보다 다항식 $f(x)$가 $f(a) = 0$일 때 $f(x)$는 $(x - a)$를 인수로 갖는다고 이해하는 것이 좋습니다. 예를 들어 어떤 삼차다항식 $f(x)$의 해가 1, 2, 3이면 $f(x)$는 상수 a를 포함한 $f(x) = a(x - 1)(x - 2)(x - 3)$으로 나타낼 수 있습니다. 이 식을 보면 $f(1) = f(2) = f(3) = 0$이 성립합니다. 또한 다항식의 차수가 늘어나도 성립합니다.

나머지정리도 마찬가지 개념입니다. 예를 들어 삼차다항식 $g(x)$를 $x - 1$로 나눈 나머지가 2이면 $g(x)$는 $g(x) = a(x - 1)(x - b)(x - c) + 2$로 나타낼 수 있습니다. 당연히 이때 $g(1) = 2$입니다.

다항식을 나누는 방법

다항식을 나누는 방법을 살펴보겠습니다. 초등학교에서 배우는 숫자 나누기 계산을 문자식으로 바꾼 것이니 충분히 이해할 수 있습니다.

오른쪽의 예에서는 $x^3 + 2x^2 + 3x + 1$을 $x + 1$로 나눌 때의 계산 방법을 보여 줍니다.

처음에는 $x^3 + 2x^2$과 $x + 1$을 비교하여 x^2로 나눕니다. 그리고 $x + 1$과 x^2를 곱한 $x^3 + x^2$을 원래 식에서 **빼면** x의 이차식이 됩니다. 이렇게 차수를 낮추면 마지막에 -1이 남습니다.

$$
\begin{array}{r}
x^2 + x + 2 \\
x + 1 \enclose{longdiv}{x^3 + 2x^2 + 3x + 1} \\
\underline{x^3 + x^2} \\
x^2 + 3x \\
\underline{x^2 + x} \\
2x + 1 \\
\underline{2x + 2} \\
-1
\end{array}
$$

다항식의 나눗셈

BUSINESS 고차방정식 풀기

이차방정식과 마찬가지로 삼차, 사차방정식도 근의 공식이 있습니다. 단, 너무 복잡하고 길어서 소개하지 않겠습니다. 관심 있는 분은 직접 찾아보기 바랍니다.

오차 이상의 방정식은 근의 공식이 없다고 증명되었습니다. 그렇다고 해가 없다는 뜻은 아닙니다. 사칙연산과 제곱식으로 해를 나타낼 수 없을 뿐입니다.

실용 측면에서 고차방정식을 풀 때는 보통 식을 낮은 차수로 근사해 계산합니다. 정확한 해가 아니라 대략적인 해를 계산해도 충분하기 때문입니다.

고등학교 수학에서 고차방정식 문제를 풀 때는 인수정리를 사용해 차수를 낮춥니다. 예를 들어 $x^3 - 2x^2 - x + 2 = 0$이라는 방정식에 $x = 1$이라는 해가 있음은 분명한 사실입니다. 따라서 $x^3 - 2x^2 - x + 2$는 $x - 1$이 인수이므로 나눗셈해서 차수를 낮춥니다. 이러한 과정으로 이차 이하의 차수가 되면 이차방정식 근의 공식을 사용한다는 것이 핵심입니다. 첫 번째 해는 어떤 값을 대입하는 등으로 직접 찾을 수밖에 없습니다. 하지만 시험 문제에서는 보통 ±1이라든지 ±2라든지 간단한 숫자 중 하나가 해일 것입니다(그렇지 않으면 해당 방정식을 한정된 시간 안에 풀 수 없기 때문입니다).

049

 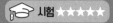
09 부등식 풀이

시험은 물론 실용적인 측면에서도 부등식을 자주 사용합니다. 양변에 음수를 곱하면 부등호의 방향이 바뀐다는 점을 꼭 기억하세요.

> **Point**
>
> ## 양변에 음수를 곱하면 부등호의 방향이 바뀜
>
> 부등식 $A > B$일 때 다음 부등식이 성립함(다음 식에서 부등호 $>$를 $<$, $\leq$, $\geq$ 등으로 바꿔도 마찬가지임)
>
> - $A + m > B + m$
>   예) $5 > 2$이면 $5 + 2 > 2 + 2$ $(7 > 4)$
> - $A - m > B - m$
>   예) $5 > 2$이면 $5 - 2 > 2 - 2$ $(3 > 0)$
> - $Am > Bm$($m > 0$일 때)이면 $Am < Bm$($m < 0$일 때)
>   예) $5 > 2$이면 $10 > 4$ $(5 \times 2 > 2 \times 2)$, 또한 $-10 < -4$ $(5 \times (-2) < 2 \times (-2))$

부등식은 양변에 음수를 곱할 때 주의해야 함

부등식을 푸는 방법은 방정식과 거의 같습니다. '$<$' 같은 부등호를 '$=$'라고 생각해 방정식을 풀고 마지막에 $x < a$라는 형태로 나타내면 됩니다. 즉, '양변에 같은 수를 곱함' 등으로 연산하는 것입니다.

그러나 한 가지 사항을 꼭 기억해야 합니다. 양변에 음수를 곱하면 부등호의 방향이 반대가 된다는 점입니다. 예를 들어 부등식 $-2x + 4 > 8$을 풀어 보겠습니다.

$$\text{양변에서 4를 빼면 } -2x > 4\text{이고,}$$

$$\text{양변에 } -\frac{1}{2}\text{을 곱하면 } x < -2\text{입니다.}$$

여기에서는 양변에 4를 뺀 후 $-\frac{1}{2}$를 곱했습니다. 따라서 부등호의 방향이 반대로 바뀌었으니 주의하세요.

양수는 절댓값(부호를 삭제한 수)이 클수록 커지는데, 음수는 절댓값이 클수록 작아집니다. 양변에 음수를 곱하면 부호가 바뀌므로 절댓값의 관계가 반대가 되기 때문입니다. 즉, −2보다 −10이 작으므로 부등호의 방향이 바뀝니다.

이차부등식의 풀이

이번에는 이차부등식을 어떻게 푸는지 설명합니다.

예를 들어 $x^2 - 3x + 2 < 0$이라는 문제를 푼다고 생각해 보겠습니다. 먼저 인수분해를 합니다. 값을 대입하는 간단한 방법 등으로 인수분해를 할 수 없다면 근의 공식으로 해를 계산해 인수분해를 합니다. $x^2 - 3x + 2$는 $(x - 1)(x - 2)$로 인수분해를 할 수 있으므로 부등식을 다음처럼 바꿀 수 있습니다.

$$(x - 1)(x - 2) < 0$$

다음으로 $y = (x - 1)(x - 2)$라는 함수의 그래프를 그려 봅니다. 단순화하면 오른쪽 그림과 같은 형태가 됩니다.

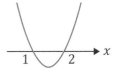

$y = (x - 1)(x - 2)$의 그래프

이 함수는 $x = 1$과 2에서 x축과 만나며 그 사이에서는 함숫값이 0 이하입니다. 그러므로 이 부등식이 성립하는 x의 범위는 $1 < x < 2$입니다.

한편 $(x - 1)(x - 2) > 0$(부등호의 방향이 바뀜)이라면 어떨까요? 그래프를 참고하면 x가 1보다 작거나 x가 2보다 클 때가 답입니다. 즉, 부등식이 성립하는 x의 범위는 $x < 1$ 또는 $x > 2$입니다. 이처럼 부등식의 대소 관계에 따른 범위가 헷갈릴 때는 그래프를 그려 보면 확실히 알 수 있습니다.

또한 $ax^2 + bx + c = 0$의 해가 허수라면 x축과의 교점이 없습니다. 예를 들어 $x^2 + 1 = 0$의 해는 허수 i입니다. 따라서 $x^2 + 1 > 0$이라는 부등식은 항상 성립하며, $x^2 + 1 < 0$이라는 부등식은 해가 없으므로 항상 성립하지 않습니다.

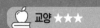 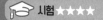
10 부등식과 영역

시험은 물론 선형 계획법 등 실용적인 분야에서도 자주 사용합니다. 익숙해지기 전에는 그래프를 그려 확실히 이해하세요.

이해하기 어려우면 먼저 그래프를 그림

직선 $y = mx + n$에서,

부등식 $y > mx + n$이 나타내는 영역은 직선의 윗부분이고

부등식 $y < mx + n$이 나타내는 영역은 직선의 아랫부분임

예) 직선 $y = x + 1$일 때 오른쪽 그림처럼
영역이 나뉨. 예를 들어 점 A(−4, 2)는
영역 $y > x + 1$, 점 B(1, −3)은 영역
$y < x + 1$에 있음

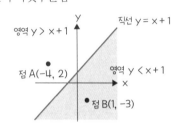

부등식과 영역은 정확한 그림을 그려 이해한다

09에서 소개한 부등식은 변수 x 하나만 다루는 문제였습니다. 이번에는 x와 y로 나타내는 평면 영역을 다룹니다.

부등식과 영역을 활용하는 예로는 선형 계획법이 있습니다. 공장에서 설비 등 제약 조건이 있을 때 생산량을 극대화하는 문제를 해결하는 데 사용합니다. 조건이 여러 개이므로 복잡하지만, 충분히 시간을 들여 조건 하나하나를 정확히 그래프로 그리면 이해할 수 있습니다.

BUSINESS 선형 계획법으로 매출 극대화하기

어떤 케이크 가게에서 케이크 A를 만드는 데 필요한 재료는 밀가루 200g, 생크림 200mℓ입니다. 케이크 B는 밀가루 300g, 생크림은 100mℓ가 필요합니다. 현재 밀가루 재고 1,900g, 생크림 1,300mℓ이며, 가격은 케이크 A가 7,000원, B가 5,000원입니다. 케이크

A와 B를 각각 몇 개 만들면 매출이 가장 높을까요?

> 케이크 A를 x개, B를 y개 만든다면 x, y는 0 이상의 정수이므로
> $x \geq 0 \cdots\cdots$①, $y \geq 0 \cdots\cdots$②
> 밀가루의 재고가 1,900g이므로 $200x + 300y \leq 1900 \cdots\cdots$③
> 생크림의 재고가 1,300㎖이므로 $200x + 100y \leq 1300 \cdots\cdots$④

그럼 ①~④의 조건을 만족하면서 $7000x + 5000y$가 최대인 x, y값을 계산해야 합니다. 이때 $7000x + 5000y = k$이면 $y = -\dfrac{7}{5}x + \dfrac{k}{5000}$입니다. 즉, ①~④의 조건을 만족하는 영역 중에서 기울기가 $-\dfrac{7}{5}$이면서 직선의 절편이 최대일 때 x, y값을 계산하는 것입니다.

직선 $7000x + 5000y = k$의 기울기 $-\dfrac{7}{5}$은 직선 ③의 기울기 $-\dfrac{2}{3}$와 직선 ④의 기울기 -2의 사이에 있는 값입니다. 따라서 각 직선과 영역 D의 관계는 오른쪽 그림과 같습니다.

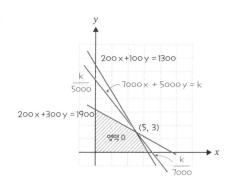

영역 D를 지나면서 직선 $y = -\dfrac{7}{5}x + \dfrac{k}{5000}$의 절편이 최대인 지점은 직선 ③과 ④가 교차하는 (5, 3)을 통과할 때입니다. 따라서 케이크 A를 5개, B를 3개 만들 때 매출이 최대이며 50만 원입니다.

방금 살펴본 예는 변수가 2개만 있는 문제인데, 현실에서는 더 많은 변수가 필요할 것입니다. 이를 사람이 직접 풀기는 너무 복잡하므로 계산은 컴퓨터에 맡겨야 합니다. 여러분은 컴퓨터가 문제를 풀려고 이러한 계산을 한다는 점을 알고 있어야 합니다.

Column

정수의 소인수분해가 인터넷의 평화를 지킨다

이 장에서는 문자식의 인수분해를 소개했습니다. 그러나 다른 방식의 인수분해인 정수의 소인수분해를 생각한 사람도 있을 것입니다.

소인수분해(prime factorization)란 어떤 정수, 예를 들어 36을 $2^2 \times 3^2$처럼 소수(2 이상의 자연수 중에서 1과 자기 자신 이외의 수로는 나눌 수 없는 숫자)의 곱셈으로 나타내는 것입니다. 사실 "단순한 숫자 표현일 뿐 아무런 도움이 안 된다"라고 생각하는 사람이 많을지도 모릅니다. 하지만 소인수분해는 인터넷에서 매우 중요한 역할을 합니다. 정보 보호를 책임지는 암호화 기술의 기반이기 때문입니다.

예를 들어 인터넷에서 신용카드 번호를 보내 물건을 구매할 때는 중간에 정보를 도난당하면 안 되므로 암호화해야 합니다. 이때 소인수분해를 암호화에 사용합니다. 원리를 간략히 요약하면, 먼저 매우 큰 소수 P와 Q(비밀 키)를 준비하고 두 숫자를 곱한 결과인 $P \times Q$(공개 키)라는 숫자를 만듭니다. 그리고 신용카드 정보를 보내려는 고객은 공개 키($P \times Q$)를 사용해 정보를 암호화합니다. 이때 신용카드 회사는 공개 키 정보를 거래처 등에 알리지만 개인 키 정보는 비밀로 합니다.

이제 암호화한 정보를 해독하려면 비밀 키(P와 Q)가 필요합니다. 그런데 $P \times Q$는 매우 큰 소수이므로 현재 컴퓨터의 성능으로는 일정 시간 내의 계산으로 P와 Q를 알아낼 수 없습니다. 즉, 처음부터 P와 Q를 아는 신용카드 회사만이 정보를 해독할 수 있습니다.

이처럼 소인수분해는 인터넷의 편리함과 안전을 함께 보장하는 '열쇠'와 같은 기술이며 우리 사회에 도움을 줍니다.

공개 키 $P \times Q$

1143816257888867669235771997611466120102182967212412362562561842935706935245733897830597123563958705058989075147599290026879543541

=

소수 P(비밀 키)

3276913299326670954996198819083446114131776429679929425397982885 33

$\times$

소수 Q(비밀 키)

3490529510847650949147849619903898133417764638493387843990820577

03

지수와 로그

Introduction

지수는 매우 크거나 작은 수를 편리하게 표현하는 방법

지수(exponent)는 어떤 숫자나 문자(변수) 다음에 해당 숫자의 거듭제곱을 한 횟수를 숫자나 문자 형태의 위 첨자로 표기한 것입니다. 예를 들어 중학교에서 배운 '2^3'(2의 세제곱 혹은 2의 3승)에서 3이 바로 '지수'입니다. 이때 "꼭 위 첨자로 나타내야 할까?"라는 의문이 들 수 있습니다. '$2 \times 2 \times 2$'라고 나타내는 것이 이해하기 더 쉽다고 생각한 사람도 많을 것입니다.

그런데도 지수를 사용하는 이유는 매우 큰 수나 작은 수를 다룰 때 방금 소개한 지수로 나타내는 것이 훨씬 편리하기 때문입니다. 사실 지수는 큰 수이든 작은 수이든 상관없이 쉽게 표현하는 방법이기도 합니다. 예를 들어 화학에서 등장하는 아보가드로수*를 살펴보겠습니다. 이는 약 60000000000000000000000(6 다음에 0이 23개 있음)이라는 숫자입니다. 사람이 손으로 이 숫자를 직접 계산한다면 0이 너무 많아서 계산할 때 실수할 가능성이 너무 큽니다.

이럴 때 지수를 사용해 이 숫자를 6.0×10^{23}이라고 나타낼 수 있습니다. 지수로 0이 몇 개 있는지 나타내므로 다루기가 훨씬 쉽습니다.

엔지니어라면 자주 아보가드로수 같은 큰 숫자, 혹은 소수점 ○○자리라는 매우 작은 숫자를 다룰 때가 있습니다. '지수'는 이런 숫자를 알기 쉽게 표현하는 방법이라고 기억하세요.

로그는 지수의 반대 연산

로그(log)는 지수의 반대 연산입니다. 즉, 지수가 '10을 네 제곱하면 10000($10^4 = 10000$)'이라는 개념이라면, 로그는 '10000은 10을 네 제곱한 숫자($\log_{10}10000 = 4$)'라는 개념입니다.

왜 이런 개념을 생각해야 할까요? 로그를 사용하면 곱셈을 덧셈으로 바꾸고 나눗셈을 뺄셈으로 바꿀 수 있기 때문입니다. 예를 들어 1234×5678이라는 계산은 쉽게 암산할 수 없습니다. 그러나 $1234 + 5678$이면 상대적으로 암산하기 쉽습니다.

---

* 옮긴이: https://ko.wikipedia.org/wiki/아보가드로_수

계산기조차 없던 시절에는 자릿수가 많은 계산(곱셈)을 하기가 어려웠습니다. 따라서 로그를 사용해 곱셈을 덧셈으로 바꾸기로 한 것입니다. 이를 잘 활용한 분야가 천문학입니다. "로그는 천문학자의 수명을 2배로 늘렸다"라는 유명한 말이 있을 정도입니다.

세상에는 지진의 강도를 나타내는 진도(magnitude)와 소리의 크기를 나타내는 데시벨(dB, decibel) 등 로그를 사용한 단위가 많습니다. 또한 로그를 사용한 그래프 등도 많으므로 로그의 개념이나 로그 그래프를 읽는 방법을 이해하는 것이 좋습니다.

로그는 차근히 배우면 어렵지 않으므로 확실히 익혀 둡니다.

🍎 교양 독자가 알아 둘 점

지수와 로그가 큰 수를 다루는 방법이라는 것, 데시벨이나 진도의 개념을 이해합니다. 상용로그표를 읽는 법도 배워 둡니다.

📝 업무에 활용하는 독자가 알아 둘 점

일상에서 접할 때가 있으므로 자연스럽게 익숙해질 것입니다. 로그의 밑은 10뿐만 아니라 자연로그의 밑(e)도 자주 사용하니 이 둘은 구분하기 바랍니다. 또한 목적에 맞는 로그 그래프를 그릴 수 있어야 합니다.

🎓 수험생이 알아 둘 점

시험이라는 측면에서는 어려운 부분이 없으며 기억해야 할 공식도 적습니다. 단, 로그의 계산 자체는 일정한 패턴이 있으므로 습관적으로 계산할 수 있으면 좋습니다.

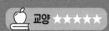 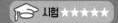
01 지수

꼭 알아야 하는 내용입니다. 지수는 아주 큰 수나 작은 수를 나타내는 데 유용합니다.

> **Point**
>
> ## 지수는 곱셈을 지수의 덧셈으로, 나눗셈을 지수의 뺄셈으로 나타냄
>
> - $a^n = a \times a \times \cdots \cdots \times a$ (a를 n번 곱함)
>
>   예) $2^5 = 2 \times 2 \times 2 \times 2 \times 2 = 32$
>
> - $a^n \times a^m = a^{(n+m)}$
>
>   예) $2^3 \times 2^2 = 2^{(3+2)} = 2^5 = 32$
>
> - $a^n \div a^m = a^{(n-m)}$
>
>   예) $2^4 \div 2^2 = 2^{(4-2)} = 2^2 = 4$
>
> - $(a^n)^m = a^{(n \times m)}$
>
>   예) $(2^2)^3 = 2^2 \times 2^2 \times 2^2 = 2^6 = 64$

지수는 큰 숫자를 쉽게 나타내는 방법

지수는 2^2처럼 숫자나 변수의 오른쪽에 위 첨자로 적는 숫자나 변수입니다. 보통 위 첨자로 적은 숫자만큼 왼쪽의 숫자를 거듭제곱한다는 뜻입니다. 즉, $2^2 = 2 \times 2$, $2^3 = 2 \times 2 \times 2$ 입니다.

그런데 $2 \times 2 \times 2$ 정도라면 그냥 곱셈 형식으로 나타내도 괜찮다고 생각할 것입니다. 하지만 다음 계산도 그럴까요?

$$20000 \times 3000000000 \times 10000$$

매우 간단한 계산이지만, 정확한 개수의 0을 실수 없이 작성하려면 상당히 주의해야 합니다.

이를 지수로 나타낸다고 생각해 보죠. 그러면 다음처럼 나타낼 수 있습니다.

지수를 사용하면 긴 숫자를 간단한 식으로 나타낼 수 있음

$$2.0 \times 10^4 \times 3.0 \times 10^9 \times 1.0 \times 10^4$$
$$= 6.0 \times 10^{(4+9+4)} = 6.0 \times 10^{17}$$

0을 모두 나열했던 식보다는 훨씬 깔끔해졌습니다.

참고로 앞 식의 지수 부분을 살펴보면 10과 관련한 곱셈 부분은 지수를 더한 형태로 나타냈습니다. 이 방법이 계산을 편하게 하는 지수의 유용한 특징입니다.

BUSINESS 우주 탐사선의 속도 계산하기

우주 탐사선 하야부사 1호는 60억km(태양에서 소행성 이토카와까지의 왕복 거리)를 약 7년 동안 비행했습니다. 평균 속도는 초속 몇 km일까요?

> 1년은 약 31,536,000초이므로 7년이면 약 220,000,000초입니다.
> 따라서 6000000000km ÷ 220000000초입니다.

0의 개수가 너무 많아 계산하기 복잡하므로 지수를 사용하겠습니다.

$$6.0 \times 10^9 \div (2.2 \times 10^8) = 6.0 \div 2.2 \times 10^{(9-8)} ≒ 2.7 \times 10^1 (\text{km/s})$$

앞 식보다 계산하기 편하다는 사실을 알 수 있습니다. 또한 계산 결과는 약 27km/s입니다. 현재 사람이 타는 수단으로는 낼 수 없는 매우 빠른 속도입니다.

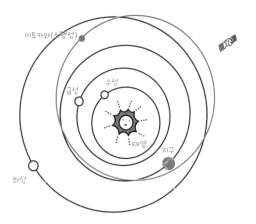

 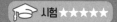
02 지수의 확장

지수는 자연수, 0, 음수, 무리수, 복소수까지 확장됩니다. 수학의 확장성을 배울 수 있는 좋은 예입니다.

Point
지수는 0, 음수, 무리수로 정의할 수 있음

- $a^0 = 1$ (모든 수의 0제곱은 1)

  예) $3^0 = 2^0 = 5^0 = 1$

지수는 모든 무리수로
확장할 수 있음

- $a^{-n} = \dfrac{1}{a^n}$

  예) $2^{-3} = \dfrac{1}{2^3} = \dfrac{1}{8}$

- $a^{\frac{n}{m}} = (\sqrt[m]{a})^n = \sqrt[m]{a^n}$ ($\sqrt[m]{a}$는 m제곱하면 a가 되는 수임)

  예) $8^{\frac{2}{3}} = \sqrt[3]{8^2} = (\sqrt[3]{8})^2 = 2^2 = 4$

- 모든 양수 b는 a와 모든 숫자 x를 사용해 $b = a^x$로 나타냄

  예) $23.4 = 10^{1.3692\cdots}$ (무리수이므로 영원히 계속됨)

왜 지수를 확장하려는가?

01에서 언급한 것처럼 지수는 곱셈을 지수의 덧셈으로, 나눗셈을 지수의 뺄셈으로 나타내는 성질이 있습니다. 그런데 보통 1000이나 100000 등 10의 거듭제곱에서만 사용합니다. 그럼 2345 같은 수도 숫자 10의 거듭제곱으로 나타내고 싶을 것입니다.

옛 수학자도 a^x의 지수인 x를 자연수뿐만 아니라 모든 수를 대상으로 적용하려고 생각했습니다. 무리수까지 지수로 사용하면 모든 양수를 a^x의 형태로 나타낼 수 있습니다. 이렇게 하면 곱셈을 나눗셈으로, 나눗셈을 곱셈으로 바꿀 수 있는 지수의 장점을 모든 양수에 적용할 수 있습니다.

지수를 확장하면 벌어지는 일

지금부터 지수를 확장하겠습니다. 이때 a^n은 a를 n번 곱한다는 정의를 일단 잊으세요. 예를 들어 'a를 −1번 곱한 결과는 무엇일까?'를 아무리 생각해도 답이 나오지 않기 때문입니다. 이런 상황에서는 수학적으로 앞뒤가 맞는지만 고려합니다. 수학은 그렇게 발전해 왔습니다.

먼저 n이 0일 때를 생각해 보죠. 예를 들어 $5^2 ÷ 5^2 = 5^{(2-2)} = 5^0$입니다. $25 ÷ 25 = 1$이므로 $5^0 = 1$입니다. 사실 모든 양수 a에 이 원리가 성립하므로 $a^0 = 1$입니다.

다음으로 n이 음수일 때를 생각해 봅시다. 지수는 곱셈을 덧셈으로 나타낼 수 있으므로 $5^2 × 5^{-2} = 5^0 = 1$입니다. 이때 5^{-2}는 5^2의 역수인 $\dfrac{1}{5^2} = \dfrac{1}{25}$로 나타내도 똑같이 계산할 수 있습니다. 모든 양수 a와 n을 대상으로 역수 계산이 성립하기 때문입니다. 즉, $a^{-n} = \dfrac{1}{a^n}$입니다.

마지막은 지수가 분수일 때입니다. 예를 들어 $5^{\frac{2}{3}}$이라는 숫자를 생각해 봅시다. Point에서 소개한 공식에 따르면 $5^{\frac{2}{3}} = \left(5^{\frac{1}{3}}\right)^2$입니다. 즉, $5^{\frac{1}{3}}$이라는 숫자를 제곱한 숫자입니다. 또한 $5^{\frac{1}{3}}$을 숫자를 세 번 곱하면 $5^{\frac{1}{3}} × 5^{\frac{1}{3}} × 5^{\frac{1}{3}} = 5$입니다. 즉, 세 번 곱했을 때 5입니다. 이를 5의 세제곱근이라고 하며 $\sqrt[3]{5}$라고 씁니다. 따라서 $5^{\frac{1}{3}} = \sqrt[3]{5}$입니다.

이러한 지수의 성질을 확장하면 $5^{\frac{2}{3}} = (\sqrt[3]{5})^2 = \sqrt[3]{5^2}$입니다. 이것도 모든 자연수 n, m과 양수 a를 대상으로 성립합니다. 즉, 분수(모든 유리수)를 지수로 사용하는 형태인 $a^{\frac{n}{m}} = \sqrt[m]{a^n}$로 정리할 수 있습니다.

참고로 모든 무리수도 지수로 사용할 수 있습니다.

03 지수함수의 그래프와 특징

어려운 개념이 아닙니다. a^x의 a가 1 미만이거나 1을 초과하면 그래프의 증가 방향이 다르다는 점에 유의하세요.

! Point

지수함수는 증가하는 속도가 아주 큼

지수함수 $y = a^x$의 그래프

- $a > 1$이면 단조증가하고 $0 < a < 1$이면 단조감소함*

- $y = a^x$와 $y = \left(\dfrac{1}{a}\right)^x$은 y축을 기준으로 대칭임

- $a > 1$이면 x가 커질수록 y도 급격하게 커지고, x가 작아질수록 0에 가까워지며, $0 < a < 1$은 그 반대임

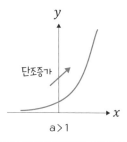

단조증가

a>1

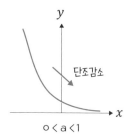

단조감소

0<a<1

지수함수의 특징

지수는 주택융자 계산, 전자기기의 전압 및 전류 특성(물리 현상), 컴퓨터 관련 계산 횟수에 자주 등장합니다.

가장 중요한 성질은 증가하는 속도가 크다라는 것입니다. 이 책에서 다양한 함수를 소개하지만 이렇게 빠르게 증가하는 함수는 없습니다. 예를 들어 $y = 2^x$이라면 함숫값이 항상 이전 값의 2배로 늘어나므로 2, 4, 8, 16, 32, 64, 128, 256, ……처럼 순식간에 커집니다. 지수함수가 나오면 급격히 변화하는 양을 다룬다고 생각해도 좋습니다.

---

* 옮긴이: 단조증가는 일정한 방향으로 함숫값이 증가하는 것이고, 단조감소는 일정한 방향으로 함숫값이 감소하는 것입니다.

지수함수의 그래프 살펴보기

구체적인 예로 $y = 2^x$와 $y = \left(\dfrac{1}{2}\right)^x$의 그래프를 살펴봅시다. 급격하게 값이 증가하는 모습을 볼 수 있습니다.

x	−3	−2	−1	0	1	2	3
2^x	$\dfrac{1}{8}$	$\dfrac{1}{4}$	$\dfrac{1}{2}$	1	2	4	8
$\left(\dfrac{1}{2}\right)^x$	8	4	2	1	$\dfrac{1}{2}$	$\dfrac{1}{4}$	$\dfrac{1}{8}$

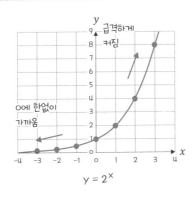

$y = 2^x$

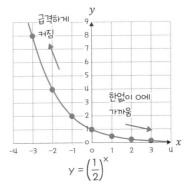

$y = \left(\dfrac{1}{2}\right)^x$

BUSINESS 복리 계산하기

10만 원에 2%, 6%, 10%라는 복리를 적용했을 때 원금과 이자를 합한 총액이 n원이라면, 1년마다 복리는 각각 $10 \times (1.02)^n$, $10 \times (1.06)^n$, $10 \times (1.10)^n$만 원입니다. 이러한 복리로 25년 맡기면 다음 그림과 같이 엄청난 총액 차이가 생깁니다. 지수함수는 증가 속도가 아주 빨라서 이런 차이가 생깁니다.

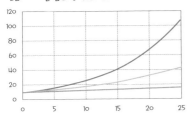

10% → 108.3만 원

6% → 42.9만 원

2% → 16.4만 원

적금 유지 기간

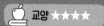

04 로그함수의 정의

로그는 지수의 반대 계산입니다. 지수를 이해했다면 역시 쉽게 이해할 수 있습니다. 중요한 개념이므로 기억하세요.

Point 로그는 지수의 반대 개념으로 사용함

$a^x = p$일 때 x값을 '$x = \log_a p$'로 나타내며, 이때 a를 로그의 '밑'(basis)이라고 함

예) $\log_{10}1000 = 3 \ (10^3 = 1000)$

- $\log_a 1 = 0$

  예) $\log_2 1 = 0 \ (2^0 = 1)$

- $\log_a a = 1$

  예) $\log_2 2 = 1 \ (2^1 = 2)$

- $\log_a M^r = r\log_a M$

  예) $\log_2 2^4 = 4\log_2 2 = 4$

- $\log_a(M \times N) = \log_a M + \log_a N$

  예) $\log_2(4 \times 16) = \log_2 4 + \log_2 16$

  $\qquad = \log_2 2^2 + \log_2 2^4 = 2 + 4 = 6$

- $\log_a(M \div N) = \log_a M - \log_a N$

  예) $\log_2(4 \div 16) = \log_2 4 - \log_2 16$

  $\qquad = \log_2 2^2 - \log_2 2^4 = 2 - 4 = -2$

로그는 지수의 반대 계산

로그(log)는 지수의 반대 계산입니다. 지수는 거듭제곱한 횟수의 결과를 알아내는 계산입니다. 예를 들어 2를 세제곱한 결과로 $8(2^3 = 8)$이 된다는 개념입니다. 반면 로그는 어떤 결과의 거듭제곱한 횟수를 알아내는 계산입니다. 예를 들어 8은 2를 세 번 거듭제곱했다는 개념입니다. 이를 나타내고자 log라는 기호를 사용해 '$\log_2 8 = 3$'이라고 계산합니다. 참고로 log는 로그를 뜻하는 영어 단어인 logarithm을 줄인 것입니다.

그럼 로그라는 개념을 생각한 이유는 무엇일까요? 로그는 보통 무리수이므로 간단하게 표현할 수 없기 때문입니다. 예를 들어 $\log_2 10$이라는 숫자, 즉 $2^x = 10$을 만족하는 x는 분명히 있지만 무리수이므로 분수로 나타낼 수 없습니다. 그래서 무리수 대신 이 개념을 간편하게 나타내려고 log라는 기호와 함께 $\log_2 10$이라고 하는 것입니다.

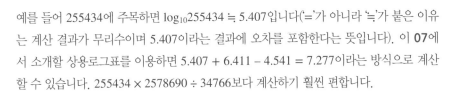

BUSINESS 로그의 장점

로그를 사용하면 크게 두 가지 장점이 생깁니다.

첫 번째는 계산을 편리하게 만드는 것입니다. 예를 들어 다음 식은 계산하려면 할 수는 있지만 피곤합니다.

$$255434 \times 2578690 \div 34766$$

그런데 지수와 로그를 사용하면 다음 식과 같이 바꿀 수 있습니다.

$$10^{5.407} \times 10^{6.411} \div 10^{4.541}$$

예를 들어 255434에 주목하면 $\log_{10}255434 ≒ 5.407$입니다('='가 아니라 '≒'가 붙은 이유는 계산 결과가 무리수이며 5.407이라는 결과에 오차를 포함한다는 뜻입니다). 이 **07**에서 소개할 상용로그표를 이용하면 5.407 + 6.411 − 4.541 = 7.277이라는 방식으로 계산할 수 있습니다. 255434 × 2578690 ÷ 34766보다 계산하기 훨씬 편합니다.

두 번째는 변화가 큰 수를 다루기 쉽게 하는 것입니다. 과학 기술 분야에서는 매우 크게 변하는 수가 많습니다. 이를 나타낼 때는 로그 기반의 단위를 사용합니다. 예를 들어 지진 에너지를 나타내는 진도와 소리의 크기 등을 나타내는 데시벨(dB)이 있습니다. 이러한 단위를 이해하려면 로그의 개념이 필요합니다. 자세한 내용은 **09**에서 설명합니다.

또한 일상생활에서도 매우 크게 변하는 수가 있습니다. 예를 들면 주가입니다. 급등과 급락하는 종목은 1원에서 100,000원까지 넓은 범위에서 변하기도 하며 이러한 종목들이 꽤 있습니다. 이를 일반적인 그래프로 나타내면 보기 어렵습니다. 그런데 로그 기반의 그래프를 사용하면 쉽게 볼 수 있습니다. 로그 기반의 그래프는 **08**에서 자세히 설명합니다.

로그의 장점은 결국 사람을 '편하게' 해준다는 것입니다. 사람에게 편리함을 제공하므로 '어려운 개념'이더라도 꼭 배워 둡시다.

05 로그함수의 그래프와 특징

자주 등장하는 것은 아닙니다. 지수함수의 역함수임을 이해한다면 성질도 반대 개념이라고 이해하면 됩니다.

Point! 로그함수는 증가하는 속도가 아주 작음

로그함수 $y = \log_a x$ 그래프 $(x > 0)$

- $a > 1$이면 단조증가하고, $0 < a < 1$이면 단조감소함
- $y = \log_a x$와 $y = \log_{\frac{1}{a}} x$는 x축을 기준으로 대칭임
- x축과의 교점은 $(1, 0)$이며, 이 점을 반드시 지나감
- $a > 1$이면 x가 커질 때 단조증가하지만 증가하는 속도는 매우 작음. x가 작아질 때는 급격히 작아지며 $0 < a < 1$이면 그 반대임

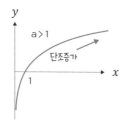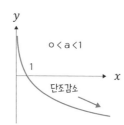

- 지수함수 $y = a^x$의 역함수이며 직선 $y = x$에 대하여 $y = a^x$의 대칭임

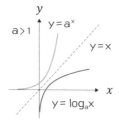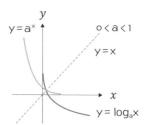

로그함수의 특징

로그함수의 그래프는 지수함수와 비교하면 그래프를 그릴 상황은 그리 많지 않은 편입니다. 로그함수는 지수함수의 역함수입니다. 그래서 지수함수 성질의 반대가 그대로 로그함수의 성질입

니다. 로그함수와 지수함수의 성질은 묶어서 기억하세요.

로그함수의 구체적인 예와 그래프를 살펴봅시다.

$y = \log_2 x$는 $x = 8$일 때 $y = 3$인데, $x = 1024$까지 커져도 $y = 10$일뿐입니다. 증가하는 속도가 아주 작은 함수입니다.

x	$\dfrac{1}{8}$	$\dfrac{1}{4}$	$\dfrac{1}{2}$	1	2	4	8
$\log_2 x$	–3	–2	–1	0	1	2	3
$\log_{\frac{1}{2}} x$	3	2	1	0	–1	–2	–3

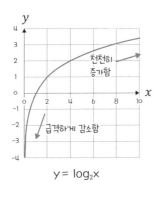

$y = \log_2 x$

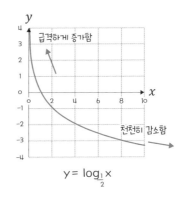

$y = \log_{\frac{1}{2}} x$

BUSINESS 엔트로피는 로그를 사용해 정의함

통계역학(statistical mechanics)이라는 물리학 분야에는 엔트로피(entropy)라는 물리량이 있습니다. 엔트로피 S는 로그를 사용해 $S = k\log_e W$로 나타냅니다. 여기서 k는 볼츠만 상수(Boltzmann constant)*이며, W는 양자역학** 기반의 상태를 나타내는 수입니다.

W는 양자역학 기준에서 아주 큰 에너지량입니다. 예를 들어 양자역학에서는 20ℓ의 공기를 2×10^{24}라는 매우 큰 숫자로 바꿔서 다룹니다. 이러한 숫자는 너무 커서 간편하게 다룰 수 없으므로 증가하는 속도가 매우 작은 로그의 성질을 이용해야 합니다. 그래서 엔트로피의 정의에는 로그를 사용합니다.

---

* 옮긴이: 온도, 입자의 상태 수, 에너지를 연결하는 상수입니다.

** 옮긴이: 원자보다 작은 물질의 세계를 연구하는 학문입니다.

06 로그의 밑 변환 공식

고등학교 교과서(수학 I)에 나오지만, 실용 독자가 로그의 밑을 바꿀 상황은 거의 없습니다. 바꿀 수 있다는 사실은 기억하세요.

로그의 밑은 공식으로 바꿀 수 있음

옆의 공식으로 밑이 a인 로그 $\log_a b$를 밑이 c인 로그로 변환함(단, b는 양수이며, a, c는 1 이외의 양수)

$$\log_a b = \frac{\log_c b}{\log_c a}$$

예) $\log_{10}8 = \dfrac{\log_2 8}{\log_2 10} = \dfrac{3}{\log_2 10}$

밑 변환 공식을 사용하는 문제의 예

실용 독자가 로그를 사용할 때는 밑이 고정된 때가 많으므로 밑 변환 공식을 사용할 경우는 적습니다. 단, 로그를 이해했는지 묻는 목적의 시험 문제가 나옵니다. 다음은 대표적인 문제입니다.

[문제] 방정식 $\log_{10}X - 3\log_X 10 = 2$를 계산하세요.

로그의 밑 변환 공식을 사용하여 밑을 10으로 통일하면,

$$\log_{10}X - \frac{3\log_{10}10}{\log_{10}X} = 2$$

$$(\log_{10}X) - \frac{3}{(\log_{10}X)} = 2$$

양변에 $\log_{10}X$를 곱해서 정리하면,

$$(\log_{10}X)^2 - 2(\log_{10}X) - 3 = 0$$

$$(\log_{10}X - 3)(\log_{10}X + 1) = 0$$

$\log_{10}X = -1$ 또는 3, 따라서 $X = 1000$ 또는 $\dfrac{1}{10}$입니다.

실용 독자가 이런 방정식을 풀어야 할 상황은 아마 없겠지만 **밑 변환 공식**이 있다는 사실은 기억하기 바랍니다.

왜 밑은 1과 음수면 안 되는가?

로그의 밑은 반드시 $a > 0$, $a \neq 1$이라는 조건이 있습니다. 왜 그럴까요?

예를 들어 지수함수 $y = a^x$의 x는 그 범위가 처음에는 자연수였습니다. 그런데 시간이 흐르면서 정수, 유리수(모든 분수), 실수(유리수와 무리수)로 확장되었습니다. 이처럼 수학이라는 학문은 개념을 확장할 수 있다면 확장하는 학문입니다. 그런데 로그의 밑 a가 1, 0, 음수면 모순이 생겨 확장할 수 없습니다.

먼저 밑이 1일 때를 생각해 보죠. $y = \log_1 x$은 $1^y = x$로 바꿀 수 있습니다. 그런데 이 식은 y가 어떤 수이든 $x = 1$입니다. 그럼 x에 대응하는 y가 단 하나여야 한다는 함수의 정의에 맞지 않습니다. 따라서 어쩔 수 없이 밑이 1일 때를 제외한 것입니다. 밑이 0일 때도 마찬가지입니다.

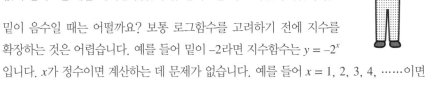

밑이 음수일 때는 어떨까요? 보통 로그함수를 고려하기 전에 지수를 확장하는 것은 어렵습니다. 예를 들어 밑이 −2라면 지수함수는 $y = -2^x$입니다. x가 정수이면 계산하는 데 문제가 없습니다. 예를 들어 $x = 1, 2, 3, 4, \cdots\cdots$이면 $y = -2, 4, -8, 16, \cdots\cdots$입니다.

그런데 x가 $\frac{1}{2}$이면 어떻게 계산해야 할까요? 밑이 양수이면 $\sqrt{2}$이지만 밑이 음수인 $-\frac{1}{2}$이면 계산할 수가 없습니다. 따라서 밑이 음수일 때는 지수함수와 로그함수를 정의할 수 없습니다.

참고로 고등학교 수학에서 로그의 진수($y = \log_a x$의 x)는 양수여야 한다는 조건이 있습니다. 양수는 몇 번을 곱하든 음수가 아니기 때문입니다. 그러나 수학자는 y의 범위를 복소수로 확장했을 때 진수가 양수라는 제한을 제거할 때가 있습니다. 역시 수학은 확장할 수 있는 개념은 무엇이든 확장하는 학문입니다.

07 상용로그와 자연로그

로그는 상용로그(밑이 10) 또는 자연로그(밑이 e)를 사용할 때가 대부분입니다. 먼저 상용로그를 살펴보고 그다음에 자연로그를 몸에 익혀 봅니다.

Point 밑이 10인 상용로그는 0의 개수(자릿수)를 나타냄

실생활에서 사용하는 로그는 상용로그(밑이 10인 로그), 자연로그(밑이 e)가 대부분임

- 상용로그: 밑이 10인 로그로 0의 개수(자릿수)를 나타냄. 상용로그표는 상용로그의 계산 결과임
- 자연로그: 자연로그의 밑 $e ≒ 2.718281\cdots$를 밑으로 삼는 로그. 밑을 생략해 ln2($\log_e2$)로 표기할 때도 많음
  - ※ 자연로그의 밑은 $y = e^x$의 도함수가 자기 자신인 $y = e^x$임. 즉, 미분해도 형태가 같다는 중요한 특징이 있음

상용로그와 자연로그의 특징

상용로그(common logarithm)는 밑이 10인 로그입니다. 즉, 어떤 수 x를 $x = 10^y$의 형태로 나타냈을 때 y값입니다. '0의 개수(자릿수)를 나타낸다'라는 뜻도 있습니다. 즉, 100은 10^2이고 상용로그는 2, 10000은 10^4이고 상용로그는 4입니다. 10의 거듭제곱이 아닌 2000은 약 3.30이고, 0이 3.3개(네 자리 숫자) 있다고 말할 수 있습니다.

밑이 10인 로그와 정수 부분이 한 자리인 양수를 대응시킨 상용로그표가 있습니다(72쪽 참고). 상용로그표는 계산기가 없던 시대에 여러 가지 계산을 극적으로 편하게 만들었습니다.

자연로그(natural logarithm)는 $e ≒ 2.718281\cdots$를 밑으로 삼는 로그입니다. $y = e^x$의 도함수가 자기 자신인 $y = e^x$라는 특징이 있습니다. 즉, 미분해도 같은 형태라는 중요한 특징이 있으므로 실생활 곳곳에서 중요한 상황에 등장합니다. 또한 밑이 e인 로그는 'ln2'($\log_e2$를 뜻함)로 나타낼 때가 많습니다.

로그가 나오는 경우를 살펴보면 대부분 상용로그 또는 자연로그를 사용합니다. 단, 컴퓨터 과학 분야에서는 밑이 2인 로그를 사용하기도 합니다.

🖥 BUSINESS 상용로그표를 사용하여 계산하기

상용로그표를 사용하면 곱셈을 덧셈으로, 나눗셈을 뺄셈으로 바꾸어 계산을 편하게 할 수 있습니다. 여기에서는 상용로그표의 세로에 있는 1.0~9.9의 숫자(72쪽의 상용로그표에서는 5.4 이상을 생략)를 이용해서 다음 식을 계산해 봅니다.

$$11600 \times 1210 \times 18900 \div 19.8$$

먼저 11600의 로그 값을 계산하겠습니다. 11600은 1.16×10^4로 바꿀 수 있고 1.16의 로그 값은 상용로그표에서 세로 1.1, 가로 6이 만나는 부분에 해당합니다. 즉, 0.0645입니다. 10^4의 로그 값은 4이므로 최종 11600의 로그 값은 4에 0.0645를 더한 4.0645입니다. 다른 숫자도 같은 방법을 이용해 로그 값을 찾으면 실제 계산 식은 다음과 같습니다.

$$4.0645 + 3.0828 + 4.2765 - 1.2967$$

이를 계산하면 10.1271입니다. 상용로그표에서 0.1271에 가까운 숫자를 찾아보면 세로 1.3과 가로 4가 만나는 곳입니다. 즉, $\log_{10} 1.34 = 0.1271$입니다. 따라서 원래 식을 계산하면 답은 1.34에 10^{10}을 곱한 1.34×10^{10}입니다.

상용로그표를 사용하면 계산을 편하게 할 수 있음

이처럼 상용로그표는 복잡한 곱셈과 나눗셈을 덧셈이나 뺄셈으로 바꿔 계산을 편하고 실수 없이 할 수 있도록 도와 줍니다.

상용로그표

수	0	1	2	3	4	5	6	7	8	9
1	0	0.0043	0.0086	0.0128	0.017	0.0212	0.0253	0.0294	0.0334	0.0374
1.1	0.0414	0.0453	0.0492	0.0531	0.0569	0.0607	0.0645	0.0682	0.0719	0.0755
1.2	0.0792	0.0828	0.0864	0.0899	0.0934	0.0969	0.1004	0.1038	0.1072	0.1106
1.3	0.1139	0.1173	0.1206	0.1239	0.1271	0.1303	0.1335	0.1367	0.1399	0.143
1.4	0.1461	0.1492	0.1523	0.1553	0.1584	0.1614	0.1644	0.1673	0.1703	0.1732
1.5	0.1761	0.179	0.1818	0.1847	0.1875	0.1903	0.1931	0.1959	0.1987	0.2014
1.6	0.2041	0.2068	0.2095	0.2122	0.2148	0.2175	0.2201	0.2227	0.2253	0.2279
1.7	0.2304	0.233	0.2355	0.238	0.2405	0.243	0.2455	0.248	0.2504	0.2529
1.8	0.2553	0.2577	0.2601	0.2625	0.2648	0.2672	0.2695	0.2718	0.2742	0.2765
1.9	0.2788	0.281	0.2833	0.2856	0.2878	0.29	0.2923	0.2945	0.2967	0.2989
2	0.301	0.3032	0.3054	0.3075	0.3096	0.3118	0.3139	0.316	0.3181	0.3201
2.1	0.3222	0.3243	0.3263	0.3284	0.3304	0.3324	0.3345	0.3365	0.3385	0.3404
2.2	0.3424	0.3444	0.3464	0.3483	0.3502	0.3522	0.3541	0.356	0.3579	0.3598
2.3	0.3617	0.3636	0.3655	0.3674	0.3692	0.3711	0.3729	0.3747	0.3766	0.3784
2.4	0.3802	0.382	0.3838	0.3856	0.3874	0.3892	0.3909	0.3927	0.3945	0.3962
2.5	0.3979	0.3997	0.4014	0.4031	0.4048	0.4065	0.4082	0.4099	0.4116	0.4133
2.6	0.415	0.4166	0.4183	0.42	0.4216	0.4232	0.4249	0.4265	0.4281	0.4298
2.7	0.4314	0.433	0.4346	0.4362	0.4378	0.4393	0.4409	0.4425	0.444	0.4456
2.8	0.4472	0.4487	0.4502	0.4518	0.4533	0.4548	0.4564	0.4579	0.4594	0.4609
2.9	0.4624	0.4639	0.4654	0.4669	0.4683	0.4698	0.4713	0.4728	0.4742	0.4757
3	0.4771	0.4786	0.48	0.4814	0.4829	0.4843	0.4857	0.4871	0.4886	0.49
3.1	0.4914	0.4928	0.4942	0.4955	0.4969	0.4983	0.4997	0.5011	0.5024	0.5038
3.2	0.5051	0.5065	0.5079	0.5092	0.5105	0.5119	0.5132	0.5145	0.5159	0.5172
3.3	0.5185	0.5198	0.5211	0.5224	0.5237	0.525	0.5263	0.5276	0.5289	0.5302
3.4	0.5315	0.5328	0.534	0.5353	0.5366	0.5378	0.5391	0.5403	0.5416	0.5428
3.5	0.5441	0.5453	0.5465	0.5478	0.549	0.5502	0.5514	0.5527	0.5539	0.5551
3.6	0.5563	0.5575	0.5587	0.5599	0.5611	0.5623	0.5635	0.5647	0.5658	0.567
3.7	0.5682	0.5694	0.5705	0.5717	0.5729	0.574	0.5752	0.5763	0.5775	0.5786
3.8	0.5798	0.5809	0.5821	0.5832	0.5843	0.5855	0.5866	0.5877	0.5888	0.5899
3.9	0.5911	0.5922	0.5933	0.5944	0.5955	0.5966	0.5977	0.5988	0.5999	0.601
4	0.6021	0.6031	0.6042	0.6053	0.6064	0.6075	0.6085	0.6096	0.6107	0.6117
4.1	0.6128	0.6138	0.6149	0.616	0.617	0.618	0.6191	0.6201	0.6212	0.6222
4.2	0.6232	0.6243	0.6253	0.6263	0.6274	0.6284	0.6294	0.6304	0.6314	0.6325
4.3	0.6335	0.6345	0.6355	0.6365	0.6375	0.6385	0.6395	0.6405	0.6415	0.6425
4.4	0.6435	0.6444	0.6454	0.6464	0.6474	0.6484	0.6493	0.6503	0.6513	0.6522
4.5	0.6532	0.6542	0.6551	0.6561	0.6571	0.658	0.659	0.6599	0.6609	0.6618
4.6	0.6628	0.6637	0.6646	0.6656	0.6665	0.6675	0.6684	0.6693	0.6702	0.6712
4.7	0.6721	0.673	0.6739	0.6749	0.6758	0.6767	0.6776	0.6785	0.6794	0.6803
4.8	0.6812	0.6821	0.683	0.6839	0.6848	0.6857	0.6866	0.6875	0.6884	0.6893
4.9	0.6902	0.6911	0.692	0.6928	0.6937	0.6946	0.6955	0.6964	0.6972	0.6981
5	0.699	0.6998	0.7007	0.7016	0.7024	0.7033	0.7042	0.705	0.7059	0.7067
5.1	0.7076	0.7084	0.7093	0.7101	0.711	0.7118	0.7126	0.7135	0.7143	0.7152
5.2	0.716	0.7168	0.7177	0.7185	0.7193	0.7202	0.721	0.7218	0.7226	0.7235
5.3	0.7243	0.7251	0.7259	0.7267	0.7275	0.7284	0.7292	0.73	0.7308	0.7316
5.4	0.7324	0.7332	0.734	0.7348	0.7356	0.7364	0.7372	0.738	0.7388	0.7396

로그는 보통 무리수입니다. 즉, 상용로그표는 오차를 포함하므로 정확도를 고려해 실제 얻은 값을 사용해도 되는지 판단해야 합니다.

컴퓨터에서 지수·로그를 계산하려면?

스프레드시트 또는 프로그래밍 언어로 지수와 로그를 계산하는 방법을 알아보겠습니다. 여기에서는 엑셀을 예로 들어 설명하겠습니다. 소프트웨어에 따라 함수와 형식이 약간 다를 수 있으니 다른 부분은 해당 소프트웨어의 공식 문서를 확인하세요.

먼저 지수를 나타낼 때 보통 '^'(hat)이라는 기호를 사용한다는 점을 기억하세요. 예를 들어 2의 5제곱이면 2^5를 입력해 32라는 결과를 얻습니다. 또한 지수에는 자연수뿐만 아니라 음수와 소수 등도 입력할 수 있습니다. 예를 들어 $10^{-1.6990}$은 0.02라는 값을 반환합니다.

이때 '^'은 계산 순서가 가장 먼저입니다. 즉, '2*2^2'를 계산('*'는 곱셈을 뜻함)할 때 2*2 를 먼저 계산한 후 4^2를 계산하는 것이 아니라 2^2를 먼저 계산한 후 2*4를 계산합니다.

사칙연산의 계산 순서에서 곱셈과 나눗셈은 덧셈이나 뺄셈보다 먼저 계산한다는 사실은 알고 있을 테니, '^'은 곱셈이나 나눗셈보다 먼저 계산해야 함을 기억하세요.

다음 표는 엑셀에서 사용하는 지수·로그 관련 함수입니다. 과학 기술 관련 데이터를 계 산할 때 EXP( ) 함수를 자주 사용합니다.

함수 이름	설명
POWER(X, Y)	X의 Y제곱을 반환함
EXP(X)	자연로그의 밑 e를 반환함
LOG(X, Y)	$\log_Y X$를 반환함. Y를 생략하면 Y = 10과 같음
LN(X)	$\ln X(\log_e X)$를 반환함
LOG10(X)	$\log_{10} X$를 반환함

08 로그 그래프 사용하기

시험에는 나오지 않지만 실용적으로 자주 사용되므로 꼭 이해하세요. 특히 엔지니어는 꼭 알아야 할 내용입니다.

로그축은 같은 비율로 늘렸을 때의 길이가 같음

로그 그래프는 로그축이 있는 그래프이며 변화의 범위가 큰 수치를 그래프로 나타낼 때 사용함

로그축의 특징

- 일반축(오른쪽 그림의 가로축)은 0, 2, 4, 6처럼 차이가 2로 일정한 간격이지만, 로그축(오른쪽 그림의 세로축)은 2배(2 → 4, 4 → 8)의 차이로 간격을 설정함
- 따라서 1, 2, 3, 4, ……처럼 눈금을 설정하면 오른쪽 그림처럼 함숫값이 많이 증가하는 형태가 됨
- 오른쪽 그림은 가로축이 일반축, 세로축이 로그축인데 반대로 설정하거나 모든 축이 로그축일 때도 있음. 축의 한쪽만 로그축인 그래프를 반대수 그래프(semi-log graph), 모든 축이 로그축인 그래프는 양대수 그래프(log-log graph)라고 함

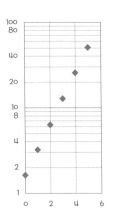

비정상적인 축 설정의 의미

로그 그래프(로그축)는 지수함수처럼 값이 증가하는 속도가 큰 변화를 나타낼 때 유용합니다. 매우 편리하고 실생활에서도 자주 접할 수 있지만, 일정하지 않은 축 설정에 당황하는 사람도 있습니다.

이러한 축 설정은 언뜻 이상하게 보이지만 규칙이 있습니다. 일반축이 같은 차이(예: 2 다음 4, 4 다음 6)에 따라 간격을 설정한다면, 로그축은 특정 배율에 따라 간격을 설정합니다.

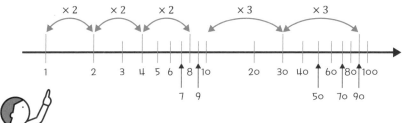

로그축에서는 특정 배율에 따른 간격이 같음

그림에 자를 대고 확인하면 1에서 2, 2에서 4, 4에서 8의 간격이 같음을 알 수 있습니다. 1에서 3, 3에서 9의 간격도 마찬가지입니다. 물론 1에서 10, 10에서 100의 간격도 마찬가지입니다.

💻 BUSINESS 다이오드의 전류/전압 특성을 로그 그래프로 표현하기

다음 그림은 다이오드라는 반도체 소자의 전류/전압 특성을 일반축과 로그축 그래프로 나타낸 것입니다. 일반축이라면 0.2~0.6V라는 수치가 0에 근접해 있으므로 일정 구간에서 값이 거의 증가하지 않다가 갑자기 변화합니다. 하지만 로그축을 사용하면 같은 데이터인데도 값이 증가하는 속도를 제대로 나타냅니다.

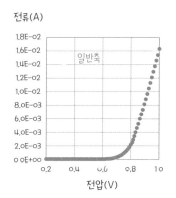 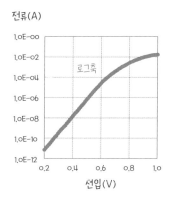

이처럼 로그 그래프는 유용합니다. 그런데 같은 데이터라도 그래프 모양이 크게 차이가 나 의도에 따라 변화 정도를 보여주는 방법으로 사용하는 사람도 있습니다. 그러므로 그래프의 축을 유심히 살펴보아야 합니다.

09 지수·로그 기반의 실생활 단위

시험에 나오는 부분은 아니지만 실생활에서 흔하게 접하는 단위들입니다. 엔지니어는 꼭 알아 두어야 합니다.

Point 밀리, 마이크로, 킬로, 메가는 단위가 아니라 접두어임

지수 기반의 SI 접두어

기호	이름		크기	기호	이름		크기
da	데카	deca	10^1	d	데시	deci	10^{-1}
h	헥토	hecto	10^2	c	센티	centi	10^{-2}
k	킬로	kilo	10^3	m	밀리	milli	10^{-3}
M	메가	mega	10^6	μ	마이크로	micro	10^{-6}
G	기가	giga	10^9	n	나노	nano	10^{-9}
T	테라	tera	10^{12}	p	피코	pico	10^{-12}
P	페타	peta	10^{15}	f	펨토	femto	10^{-15}
E	엑사	exa	10^{18}	a	아토	atto	10^{-18}
Z	제타	zetta	10^{21}	z	젭토	zepto	10^{-21}
Y	요타	yotta	10^{24}	y	욕토	yocto	10^{-24}

로그를 사용하는 접두어가 포함된 단위

- 데시벨(dB): 소리의 크기를 나타냄
- 진도(M): 지진의 강도를 나타냄

지수를 나타내는 접두어

1km가 1,000m인 것은 이 책을 읽는 사람이라면 모두 알 것입니다. 여기서 k(킬로)는 1000을 나타내는 접두어입니다.

큰 수를 나타내는 접두어는 컴퓨터의 데이터 단위(킬로바이트(KB), 메가바이트(MB), 기가바이트(GB) 등)에서 볼 수 있습니다. 단, 엄밀하게는 1,000배가 아니라 1024(2^{10})배마다 기호가 바뀝니다.

작은 수를 나타내는 접두어는 보통 길이를 나타내는 단위에서 볼 수 있습니다. 1mm(밀리미터)의 밀리, 이보다 $\dfrac{1}{1000}$만큼 짧은 길이를 뜻하는 **1μm**(마이크로미터)라는 단위는 자주 사용합니다. 실용 독자라면 이 정도까지 기억해 두면 됩니다. 물리학이나 전자공학 분야의 독자라면 펨토(f) 정도는 일상적으로 사용하니 기억하세요.

BUSINESS 데시벨과 진도

로그 기반의 단위가 세상에는 많습니다. 예를 들어 소리의 크기를 나타내는 데시벨(dB)은 에너지가 10배면 10만큼 늘어나는 단위입니다. 즉, 20dB은 10dB보다 10배 큰 에너지이며, 30dB은 10dB보다 100배 큰 에너지입니다.

지진의 강도를 나타내는 진도도 로그 기반 단위입니다. 진도 2가 증가하면 에너지가 1,000배입니다. 즉, 진도(M) 7의 지진은 진도 5보다 1,000배 큰 에너지입니다.

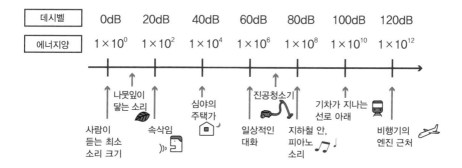

2011년 도호쿠 지방 태평양 해역 지진(후쿠시마 원자력 발전소 사고의 원인이 된 지진)의 진도가 M8.8에서 M9.1로 정정되었습니다. 숫자만 보면 미세한 차이지만, 0.2는 사실에너지가 2배 커진 것입니다. 이처럼 로그 기반의 수치 증가는 해당 숫자의 차이로는 느낄 수 없을 만큼의 에너지가 증가한 것입니다.

Column

0으로 나누면 안 되는 이유

로그와 지수는 제한(규칙)이 많습니다. 예를 들어 로그의 밑은 1, 0, 음수를 허용하지 않습니다. 이 밖에도 수학에는 몇 가지 규칙이 있습니다. 그중 가장 중요한 것은 '0으로 나누면 안 된다'라는 규칙입니다.

계산기에서 $1 \div 0$을 계산해 보세요. 윈도우 10이나 안드로이드 계산기에서는 '0으로 나눌 수 없습니다', 아이폰의 계산기에서는 '오류'라는 메시지가 나타납니다. 이렇게 별도의 메시지를 출력할 정도로 수학의 세계에서 0으로 나눌 수 없다는 사실은 절대적인 규칙입니다.

사실 앞에서 설명한 것처럼 제곱해서 −1이 되는 허수라는 개념을 생각할 정도이니 $1 \div 0 = 1p$ 같은 방식의 수 개념을 정할 수도 있습니다. 그런데 왜 0으로 나누는 것만 그렇게 피하는 것일까요? 이는 수학의 논리를 근본적으로 파괴하기 때문입니다. 만약 0으로 나누는 것을 인정한다면 다음처럼 2 = 1이 논리적으로 증명됩니다.

> **먼저 $x = y$가 있을 때**
> **이 식의 양변에 x를 곱하면** $x^2 = xy$
> **이 식의 양변에 y^2를 빼면** $x^2 - y^2 = xy - y^2$
> **앞 식을 인수분해하면** $(x - y)(x + y) = y(x - y)$
> **양변을 xy로 나누면** $(x + y) = y$
> **이 식에 $x = y$를 대입하면** $2y = y$
> **양변을 y로 나누면** $2 = 1$

1997년 9월 21일 미국 해군의 미사일 순양함 요크타운이 항해하던 중 승무원이 데이터베이스에 0을 입력했습니다. 그러자 배를 제어하는 컴퓨터에 오류가 발생하여 모든 시스템이 고장 나 2시간 30분 동안 항해를 할 수 없는 상황에 빠졌습니다. 0을 입력했을 뿐인데 자칫하면 큰 사고가 발생할 뻔했습니다.

이처럼 수학에서 0을 나누는 계산은 무서운 일입니다.

Introduction

삼각형과 비슷한 파형을 나타내는 함수

"사인이나 코사인이 무슨 소용이야!"라며 수학을 비판하는 개념 중 하나가 삼각함수 (trigonometric function)입니다. 그러나 삼각함수는 기술 분야에서 중요한 개념입니다. 예를 들어 삼각함수가 없으면 스마트폰을 만들 수 없습니다. 스마트폰을 설계할 때 고려하는 반도체의 회로 구조 생성이나 주파수 간섭 현상 등 문제 해결에 삼각함수를 유용하게 사용하기 때문입니다. 스마트폰을 적극적으로 활용하는 사람이라면 수학에 삼각함수가 있다는 것을 고마워해야 할 것입니다.

삼각함수는 기본적으로 직각삼각형을 이용해 설명합니다. 예를 들어 $\sin\theta$의 θ는 직각삼각형의 직각이 아닌 부분의 각도라던가, 삼각형 세 내각의 합은 $180°$이므로 θ는 $0\sim90°$ 범위의 각도라는 설명 등입니다. 그러나 수학 교과서를 조금만 살펴보면 $\sin135°$나 $\cos(-45°)$를 계산합니다. 즉, 삼각함수는 '삼각'이라는 형태에 갇힌 것이 아님을 알 수 있습니다.

사실 삼각함수는 파형(waveform)을 나타내는 함수입니다(조금 과장하자면 모든 파형을 삼각함수로 나타낼 수 있습니다). 그런데 이 파형이 대부분 삼각형과 비슷하므로 삼각함수라고 하는 것입니다.

삼각함수의 핵심

삼각함수에는 덧셈정리, 2배각의 공식, 3배각의 공식, 곱을 합으로 바꾸는 공식, 합을 곱으로 바꾸는 공식, 합성 등 공식이 많습니다. 게다가 공식 모양이 비슷하면서 부호는 미묘하게 다르므로 잘못 알기 쉬운 공식입니다. 수험생이라면 무시할 수 없겠지만, 교양이나 실용 목적으로 공부하는 분은 공식을 굳이 다 살펴볼 필요는 없습니다.

단, 이 장에서 소개하는 것처럼 삼각함수의 공식에 파형 기술의 핵심인 주파수 변환 기술의 원리가 숨어 있습니다. 이 부분에 주목해 삼각함수를 살펴보면 좋습니다. '실용' 독자라면 푸리에 급수의 개념을 이해하기 바랍니다. 모든 파형을 sin, cos으로 나타내는 데 기본 바탕이 됩니다.

눈에 잘 띄지 않을 수 있지만 라디안(radian)이라는 단위를 사용하는 호도법(circular measure)도 주의 깊게 살펴보기 바랍니다. 엑셀 같은 소프트웨어에서는 삼각함수를 사용할 때 '도'(degree, 0~360°로 나타내는 각도) 단위가 아닌 라디안을 많이 사용합니다. 라디안을 모르면 엑셀에서 어떤 계산도 할 수 없으니 주의하기 바랍니다.

📖 교양 독자가 알아 둘 점

삼각함수는 삼각형뿐만 아니라 '파형'을 나타내는 데 사용하는 기본 개념이므로 매우 중요합니다.

업무에 활용하는 독자가 알아 둘 점

삼각함수 그래프의 특징, $\sin\theta$와 $\cos\theta$의 변환 같은 기본 공식은 기억해야 합니다(덧셈 정리까지는 기억하지 않아도 괜찮습니다). '도' 단위로 표현한 각도와 라디안 단위로 표현한 각도를 서로 바꿔서 표현할 수 있는 원리는 꼭 이해하세요. 푸리에 급수의 원리를 이해하는 것도 중요합니다.

🎓 수험생이 알아 둘 점

수험생이라면 많은 공식을 기억해야 하므로 피곤할 것입니다. 하지만 공식과 몇 가지 일반적인 문제의 패턴만 기억하면 고등학교 수준의 시험 문제는 풀 수 있습니다.

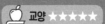

01 삼각함수의 기본 공식

수험생이나 실용 독자뿐만 아니라 교양 독자도 최소한 이 절의 내용은 기억하세요.

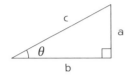

삼각함수는 직각삼각형 변의 길이의 비율

삼각함수는 다음 그림처럼 정의함

$$\sin\theta = \frac{a}{c}, \quad \cos\theta = \frac{b}{c}, \quad \tan\theta = \frac{a}{b}$$

삼각함수의 주요 공식

- $\tan\theta = \dfrac{\sin\theta}{\cos\theta}$

- $\sin^2\theta + \cos^2\theta = 1$

- $\sin^2\theta + \cos^2\theta = \dfrac{(a^2+b^2)}{c^2} = \dfrac{c^2}{c^2} = 1$ (피타고라스의 정리에서 유추함)

직각삼각형으로 삼각함수 이해하기

직각이 오른쪽에 위치한 직각삼각형에서 삼각함수의 sin(사인), cos(코사인), tan(탄젠트)는 Point에서 소개한 그림처럼 정의합니다. 이는 정의이므로 변하지 않습니다.

삼각형 세 내각의 합은 180°이며 90°가 있는 직각삼각형일 때는 0° < θ < 90°입니다(직각삼각형이 아니면 이 조건이 반드시 성립하는 것은 아닙니다). 고등학교 수학 문제를 풀 때는 30°, 45°, 60°일 때 삼각함수 값 각각을 공식처럼 외워 두면 좋습니다.

$$\sin 30° = \cos 60° = \frac{1}{2}, \quad \sin 60° = \cos 30° = \frac{\sqrt{3}}{2}, \quad \sin 45° = \cos 45° = \frac{\sqrt{2}}{2}$$

삼각함수의 정의에서 $\tan\theta = \dfrac{\sin\theta}{\cos\theta}$라는 관계는 쉽게 생각해 낼 수 있습니다.

$\sin^2\theta + \cos^2\theta = 1$은 피타고라스의 정리 $a^2 + b^2 = c^2$의 형태를 응용한 공식이며 조금 시간을 들여야 생각할 수 있을 것입니다.

지금까지 설명한 내용이 삼각함수의 기초에서 기억해야 할 사항입니다.

BUSINESS 삼각법으로 높이 계산하기

삼각함수를 응용하는 개념 중 삼각법(trigonometry)이 있습니다. 이는 어떤 지점에서 물체까지의 거리와 물체 꼭대기와의 각도를 측정해 높이를 계산합니다. 즉, 이 방법 덕분에 물체의 높이를 직접 측정하지 않아도 됩니다.

예를 들어 나무의 높이를 측정한다고 생각해 봅시다. 나무까지의 거리가 20m이고 꼭대기와의 각도가 30°일 때, 다음 그림처럼 계산해 나무의 높이를 알 수 있습니다.

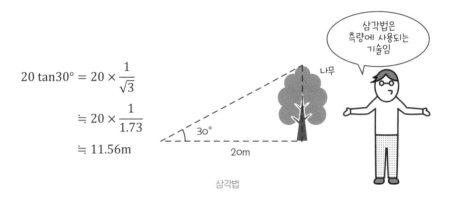

삼각법

세상에는 높이를 직접 측정하기 어려운 물체가 많습니다. 따라서 측량 등에 매우 많이 활용하는 방법입니다.

추가로 삼각함수 값은 보통 무리수이므로 간단하게 계산할 수 없습니다. 그래서 각도 각각의 삼각함수 값을 정리한 삼각함수표를 사용합니다.

02 삼각함수의 확장과 그래프

삼각함수의 정의를 삼각형이 아닌 단위원(unit circle)에서 살펴봅니다. 삼각함수의 그래프에서 '사인, 코사인의 그래프는 파형'이라는 점도 기억하기 바랍니다.

삼각함수는 '단위원을 이용하는 함수', '파동함수'로 바뀜

삼각함수를 아래 그림과 같은 단위원에서 나타내면 단위원의 좌표 (1, 0)을 기준으로 점 하나가 θ만큼 회전했을 때 그 x좌표를 $\cos\theta$, y좌표를 $\sin\theta$로 정의함

이때 $\tan\theta$는 $\dfrac{\sin\theta}{\cos\theta}$ 임

θ가 음수이면 양수일 때와 반대로 회전하며, 360° 이상의 각도를 '해당 각도 −360°'로 계산해 다루면 모든 실수 θ에서 삼각함수를 정의할 수 있음

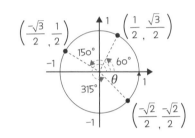

직각삼각형이 아닌 단위원에서 정의하는 삼각함수

이제 직각삼각형을 벗어나 삼각함수를 다뤄 보겠습니다. 이는 θ의 범위가 $0° < \theta < 90°$라는 제한을 없애는 것이기도 합니다. 그럼 Point에서 소개한 그림처럼 삼각함수를 단위원(반지름이 1인 원) 위를 움직이는 점과 회전각의 형태로 나타낼 수 있습니다.

이제 단위원을 기준으로 삼아 직각삼각형에서의 삼각함수 정의와 어긋나는 일 없이 삼각함수를 모든 실수에 확장할 수 있습니다. 이렇게 삼각함수를 확장하려는 이유는 **삼각함수를 이용해 파형을 표현**하려는 것입니다.

삼각함수의 그래프 살펴보기

삼각함수가 파형인 이유는 삼각함수의 그래프를 그려 보면 잘 알 수 있습니다. 단위원의 정의에 따라 $\sin\theta$, $\cos\theta$, $\tan\theta$ 그래프를 그리면 다음 그림과 같습니다.

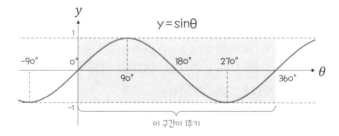

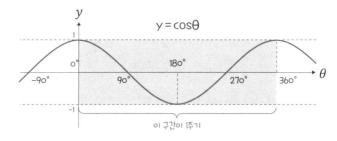

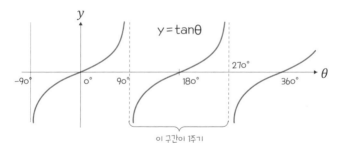

$\sin\theta$와 $\cos\theta$는 $360°$의 배수에 해당하는 각도를 주기(period)*로 삼아 살펴보면 같은 파형이 반복해 나타납니다. $\cos\theta$는 $\sin\theta$를 $90°$만큼 평행 이동한 것입니다. 두 그래프를 살펴보면 파형과 비슷합니다. 이런 의미에서 삼각함수는 파형을 나타내는 함수라고 합니다.

$\tan\theta$는 $\dfrac{\sin\theta}{\cos\theta}$이므로 $\cos\theta = 0$이 되는 $\theta(-90°, 90°, 270°, \cdots\cdots)$에서는 함숫값 분모가 0이 되므로 정의할 수 없습니다. 그래서 $\sin$과 $\cos$의 절반인 $180°$ 주기로 끊어서 살펴봐야 합니다. 참고로 불연속점($\cos\theta = 0$)을 향해 급격히 변하는 그래프이기도 합니다.

---

* 옮긴이: 회전 가능한 물체가 한 번 회전해서 본래 위치로 오는 기간입니다.

지금까지 '삼각함수는 파형을 나타내는 함수'라고 계속 말해 왔습니다. 이번에는 삼각함수로 어떻게 파형을 나타내는지 구체적으로 설명하겠습니다. 먼저 삼각함수(sin)를 사용해 파형을 나타내는 다음 식을 살펴보겠습니다.

시간(변수)

거리(변수)

파형의 진폭

$$A \sin\left\{ f\left(t - \frac{x}{v}\right)\right\}$$

파형의 주파수

파형의 속도

변수가 많아서 헷갈리겠지만 하나씩 살펴보겠습니다. 먼저 파형은 시간(t)과 거리(x)라는 변수 2개로 이루어진 함수라는 점을 기억하세요. 즉, 같은 위치라도 시간에 따라 상태가 바뀝니다. 또한 같은 시간이라도 위치에 따라 상태가 바뀝니다. 이를 함수로 작성하면 $y = F(t, x)$가 됩니다.

A는 파형의 진폭(amplitude)입니다. 조금 전 소개한 그래프처럼 sin(x)는 –1에서 1까지의 값을 갖습니다. 따라서 A는 파형 진폭이 얼마나 크거나 작은지 결정합니다. 다음 그림은 진폭이 바뀌었을 때의 그래프입니다.

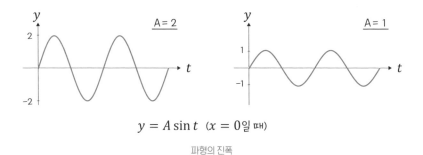

$$y = A \sin t \ (x = 0일 때)$$

파형의 진폭

앞 그림에서는 $x = 0$, 즉 위치가 0일 때 파형의 시간 변화를 알려줍니다.

f는 파형의 주파수(frequency)입니다. 기준 시간 안 파형 주기의 반복 횟수를 나타냅니다. 이 f가 클수록 파형이 '진동'하는 횟수가 늘어납니다. 다음 그림은 $x = 0$일 때 파형의 시간 변화를 나타냅니다.

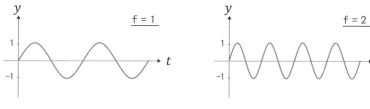

$$y = \sin ft \quad (x = 0 \text{일 때})$$

파형의 주파수

v는 파형의 속도입니다. 이는 '진동'하는 횟수가 아닌 파형 자체의 속도입니다. 자동차의 속도처럼 파형이 1초 후 어디까지 움직였는지를 뜻합니다. 다음 그림은 파형의 속도 개념을 나타냅니다.

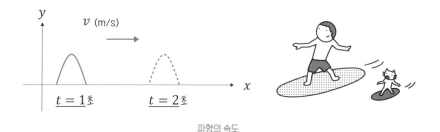

파형의 속도

앞 그림에서는 조금 전까지와는 달리 그래프의 가로축이 x(위치)로 설정된 점에 주의하세요.

우리가 가깝게 접할 수 있는 파형에는 소리와 빛이 있습니다. 소리의 속도는 약 340m/s, 빛은 약 3.0×10^8m/s(초당 30만km 이동)입니다. 이는 여러분이 불꽃놀이를 구경할 때 빛을 보고도 일정 시간이 지나야 폭발음이 들리는 이유이기도 합니다. 즉, 소리와 빛의 속도는 그 차이가 큽니다.

소리, 빛, 전파, 지진 등 수학에서 파형을 다룰 때는 삼각함수를 사용해 나타냅니다. 이런 이유로 삼각함수는 과학 기술의 기반이라고 할 수 있습니다.

03 삼각함수의 덧셈정리와 여러 가지 공식

기본적으로 수험생이 기억해야 할 내용이지만, 공식 안에 실용 독자가 알아야 할 내용이 숨어 있습니다.

Point

덧셈정리는 다양한 삼각함수 공식의 기반임

삼각함수는 다음 공식이 성립함

덧셈정리

$$\sin(\alpha \pm \beta) = \sin\alpha\cos\beta \pm \cos\alpha\sin\beta$$

$$\cos(\alpha \pm \beta) = \cos\alpha\cos\beta \mp \sin\alpha\sin\beta$$

$$\tan(\alpha \pm \beta) = \frac{\tan\alpha \pm \tan\beta}{1 \mp \tan\alpha\tan\beta}$$

합을 곱으로 바꾸는 공식

$$\sin\alpha + \sin\beta = 2\sin\frac{\alpha+\beta}{2}\cos\frac{\alpha-\beta}{2}$$

$$\sin\alpha - \sin\beta = 2\cos\frac{\alpha+\beta}{2}\sin\frac{\alpha-\beta}{2}$$

$$\cos\alpha + \cos\beta = 2\cos\frac{\alpha+\beta}{2}\cos\frac{\alpha-\beta}{2}$$

$$\cos\alpha - \cos\beta = -2\sin\frac{\alpha+\beta}{2}\sin\frac{\alpha-\beta}{2}$$

합성

$$a\sin\theta + b\cos\theta = \sqrt{a^2+b^2}\sin(\theta+\alpha)$$

α는 다음 식을 만족하는 각도임

$$\cos\alpha = \frac{a}{\sqrt{a^2+b^2}} \quad \sin\alpha = \frac{b}{\sqrt{a^2+b^2}}$$

수험생을 울리는 공식들

삼각함수 공식에 시달린 사람이 많을 것입니다. Point에서 소개한 공식 이외에도 2배각의 공식, 3배각의 공식, 반각 공식, 곱을 합으로 바꾸는 공식 등이 있습니다. 공식 형태는 비슷한데 부호만 미묘하게 다르니 주의해서 외워야 합니다.

물론 삼각함수의 공식은 덧셈정리에서 유도하므로 외울 필요가 없다는 사람도 있습니다. 하지만 시험을 치를 때는 시간제한 때문에 공식을 유도해 사용할 수는 없습니다. 어쨌든 수험생은 공식을 외우세요.

BUSINESS 스마트폰에서 사용하는 전파의 주파수 변환

교양이나 실용 독자는 삼각함수의 여러 가지 공식을 기억할 필요가 없습니다. 그러나 삼각함수의 공식에는 통신 기술의 기초 지식이 숨어 있습니다.

02에서 sin을 사용해서 파형을 나타낼 수 있다고 설명했습니다. 그럼 주파수 f_1의 파형과 f_2의 파형을 곱한다고 생각해 보죠. 즉, $\sin(f_1 t)$와 $\sin(f_2 t)$라는 파형을 곱하는 것입니다. 이때 다음처럼 삼각함수의 곱을 합으로 바꾸는 공식을 적용합니다.

$$\sin(f_1 t)\sin(f_2 t) = -\frac{1}{2}\{\cos(f_1 + f_2)t - \cos(f_1 - f_2)t\}$$

앞 식은 sin의 곱셈 연산이므로 $\cos(f_1 + f_2)t$와 $\cos(f_1 - f_2)t$가 있습니다. 즉, 주파수 $f_1 + f_2$와 $f_1 - f_2$의 파형이 만들어집니다.

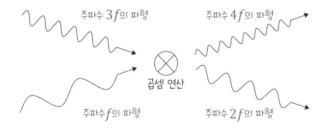

예를 들어 주파수 $3f$의 파형과 f의 파형을 곱하면 주파수 $4f$의 파형과 $2f$의 파형이 만들어집니다.

스마트폰은 보통 $2\text{GHz}(2 \times 10^9 \text{Hz})$라는 높은 주파수의 전파를 사용합니다. 이 높은 주파수의 전파에 전달하려는 정보를 저장하는 데 삼각함수 공식에서 유도한 주파수 변환 기술을 사용합니다.

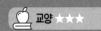 
04 라디안

수험생과 실용 독자는 꼭 알아야 합니다. 교양 독자라면 360°라는 기준 이외에 각도를
나타내는 방법이 있음을 기억하세요.

라디안에서 360°는 2π rad

라디안(호도법)

오른쪽 그림처럼 반지름이 1인 원 안 부채꼴의 각도 θ를
라디안(r)이라고 정의함. 반지름이 1일 때 원둘레는 2π(π
는 원주율)이므로 360°는 2π rad임

즉, $1° = \dfrac{\pi}{180}$ rad이며, $1\ \mathrm{rad} = \left(\dfrac{180}{\pi}\right)°$ 임

예) $30° \rightarrow \dfrac{\pi}{6}$ rad, $45° \rightarrow \dfrac{\pi}{4}$ rad

　　$180° \rightarrow \pi$ rad, $360° \rightarrow 2\pi$ rad

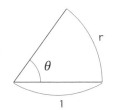

왜 라디안을 사용할까?

지금까지 '도'(degree)라는 단위를 사용했습니다. 그러나 삼각함수는 보통 라디안(호도법,
circular measure)이라는 단위를 사용합니다. 익숙하게 사용하던 단위를 일부러 바꾸
는 이유는 수식이 간단해지기 때문입니다.

5장 04에서 설명할 삼각함수의 미분에서 이 라디안이 주는 영향을 알 수 있습니다. 예를
들어 $\sin\theta$를 미분하면 도 단위에서는 $\dfrac{\pi}{180}\cos\theta$지만, 라디안에서는 $\cos\theta$라고 간단하게 나
타낼 수 있습니다.

그렇다면 지금까지 왜 360° 기준으로 각도를 측정했는지 궁금할 것입니다. 이는 고대 메
소포타미아의 천문학자가 지구의 공전 주기(태양 주위를 1바퀴 도는 시간)를 1년(정확하
게는 360일)으로 정의한 데서 유래되었다고 알려져 있습니다. 개인적으로 360°는 아주
좋은 숫자라고 생각합니다. 2에서 6까지의 정수로 나눌 수 있으며 약수도 많아 계산하기
매우 쉬운 숫자이기 때문입니다.

컴퓨터에서 다루는 삼각함수의 각도 단위

수학을 실용 목적으로 이용하는 사람은 컴퓨터에서 삼각함수를 다룰 때도 많습니다. 이때 조심해야 할 부분이 바로 각도 단위입니다. 예를 들어 엑셀을 사용해 θ가 0~180°의 범위인 $\sin\theta$ 그래프를 그려 보면 다음 그림의 파란색 선과 같습니다.

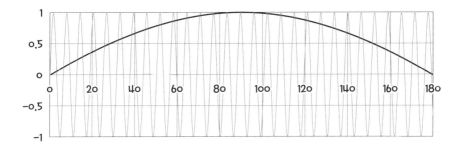

사실 그림의 검은색 선처럼 180°까지 이르는 반주기 그래프를 그리려고 했지만, 주기가 매우 짧은 파란색 선을 그린 것입니다.

이는 엑셀에서 sin 함수를 사용할 때 각도 단위로 라디안을 사용하기 때문입니다. '도' 기반으로 그래프를 그리고 싶으면 직접 θ에 $\frac{\pi}{180}$를 곱하거나 엑셀에 있는 RADIANS라는 함수로 '도' 기반의 값을 라디안으로 변환해야 합니다.

사실 지금처럼 간단한 계산이라면 바로 수정할 수 있습니다. 그러나 복잡한 계산의 일부라면 이러한 각도 단위의 실수는 매우 찾기 어렵습니다. 계산 프로그램을 만들다가 중간식에 각도 단위를 잘못 사용했는데, 이를 발견하는 데 3일 넘게 걸리는 사례도 있습니다. 각도를 다룰 때는 원하는 단위를 정확하게 사용했는지 세심하게 신경 씁니다.

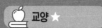 교양 ★

 실용 ★★

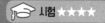 시험 ★★★★

05 사인법칙과 코사인법칙

수험생이 알아 두면 좋은 내용입니다. 교양과 실용 독자라면 읽지 않아도 괜찮습니다.

 삼각형 변의 길이와 각의 크기를 계산할 때 사용하는 법칙

사인법칙

$\triangle$ABC에서 성립하는 다음 식을 '사인법칙'이라고 함

(R은 $\triangle$ABC 외접원*의 반지름)

$$\frac{a}{\sin A} = \frac{b}{\sin B} = \frac{c}{\sin C} = 2R$$

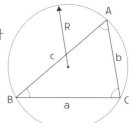

코사인법칙

$\triangle$ABC에서 성립하는 다음 식을 '코사인법칙'이라고 함

$$a^2 = b^2 + c^2 - 2bc \cos A$$
$$b^2 = a^2 + c^2 - 2ac \cos B$$
$$c^2 = a^2 + b^2 - 2ab \cos C$$

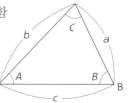

시험에서 자주 나오는 사인법칙과 코사인법칙

사인법칙과 코사인법칙은 실용적인 개념은 아니지만 시험에 자주 나옵니다. 사인법칙은 삼각형 세 변의 길이 비율이 해당 변과 마주 보는 각의 사인 값과 같다는 것입니다. 즉 '$a : b : c = \sin A : \sin B : \sin C$'라고 이해하면 좋습니다.

코사인법칙은 삼각함수의 정의를 이용해 피타고라스의 정리를 직각삼각형 이외로 확장하는 개념입니다. 보통 삼각형의 예를 들어 Point에서 소개한 '$a^2 = b^2 + c^2 - 2bc \cos A$'라는 식에서 $A = 90°$이면 $\cos A = 0$이므로 $a^2 = b^2 + c^2$이라는 피타고라스의 정리만 남음을 알 수 있습니다.

---

* 옮긴이: 어떤 다각형의 모든 꼭짓점을 포함하는 원을 뜻합니다.

💻 BUSINESS 여러 가지 삼각형의 넓이 공식

삼각형의 넓이라고 하면 '밑변 × 높이 ÷ 2'가 가장 먼저 떠오르는 공식입니다. 그러나 삼각함수, 사인법칙, 코사인법칙을 사용하면 다양한 공식을 유도할 수 있습니다. 다음 그림과 함께 이를 살펴보겠습니다.

A

$$S = \frac{1}{2}ab\sin\theta$$

C

$$S = \frac{1}{2}r(a+b+c)$$

이때 r은 내접원의 반지름

B

$$S = \sqrt{s(s-a)(s-b)(s-c)}$$

이때 $s = \frac{a+b+c}{2}$

D

$$S = \frac{abc}{4R}$$

이때 R은 외접원의 반지름

삼각형 넓이 관련 공식

방법 A는 '밑변 × 높이 ÷ 2'와 같은 개념입니다. 그림처럼 수직선을 설정하면 $a\sin\theta$는 삼각형의 높이입니다. 밑변이 b이므로 결국 '밑변 × 높이 ÷ 2'에 삼각함수를 도입한 것입니다.

방법 B는 헤론의 공식(Heron's formula)이라고 합니다. 삼각형 세 변의 길이만으로 삼각형의 넓이를 계산하는 공식입니다.

방법 C는 내접원*을 이용합니다. 내접원으로 높이가 같은 삼각형 3개를 만들어 각각의 영역을 '밑변 × 높이 ÷ 2'로 계산한 후 모두를 더합니다.

방법 D는 사인법칙에서 유도하는 방법입니다. 세 변을 곱한 값을 외접원 지름의 2배인 값으로 나눕니다. 세 변을 곱하는 형태로 나타내므로 가장 아름다운 삼각형 면적 공식이라고도 합니다.

---

* 옮긴이: 어떤 다각형의 모든 변과 닿는 점이 있는 원을 뜻합니다.

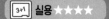
06 푸리에 급수

고등학교 수학의 범위를 벗어나는 내용이므로 계산 방법을 알 필요는 없습니다. 아무리 복잡한 파형도 임의의 파형을 결합해서 나타내는 것이라는 점만 기억하세요.

> **Point**
>
> **모든 파형은 사인과 코사인을 결합해 나타낼 수 있음**
>
> $f(x)$가 주기 T를 갖는 함수라면 다음 식으로 나타낼 수 있음
>
> $$f(x) = \frac{a_0}{2} + \sum_{n=1}^{\infty}\left(a_n \cos\frac{2\pi nx}{T} + b_n \sin\frac{2\pi nx}{T} \right)$$
>
> 단,
>
> $$a_n = \frac{2}{T}\int_0^T f(x)\cos\frac{2\pi nx}{T}dx, \quad b_n = \frac{2}{T}\int_0^T f(x)\sin\frac{2\pi nx}{T}dx$$
>
> 예) 오른쪽 그림과 같은 톱니 모양의 파형은
> 　다음 식처럼 전개할 수 있음
>
> $$f(x) = \frac{2}{\pi}\left(\sin x - \frac{1}{2}\sin 2x + \frac{1}{3}\sin 3x - \frac{1}{4}\sin 4x + \cdots \right)$$
>
>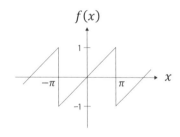

모든 파형은 사인과 코사인을 결합해 나타낼 수 있다

일단 Point에서 소개한 어려운 수식은 이해하지 못해도 괜찮습니다. 이 절의 핵심은 모든 파형은 사인과 코사인을 결합해 나타낼 수 있다라는 것입니다. 사인과 코사인의 파형은 사인파(sine wave)라고 합니다. 가장 예쁜 파형이라고도 할 수 있습니다. 하지만 일반적인 파형은 사인파처럼 예쁘지 않습니다.

누군가는 삼각함수로 나타낼 수 없는 파형이 있다고 생각할 것입니다. 그러나 푸리에 급수(Fourier series)를 이용하면 주파수(진동 주기)가 다른 여러 사인파를 결합해 톱니 모양의 파형이든 구 모양의 파형이든 나타낼 수 있습니다.

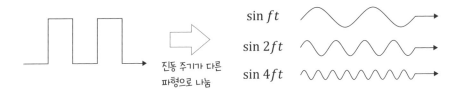

$\sin ft$

$\sin 2ft$

$\sin 4ft$

진동 주기가 다른
파형으로 나눔

BUSINESS 소리·빛과 주파수의 관계

방금 어떤 파형을 '서로 다른 주파수'를 가지는 여러 개의 사인파로 나타낼 수 있다고 했습니다. 사실 주파수는 파형을 설명할 때 중요한 매개변수입니다. 소리를 파형으로 나타냈을 때 주파수의 차이는 소리의 높이를 뜻하기 때문입니다. 예를 들어 '도레미파솔라시도'라는 음계에서 마지막 '도'는 처음 '도'보다 1옥타브 높다고 합니다. 이때 마지막 '도'의 주파수는 처음 '도'보다 2배가 큰 주파수입니다.

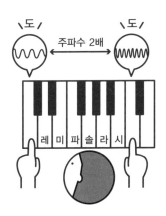

악기는 소리의 파형 주파수에 최적화해 만듭니다. 저음을 내는 악기는 고음을 내는 악기보다 큽니다. 주파수가 낮은 파형은 소리를 내는 시간이 길고 무게감 있게 울리는데, 이를 만족하려면 악기가 커야 하기 때문입니다. 이처럼 소리는 파형, 즉 삼각함수와 푸리에 급수가 깊이 관련되어 있습니다.

한편 빛을 파형으로 나타내면 주파수의 차이는 색상에 해당합니다. 예를 들어 무지개는 바깥쪽부터 빨, 주, 노, 초, 파, 남, 보 순으로 색을 띠는데 이는 주파수가 낮은 순서입니다. 또한 주파수가 다른 색을 섞어 다양한 색상을 만듭니다. 즉, 모니터나 TV의 색상을 구현할 때도 삼각함수와 푸리에 급수가 깊이 관여합니다.

07 이산 코사인 변환

삼각함수의 친숙한 응용 예를 소개합니다. 이미지와 동영상의 압축에 사용됩니다. 이런 예가 있다는 사실을 기억하는 것만으로도 충분합니다.

Point

이차원 이미지도 삼각함수를 결합해 나타낼 수 있음

이산 코사인 변환

- JPEG나 MPEG 영상 압축에 사용함
- 푸리에 급수를 이차원으로 전개했다고 생각해도 됨

JPEG에 사용하는 이산 코사인 변환의 식

$$D_{vu} = \frac{1}{4} C_u C_v \sum_{x=0}^{7} \sum_{y=0}^{7} S_{yx} \cos\frac{(2x+1)u\pi}{16} \cos\frac{(2y+1)v\pi}{16}$$

DCT 변환

$S_{yx} \rightarrow$ **이차원 화솟값**

$D_{vu} \rightarrow$ **이차원 DCT 계수**   단, $C_u, C_v = \begin{cases} \dfrac{1}{\sqrt{2}} & u, v = 0일 때 \\ 1 & 이외의 경우 \end{cases}$

스마트폰 사진에 사용되는 삼각함수

이 절에서는 삼각함수를 응용하는 예인 **이산 코사인 변환**을 소개합니다. 이미지 처리를 다루는 엔지니어가 아니라면 수식을 자세히 이해할 필요가 없습니다. 이미지 압축에 파형을 결합하는 개념을 사용하며 삼각함수가 관련 있다는 사실 정도만 기억하면 됩니다. 상식을 늘린다는 생각으로 읽어 보기 바랍니다.

먼저 디지털 이미지가 어떻게 구성되어 있는지 설명하겠습니다. 오른쪽 그림처럼 스마트폰이나 디지털카메라로 찍은 사진을 확대하면 아주 작은 사각형이 모여 있음을 알 수 있습니다. 이 사각형을 '픽셀'이라고 합니다. 디지털카메라의 성능 차이로 강조하는 '화소'는 이 픽셀의 개수를 뜻합니다. 당연히 개수가 많을수록 품질 좋은 사진(해상도가 높은 사진)을 찍을 수 있습니다.

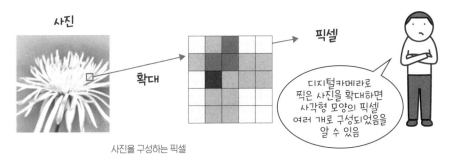

사진을 구성하는 픽셀

픽셀 하나에는 색상 하나가 있습니다. 예를 들어 흑백 사진은 흰색에서 검은색 사이의 농도를 256단계로 구분합니다. 그런데 256은 8비트(2^8)이므로 데이터 양은 '픽셀 수 × 8비트'입니다. 컬러 사진은 빛의 삼원색인 빨강, 초록, 파랑 각각에 8비트 정보가 필요하므로 흑백 사진 데이터보다 3배나 많은 데이터가 필요합니다. 이 구성 그대로를 데이터로 만든 이미지 형식을 **비트맵**(bitmap)이라고 합니다.

단, 비트맵 형식은 데이터 양이 너무 많아 디스크 용량을 많이 차지하므로 압축해야 합니다. 그래서 등장한 것이 JPEG이라는 이미지 형식입니다. 예를 들어 비트맵 형식의 이미지(1280×800픽셀)의 용량은 3MB 정도인데, 이를 JPEG이라는 이미지 형식으로 바꾸면 0.2MB로 압축됩니다. 즉, 압축률은 이미지별로 다르지만 보통 1/10로 이미지 용량을 줄이는 셈입니다. 그 결과로 데이터 트래픽과 메모리 용량도 같이 절약할 수 있습니다. 이렇듯 이미지 압축은 중요한 기술입니다.

JPEG에 사용되는 이산 코사인 변환 기반 데이터 압축 방법을 살펴보겠습니다.

먼저 전체 이미지를 8×8픽셀의 블록으로 나눕니다. 그리고 블록 각각을 다시 주파수 성분으로 나눕니다. 이 부분은 조금 어렵지만 중요하므로 자세히 설명하겠습니다. 단, 좀더 쉽게 이해할 수 있게 8×8 대신 3×3픽셀의 블록으로 예를 바꾸겠습니다.

먼저 다음 그림처럼 왼쪽에 있는 실제 픽셀 블록을 오른쪽에 있는 9개의 기본 블록을 결합한 형태로 나타냅니다.

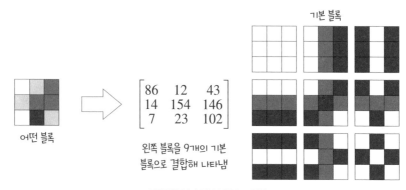

이미지를 나눠 기본 블록으로 결합

06에서 어떤 파형이든 사인과 코사인의 결합으로 나타낼 수 있다고 했는데, 어떤 픽셀 블록이든 기본 블록의 결합으로 나타낼 수 있습니다. 앞 그림의 행렬이 이를 나타낸 것입니다. 이 행렬 안 요소의 각 값을 계산할 때 '이산 코사인 변환'을 사용합니다. 수식은 자세히 이해하지 않아도 괜찮습니다. 코사인과 관련된 개념이며 Point의 이산 코사인 변환 공식처럼 코사인 함수의 합(Σ) 형태라는 것만 알아도 충분합니다.

다음으로 고주파 성분을 제거합니다. 여기에서 고주파 성분은 앞 그림 기본 블록의 오른쪽 맨 아래에 있는 3×3픽셀의 블록입니다. 짙은 색깔과 흰색이 번갈아 가면서 배열되어 있습니다. 이러한 고주파의 패턴은 멀리서 봤을 때 대부분 단색으로 보입니다. 사람의 눈으로는 두 가지 색상이 배열되었는지 확인하기 어렵습니다.

그래서 이 성분을 과감히 제거하는 것으로 데이터 양을 줄입니다(256색의 이미지를 16색으로 바꿉니다). 참고로 MPEG 동영상 포맷의 이미지에도 같은 방법을 적용합니다.

고주파 패턴   사람의 눈으로는 단색으로 보임

고주파 패턴

단, JPEG 형식은 고주파 성분을 무시하므로 문자처럼 흑백의 대비가 뚜렷한 패턴의 용량을 줄이기는 어렵습니다. 예를 들어 풍경 사진은 이미지를 압축해도 큰 문제가 없지만, PC에서 쓴 글자를 jpg 이미지 파일로 만들면 문자의 윤곽이 뚜렷하지 않습니다. 그래서 폰트 등은 JPEG 대신 다른 압축 방식을 사용하기도 합니다.

또한 JPEG 형식은 원래대로 되돌릴 수 없는 압축 방식이라는 점에 주의하기 바랍니다. 고주파 성분을 아예 없애기 때문입니다. 따라서 저장을 여러 번 반복하면 이미지 안 정보가 점점 사라져 품질이 낮아집니다.

Column

20과 20.00의 차이

이 장에서 삼각법으로 나무의 높이를 계산하는 방법을 소개하면서 $\sqrt{3} \fallingdotseq 1.73$이라고 계산했습니다. 하지만 잘 생각해 보면 $\sqrt{3}$은 무리수이므로 $1.73205\cdots\cdots$처럼 무한으로 이어집니다. 그냥 1.73으로 두어도 괜찮을지 궁금한 분도 있을 것입니다.

실생활에서 다루는 숫자인 측정값은 반드시 오차가 있습니다. '측정했을 때 20m'였다고 해도 보통 오차를 포함합니다. 이를 고려하려고 측정값의 일정 자리까지는 오차가 없다고 정하는 유효 숫자라는 개념을 사용합니다.

예를 들어 20m를 측정했을 때 유효 숫자가 두 자리라면 20이라는 숫자까지는 오차가 없다고 생각합니다. 보통 반올림했을 때 20m가 되는 숫자 범위(측정값이 19.5~20.5m 정도의 사이)에 있을 것으로 생각합니다. 한편 cm 단위까지 정확한 측정 결과를 얻었다고 생각해 봅시다. 이때 20m는 20.00m입니다. 이는 유효 숫자가 네 자리입니다. 즉, 측정값이 19.995~20.005m 사이에 있습니다.

"$\sqrt{3}$의 근삿값으로 무엇을 사용해야 하나요?"라는 문제도 측정값의 유효 숫자와 관련이 있습니다. 계산은 보통 유효 숫자보다 한 자릿수 많은 숫자로 계산하고 마지막 자리에서 반올림합니다. 그래서 측정값의 유효 숫자 두 자리면 $\sqrt{3} \fallingdotseq 1.73$처럼 두 자릿수가 아닌 세 자릿수까지 고려해 계산해야 하며, 네 자리면 $\sqrt{3} \fallingdotseq 1.7321$처럼 다섯 자릿수까지 고려해 계산해야 합니다.

참고로 서로 다른 유효 숫자를 다룰 때는 자릿수가 더 작은 쪽을 기준으로 둡니다. 예를 들어 직사각형의 면적을 계산할 때 변 하나가 유효 숫자 두 자리인 1.1cm, 다른 변이 유효 숫자 네 자리인 2.112cm라고 생각해 보죠. 이때 면적은 $1.1 \times 2.112 = 2.3232\text{cm}^2$으로 네 자리의 값을 계산합니다. 하지만 유효 숫자의 기준이 두 자리이므로 약 2.3cm²의 정확도만 인정합니다.

어떤 숫자를 계산할 때 유효 숫자가 작은 자릿수가 섞인다면 다른 숫자를 정밀하게 측정하더라도 큰 이점이 없습니다. 수학을 실생활에 이용하는 사람이라면 이러한 유효 숫자의 장단점과 친해져야 합니다.

05

미분

Introduction

미분이란?

미분은 의외로 고등학교 수학 시험에서 높은 점수를 받는 학생조차도 그 개념을 이해하지 못하는 경우가 많습니다. 이과생이라면 대학교 1학년이나 2학년 때 미적분학을 다시 공부하면서 비로소 그 개념을 제대로 이해하게 됩니다(물론 아닌 경우도 있습니다만…). 고등학생 때를 되짚어 보면 미적분 문제는 풀긴 풀었지만, 그 개념은 모르고 있었다고 생각합니다.

미분 개념을 한마디로 요약하면 나눗셈입니다. 물론, 초등학교에서 배우는 나눗셈보다는 수준이 높습니다. 예를 들어 60km의 거리를 자동차로 2시간 만에 이동했다면 60 ÷ 2 = 30이므로 자동차의 속도는 30km/h입니다. 이것이 초등학교에서 배우는 나눗셈입니다.

그런데 고등학교에서 배우는 미분의 '나눗셈'은 복잡합니다. 보통 60km의 거리를 2시간 동안 30km/h의 일정한 속도로 이동하지는 않습니다. 실제로는 속도와 시간의 관계가 다음 그림처럼 변합니다.

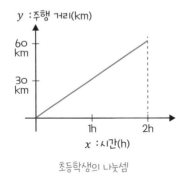

초등학생의 나눗셈

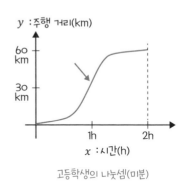

고등학생의 나눗셈(미분)

예를 들어 오른쪽 그래프에서 화살표로 가리킨 1시간 후 속도는 분명히 30km/h보다 빠릅니다. 그럼 1시간 후의 속도는 몇 km/h일까요? 실제로는 자동차의 속도는 일정하지 않으므로 시간과 거리와의 관계로 나타내는 속도 값에서 1시간이 지난 후의 속도를 찾아야 합니다. 이때 바로 미분을 사용합니다.

미분은 앞 그림처럼 초등학생의 나눗셈보다는 복잡합니다. 그러나 본질적인 개념은 거리와 시간 데이터에서 속도를 계산하는 초등학생의 나눗셈과 다르지 않습니다. 그래서 "미분이란 무엇인가요?"라고 묻는 사람에게 "조금 어려운 나눗셈입니다"라고 대답합니다.

'무한'이라는 개념을 다룰 수 있다

이 장에는 미분 때문에 주목도는 낮지만 무한(∞)이라는 새로운 개념이 나옵니다. 미분을 배우면 '무한'을 다룰 수 있습니다. 또한 함수가 어떤 값에 '무한'히 가까워진다는 극한이라는 개념도 나옵니다.

미분이 수학적으로 완전한 이론이 되려면 극한과 무한을 제대로 다루지 않으면 안 됩니다. 수학의 세계에서 무한을 어떻게 모순 없이 다루는지는 대학교에서 수학을 배우는 사람에게는 특히 중요합니다. 초등학교에서 처음 분수를 배울 때나 중학교에서 처음 음수를 배울 때처럼 미분을 통해 새로운 수의 개념을 배우기 때문입니다.

만약 여러분이 '무한'이라는 개념을 접했을 때 설렌다면, 수학이 적성에 맞는 것이니 수학자가 되는 것도 생각해 볼 만합니다. 그런데 대부분의 사람(사실 저도 그중 한 명입니다)은 시험이나 직장에서 '무한'을 이용할 수 있다면 그걸로 충분하다고 여깁니다. 그럼 이 책과 함께 극한과 미분이 대략 무엇인지 이해하는 수준에서 미분을 이용하길 바랍니다.

적분과의 관계

보통 미분과 적분을 '미적분'이라고 함께 이야기합니다. 왜냐하면 적분은 미분의 반대 연산이기 때문입니다. 조금 전에 미분을 '조금 어려운 나눗셈'이라고 했는데, 적분은 '조금 어려운 곱셈'이라고 할 수 있습니다.

이 책에서도 그렇지만 수학 수업에서는 미분을 공부한 후 적분을 공부합니다. 그런데 사실 미분과 적분이 세상에 나온 순서는 이와 달리 반대입니다. 적분은 기원전부터 고안되어 실용화되었지만, 미분은 9~10세기쯤 나와 17세기 뉴턴과 라이프니츠에 의해 본격적으로 실용화되었습니다.

미분보다 적분이 역사가 길다는 사실에서 적분이 미분보다 더 쉽다는 점을 유추해 볼 수 있습니다. CT 촬영이나 토목건축 등 적분을 활용하는 예는 실생활에서 많이 찾아볼 수 있지만, 미분을 활용하는 실생활 예는 '속도' 관련 개념을 제외하면 찾아보기 힘듭니다. 따라서 미분이 잘 이해되지 않는다면 상대적으로 쉬운 적분을 먼저 공부한 다음 그 반대 개념인 미분을 공부하는 것이 좋습니다.

그럼 왜 학교에서는 미분부터 배울까요? 여기에는 두 가지 이유가 있습니다. 첫 번째는 적분의 개념이 미분보다 이해하기 쉽지만 그 계산 과정은 복잡하기 때문입니다. 공식만 기억하면 함수를 쉽게 미분할 수 있지만, 적분은 그렇지 않습니다. 두 번째는 논리적인 흐름을 고려하기 때문입니다. 수학적으로 모순 없이 논리를 전개할 때는 극한 → 미분 → 적분의 순서가 좋습니다. 그래서 미분을 먼저 가르칩니다. 단, 이해하는 데는 반대 순서가 좋습니다.

수학자는 난이도보다 엄격한 논리를 지키는 것을 더 중요하게 생각합니다. 하지만 교과서 순서대로 공부하는 것이 반드시 좋은 생각이 아닐 수 있음을 기억하세요.

🍎 교양 독자가 알아 둘 점

먼저 미분이 왜 조금 어려운 나눗셈인지 이해하세요. 미분이 왜 나눗셈인지, 조금 더 어려운 점이 무엇인지를 파악하는 것입니다. 그다음으로 수학에서 '무한'이라는 개념을 어떻게 다루는지 이해한다면 정말 완벽합니다.

➗ 업무에 활용하는 독자가 알아 둘 점

미분 계산은 컴퓨터에 맡기면 되니 미분의 큰 그림을 그려 보는 것이 중요합니다. 함수를 미분하면 어떤 함수가 되는지, 수식과 그래프(변화)를 어떻게 나타내는지를 알아두세요.

🎓 수험생이 알아 둘 점

시험 수학의 핵심이라고 말할 수 있습니다. 특히 접선, 함수의 변화(최댓값, 최솟값) 등은 문제로 자주 출제되는 개념입니다. 당연히 공식은 외워야 하며, 정확하고 빠르게 계산할 수 있도록 철저하게 반복 학습합니다.

Memo

 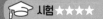
01 극한과 무한

교양 독자도 두 용어는 기억하세요. 미분을 이해하는 토대입니다. 실용 독자라면 계산한 식에서 극한값을 구하는 것이 중요합니다.

'어떤 값에 한없이 가까움'과 '어떤 값 자체'는 다른 의미임

극한

함수 $f(x)$에서 x가 c값은 아니지만 한없이 c에 가까운 값일 때, $f(x)$ 값이 L에 한없이 가까워지는 것을 다음 식으로 나타냄

$$\lim_{x \to c} f(x) = L$$

예)

$\lim_{x \to 5} 2x = 10$: x가 한없이 5에 가까운 값일 때 $2x$는 10에 가까워짐

$\lim_{x \to \infty} \dfrac{1}{x} = 0$: x가 무한일 때(한없이 커질 때) $\dfrac{1}{x}$은 0에 가까워짐

$\lim_{x \to 0} \dfrac{1}{x^2} = \infty$: x가 한없이 0에 가까운 값일 때 $\dfrac{1}{x^2}$은 한없이 무한에 가까워짐(한없이 커짐)

※ ∞는 한없이 큰 값(무한)을 나타내며, $-\infty$는 음수의 절댓값이 무한임을 나타냄

오해하기 쉬운 극한

Point를 읽을 때 어색한 느낌이 없었나요? 수학에서는 일반적으로 오해를 막고자 명확한 단어를 사용하는데, 여기에서는 '한없이 가까운 값' 같은 모호한 표현을 사용했습니다. 물론 이 표현은 정확하지 않습니다. 그리고 대학교 수학을 배울 때까지 이 모호함은 명확해지지 않습니다. '한없이 가까운 값'이라는 개념은 예제와 함께 알아보겠습니다.

함수 $f(x) = 2x$에서 x가 5에 가까운 값이라면 $f(x)$ 값은 $f(5) = 10$에 가깝습니다. 여기서 '한없이 가까운 값은 대입한 값 자체가 아니다'라는 점이 중요합니다.

다음으로, $f(x) = \dfrac{1}{x^2}$라고 했을 때 $x \to 0$인 극한을 생각해 보죠. 수학에서는 0으로 나눌 수 없다는 절대적인 규칙이 있으므로 $f(0)$ 값은 없습니다. 그러나 한없이 0에 가까운 값은 존재합니다. 그리고 한없이 0에 가까운 값일 때 $f(x)$는 한없이 커지는, 즉 '무한(∞)'임을 알 수 있습니다.

극한이 어떤 값에 가까우면 수렴한다고 합니다. 그리고 무한같이 값이 정해지지 않으면 발산한다고 합니다.

BUSINESS **복잡한 수식의 해석 방법**

극한과 무한은 개념일 뿐 계산에 직접 사용하는 대상은 아닙니다. 그러나 수식에 극한의 개념을 도입하면 어떤 사실을 명확하게 이해할 수 있는 상황이 많습니다. 예를 들어 다음은 반도체를 설계할 때 나오는 식의 하나입니다.

$$\mu_{eff} = \frac{U0 \cdot f\left(L_{eff}\right)}{1 + \left(UA + UCV_{bseff}\right)\left(\dfrac{V_{gsteff} + 2V_{th}}{TOXE}\right) + UB\left(\dfrac{V_{gsteff} + 2V_{th}}{TOXE}\right)^2 + UD\left(\dfrac{V_{th} \cdot TOXE}{V_{gsteff} + 2V_{th}}\right)^2}$$

이런 식은 그냥 보면 무엇을 뜻하는지 아무것도 알 수 없습니다. 그래서 변수에 0과 ∞ 등 극단적인 값을 대입해 그 결과를 확인하면서 식의 의미를 파악합니다. 이렇게 극한의 개념이 실용적인 도움을 줍니다.

미분계수

미분의 정의를 살펴봅니다. 상당히 어려우니 잘 모르겠다면 건너뛰어도 괜찮습니다.
정의를 이해하지 못하더라도 미분은 사용할 수 있기 때문입니다.

미분을 정의하는 수식과 씨름하지 말고 실례로 배우면 좋음

미분계수

함수 $f(x)$의 점 $f(a)$에서 다음 식과 같은 극한값이 있으면, 이 극한값을 함수 $f(x)$
의 $x = a$에 대한 '미분계수'(derivative 또는 differential coefficient)라고 하며
'$f'(a)$'로 나타냄

$$f'(a) = \lim_{h \to 0} \frac{f(a+h) - f(a)}{h}$$

예) 함수 $f = x^2$의 $x = 1$에 대한 미분계수는 다음과 같음

$$f'(1) = \lim_{h \to 0} \frac{f(1+h) - f(1)}{h} = \lim_{h \to 0} \frac{(1+h)^2 - 1}{h} = \lim_{h \to 0}(2+h) = 2$$

먼저 미분의 개념을 파악하기

미분은 미분계수를 계산하는 것이므로 Point의 미분계수 정의는 미분의 정의와 거의 같다
고 생각해도 좋습니다. 그러나 미분을 처음 배우는 사람은 식을 봐도 무슨 뜻인지 잘 모
를 것입니다. 그래서 다음 그림처럼 속도, 시간, 거리의 관계를 예로 들어 미분계수의 의
미를 설명하겠습니다.

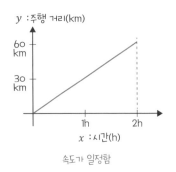

속도가 일정함

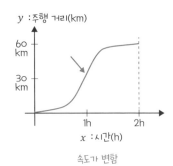

속도가 변함

자동차로 60km를 2시간 동안 이동할 때 앞 그림의 왼쪽처럼 일정한 속도로 이동했다면 자동차의 속도는 60 ÷ 2 = 30이므로 30km/h입니다. 그러나 실제로는 일정한 속도로 계속 달릴 수 없습니다. 그래서 시간과 거리의 관계는 앞 그림의 오른쪽처럼 2시간 동안 60km를 이동하지만 속도는 일정하지 않고 변합니다. 이때 1시간 후(앞 그림 오른쪽의 화살표 부분)의 순간 속도는 어떻게 계산할까요? 다음 그림과 같습니다.

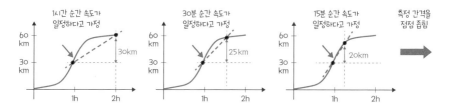

이것이 미분의 개념입니다. 2시간 동안 60km라는 거리를 이동했습니다. 이때 1시간에 30km, 30분에 25km, 15분에서 20km, 극단적으로 1초 정도까지 시간 간격을 짧게 설정하면 사실상 특정 시간 동안의 속도가 일정하다는 점을 감각적으로 이해할 수 있습니다. 급가속이나 급감속하는 상황에도 1초 이하로 시간 간격을 짧게 설정하면 속도는 일정할 것입니다. 이제 속도가 일정하다고 말할 수 있는 시간 간격으로 '(거리) ÷ (시간)'을 계산하면 순간 속도를 알 수 있습니다.

미분을 정의하는 식에 속도, 시간, 거리의 관계를 적용하면 $f(x)$는 시간과 거리의 관계, a는 순간 속도를 알고 싶은 시간(예에서는 1시간 후), h는 시간 간격입니다. 분자 부분인 $f(a + h) - f(a)$는 h라는 시간 간격 동안 이동한 거리이므로 '(거리) ÷ (시간) = (속도)'라는 관계가 성립합니다. h를 점점 작은 값으로 설정(극한)하면 순간 속도를 계산할 수 있습니다.

이렇게 극한을 사용한 나눗셈이 미분의 개념입니다. 즉, '조금 어려운 나눗셈'입니다.

03 도함수

교양 대상 독자도 도함수라는 용어와 개념을 기억해 미분을 계산해 봅니다. 간단합니다.

Point

x^n을 미분하면 nx^{n-1}임을 기억해야 함

도함수

함수 $y = f(x)$에 대한 미분계수의 함수, 즉 다음 함수를 $y = f(x)$의 '도함수' (derivative 또는 derived function)라고 하며 $f'(x)$, y', $\dfrac{dy}{dx}$, $\dfrac{d}{dx}f(x)$ 등으로 나타냄

도함수를 계산하는 것을 '미분한다'라고 함

$$f'(x) = \lim_{h \to 0} \frac{f(x+h) - f(x)}{h}$$

$y = x^n$의 도함수와 미분의 선형성

- $y = x^n$의 도함수 y'은 $y' = nx^{n-1}$이며, $y = c$(상수)의 도함수는 0임
- 도함수는 다음과 같은 성질이 있으며, 이를 선형성이라고 함

$$(af(x) + bg(x))' = af'(x) + bg'(x)$$

예) $(5x^4 + 3x^2 + 10)' = 5 \times 4x^{(4-1)} + 3 \times 2x^{(2-1)} = 20x^3 + 6x$

$$\left(\frac{2}{x}\right)' = (2x^{-1})' = 2 \times (-1)x^{(-1-1)} = -2x^{-2} = -\frac{2}{x^2}$$

$$(\sqrt{x})' = \left(x^{\frac{1}{2}}\right)' = \frac{1}{2}\left(x^{\left(\frac{1}{2}-1\right)}\right) = \frac{1}{2}\left(x^{-\frac{1}{2}}\right) = \frac{1}{2\sqrt{x}}$$

x^n의 미분은 간단하다

02에서 설명한 미분계수의 정의는 이해하기 어려울 수 있지만 미분계수의 함수 계산, 즉 함수를 미분하는 것은 간단합니다. Point처럼 ax^n을 미분하면 $n \times ax^{n-1}$입니다. 즉 $2x^3$을 미분하면 $6x^2$입니다. 중학생도 15분 정도 알려주면 계산 방법을 이해할 수 있습니다(개념을 이해하는 건 다른 문제입니다).

도함수의 의미

도함수는 그래프의 기울기를 나타낸다라는 점은 꼭 알아야 합니다.

도함수 값은 미분계수, 즉 일차함수에서 말하는 기울기입니다. 따라서 도함수 값이 0보다 크면(부호가 양수면) 원래의 함숫값은 증가하는 상태입니다. 그리고 값이 커질수록 기울기가 급합니다(증가하는 속도가 커집니다).

한편 도함수 값이 0보다 작으면(부호가 음수면) 원래의 함숫값은 감소하는 상태입니다. 그리고 값이 작을수록 기울기가 급합니다(감소하는 속도가 커집니다).

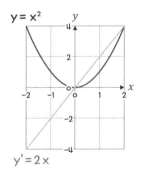

$y = x^2$와 도함수

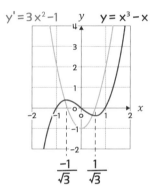

$y = x^3 - x$와 도함수

앞 그림 왼쪽은 $y = x^2$와 그 도함수 $y' = 2x$의 그래프입니다. 도함수 값의 부호는 $x = 0$을 경계로 바뀝니다(–에서 +). 따라서 $y = x^2$의 그래프는 $x = 0$일 때 감소(–)에서 증가(+)로 바뀝니다. 그리고 x가 0보다 크면 x가 커질수록 기울기가 급합니다.

앞 그림 오른쪽은 $y = x^3 - x$와 그 도함수 $y' = 3x^2 - 1$의 그래프입니다. 도함수 y'은 $-\dfrac{1}{\sqrt{3}}$에서 $\dfrac{1}{\sqrt{3}}$ 사이일 때만 음수이며 나머지 영역에서는 양수입니다. 그래서 원래의 함수 $y = x^3 - x$는 $-\dfrac{1}{\sqrt{3}} < x < \dfrac{1}{\sqrt{3}}$의 구간에서만 함숫값이 감소하고 나머지 영역에서는 증가하는 함수입니다.

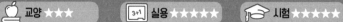 
04 삼각함수 및 지수·로그함수의 미분

이 절에서는 자연로그의 밑(e)을 설명합니다. 교양 독자라도 함수 e^x를 미분하면 e^x임을 기억하세요.

e^x는 미분해도 e^x임

삼각함수의 미분

오른쪽 그림의 $\sin x$와 x의 극한식을 사용하면 삼각함수의 도함수는 다음처럼 계산할 수 있음

$(\sin x)' = \cos x$　　　$(\tan x)' = \dfrac{1}{\cos^2 x}$
$(\cos x)' = -\sin x$

$$\lim_{x \to 0} \frac{\sin x}{x} = 1$$

지수·로그함수의 미분

지수·로그함수의 도함수는 다음과 같음

$(e^x)' = e^x$　　　$(\log_e x)' = \dfrac{1}{x}$

$(a^x)' = a^x \log_e a$　　　$(\log_a x) = \dfrac{1}{x \log_e a}$

이때 e는 '자연로그의 밑'이라고 하며 다음 식으로 정의하는 무리수임

$$\lim_{n \to \infty} \left(1 + \frac{1}{n}\right)^n = e = 2.71828182845\cdots\cdots$$

삼각함수의 미분

삼각함수의 미분에서는 $\sin x$, $\cos x$, $\tan x$의 도함수, 그리고 $x \to 0$일 때 $\dfrac{\sin x}{x}$가 한없이 1에 가까워진다는 점, 즉 $\sin x$와 x가 같은 값에 가까워진다는 것을 기억하세요.

또한, $\sin x$의 도함수는 $\cos x$이므로 $\sin x$에서 x의 기울기는 $\cos x$입니다. 이것이 삼각함수의 성질입니다.

자연로그의 밑

지수·로그함수의 미분에는 자연로그의 밑 e가 등장합니다. e는 Point에서 설명한 극한 식으로 정의하는 무리수입니다. 수학에서는 원주율만큼 중요한 숫자입니다. 교양 독자도 반드시 기억하세요.

자연로그의 밑의 가장 중요한 성질은 함수 e^x의 도함수가 자기 자신인 e^x라는 것입니다. 즉, e^x의 기울기는 e^x입니다. 이러한 성질 때문에 지수함수와 로그함수의 도함수에는 e가 자주 나옵니다. 또한 **7장 01**에서 소개하는 미분방정식의 해에도 e가 자주 나옵니다.

e는 특히 실용 수학에서 자주 사용합니다. 예를 들어 밑이 e인 자연로그, 즉 $\ln X$는 원래 $\log_e X$입니다(그래서 자연로그의 밑이라 합니다). 그래서 컴퓨터로 계산할 때 사용하는 전용 함수도 있습니다. 엑셀을 비롯해 대부분의 스프레드시트나 프로그래밍 언어에는 e^x의 함숫값을 계산하는 exp( )라는 함수가 있습니다. 예를 들어 엑셀에서 e^5를 계산하고 싶다면 =exp(5)라고 입력하면 됩니다.

고등학교 수학의 범위를 벗어나지만, 실용 수학에는 **쌍곡선함수**(hyperbolic function)도 자주 나옵니다. 이는 sinh(쌍곡사인), cosh(쌍곡코사인), tanh(쌍곡탄젠트)라고 하며 다음 식과 같이 정의합니다.

$$\sinh x = \frac{e^x - e^{-x}}{2}, \quad \cosh x = \frac{e^x + e^{-x}}{2}, \quad \tanh x = \frac{e^x - e^{-x}}{e^x + e^{-x}}$$

사인, 코사인 등의 용어를 사용하지만 식을 살펴보면 e를 사용한 지수함수입니다.

 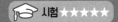
05 곱의 미분과 합성함수의 미분

수험생에게는 중요한 내용입니다. 실용 독자는 손으로 직접 계산할 일은 거의 없겠지만 이런 공식이 있다는 것은 기억하세요.

두 공식은 x^n의 미분을 이용해 익숙해질 수 있음

곱의 미분

두 함수 $f(x)$, $g(x)$를 곱했을 때와 나눴을 때를 미분하면 다음 식과 같음

$$\{f(x)g(x)\}' = f'(x)g(x) + f(x)g'(x)$$

$$\left(\frac{f(x)}{g(x)}\right)' = \frac{f'(x)g(x) - f(x)g'(x)}{(g(x))^2}$$

예) $\{x^2\sin x\}' = (x^2)'\sin x + x^2(\sin x)' = 2x\sin x + x^2\cos x$

$$\left(\frac{\sin x}{x^2}\right)' = \frac{(\sin x)'(x^2) - (\sin x)(x^2)'}{(x^2)^2} = \frac{x^2\cos x - 2x\sin x}{x^4} = \frac{x\cos x - 2\sin x}{x^3}$$

합성함수의 미분

두 함수 $y = f(x)$, $u = g(x)$의 합성함수 $y = f(g(x))$는 다음 식처럼 미분함

$$\{f(g(x))\}' = f'(g(x))g'(x) \;\; 즉, \;\; \frac{dy}{dx} = \frac{dy}{du}\frac{du}{dx}$$

예) $\sin(x^3)$을 미분한다면 $y = f(u) = \sin(u)$, $u = g(x) = x^3$라고 할 수 있으므로

$$\frac{dy}{du} = (\sin u)' = \cos u = \cos x^3, \quad \frac{du}{dx} = (x^3)' = 3x^2$$

따라서 $\dfrac{dy}{dx} = \dfrac{dy}{du}\dfrac{du}{dx} = 3x^2\cos x^3$

공식 사용에 익숙해지는 방법

수험생은 물론 실용 독자도 두 함수 곱의 미분과 합성함수의 미분은 공식을 외워 손으로 직접 계산할 수 있으면 좋습니다. 그런데 처음에는 해당 공식을 사용하는 것이 익숙하지 않을 수 있습니다. 이때 공식 사용에 쉽게 익숙해지는 방법이 있습니다. $f(x) = x^6$ 같은 간단한 함수의 미분에서 출발하는 것입니다.

$f'(x) = 6x^5$라는 미분은 쉽게 계산할 수 있습니다. 이때 x^6을 x^2과 x^4의 곱셈이라고 생각해 보죠. 그럼 $f'(x) = (x^4)'(x^2) + (x^4)(x^2)' = (4x^3)(x^2) + (x^4)(2x) = 4x^5 + 2x^5 = 6x^5$입니다. 이렇게 곱의 미분 공식에 익숙해집니다.

합성함수의 미분 공식은 x^6을 $f(u) = u^2$, $g(x) = x^3$으로 나누면 $y = f(g(x))$가 되는 합성함수라고 생각해 볼 수 있습니다. 그럼 $f'(u) = 2u$, $g'(x) = 3x^2$입니다. $u = x^3$이므로 $\{f(g(x))\}' = (2u)(3x^2) = (2x^3)(3x^2) = 6x^5$입니다.

$\frac{dy}{dx}$를 분수처럼 다루기

미분을 나타내는 $\frac{dy}{dx}$는 엄밀히 말해 분수가 아닙니다. 하지만 분수처럼 다룰 수 있습니다. 합성함수의 미분 공식을 적용하면 $\frac{dy}{dx} = \frac{dy}{du}\frac{du}{dx}$입니다. 즉, 분모와 분자에 du를 곱한 형태입니다.

이제 $\frac{dy}{dx}$를 분수처럼 다룰 수 있습니다.

역함수의 미분을 예로 들어 생각해 보죠. 함수 $x = e^y$를 미분하면 $\frac{dx}{dy} = x' = e^y$입니다. 그리고 이 식의 역수는 $\frac{1}{dx/dy} = \frac{1}{e^y}$입니다. $x = e^y$를 대입해 정리하면 $\frac{dy}{dx} = \frac{1}{x}$입니다.

한편 $x = e^y$를 y 기준으로 정리하면 $y = \log_e x$이며, 이를 x에 대해 미분하면 $\frac{dy}{dx} = \frac{1}{x}$입니다. 앞의 계산 결과와 같습니다. 즉, $\frac{dy}{dx}$는 $\frac{dx}{dy}$의 역수입니다.

06 접선의 공식

접선은 시험에 자주 나오는 내용입니다. 미분의 개념과도 관련 있는 내용이니 확실하게 이해합니다.

Point

미분계수는 해당 점에서 접선의 기울기를 나타냄

함수 $y = f(x)$의 그래프 위에 있는 점 (a, b)에서의 접선의 방정식은 $y - b = f'(a)(x - a)$임

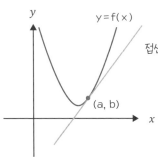

접선 $y - b = f'(a)(x - a)$

예)

$y = x^2$의 점 $(2, 4)$의 접선의 방정식을 계산하면 다음과 같음.

$f(x) = x^2$를 미분하면 $f'(x) = 2x$이므로 점 $(2, 4)$에서의 기울기는 $f'(2) = 4$임. 그래서 접선의 방정식은 $y - 4 = 4(x - 2)$, 즉 $y = 4x - 4$임

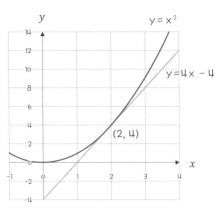

미분을 알면 접선을 쉽게 이해한다

미분을 이용해 접선을 찾는 문제는 시험에 잘 나옵니다.

그래프에서 미분한 값이 대응하는 점은 변화율(미분계수)을 나타낸다는 사실을 알면 접선을 쉽게 이해할 수 있습니다. 혹시 문제를 풀기 전 "왜 미분을 사용해 접선을 찾는지 모르겠어요"라고 생각한다면 미분의 정의부터 공부해야 합니다.

반대로 말하면, 접선은 미분의 정의를 아는지 확인하는 가장 좋은 문제입니다. 그래서 시험에 잘 나옵니다.

BUSINESS 컴퓨터에서 곡선 그리기

컴퓨터를 사용해 곡선을 그릴 때 컴퓨터는 곡선을 식으로 저장해 둡니다. 다음 그림은 파워포인트에서 곡선을 그린 예입니다.

①

②

③
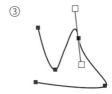

앞 그림처럼 곡선을 그린 후 점 편집이라는 기능을 사용해 곡선 위 점의 위치와 기울기를 바꿀 수 있습니다. 여기에서 곡선 3개는 점의 위치를 바꾸지 않은 상태에서 특정 점의 접선의 기울기만 바꾸었습니다.

파워포인트는 점과 기울기를 곡선의 기반 데이터로 저장한 후 이를 수정해 곡선 모양을 바꿉니다. 모양을 바꿀 때는 파란색 선이 나타나는데 이는 해당 점에서의 접선입니다.

③의 경우에는 주의해야 합니다. 파란색 선으로 나타나는 접선이 접점에서 곡선과 교차할 때도 있습니다. 즉, 접선이라고 하면 ①과 ②의 경우만을 생각하기 쉽지만 ③과 같은 경우도 있음을 기억하세요.

07 고계도함수와 함수의 볼록

시험과 밀접하게 연관된 개념은 아니지만, 실용 수학에서는 함수의 볼록 개념이 중요하므로 꼭 이해해야 합니다.

'위로 볼록'과 '아래로 볼록'의 그래프

고계도함수

함수 $y = f(x)$의 도함수가 $f'(x)$이면 $f'(x)$의 도함수를 '$f''(x)$'라고 함. 보통 $f(x)$를 n번 미분해 얻은 함수를 'n계도함수'라고 하며 $f^{(n)}(x)$라고 나타냄. $\dfrac{dy}{dx}$으로 나타내면 이계도함수는 $\dfrac{d^2 y}{dx^2}$이며 n계도함수는 $\dfrac{d^n y}{dx^n}$로 나타냄

예) $f(x) = x^4$, $f'(x) = 4x^3$, $f''(x) = 12x^2$, $f'''(x) = 24x$

함수의 볼록과 이계도함수의 관계

① $f''(x) > 0$일 때는 $y = f(x)$ 그래프가 아래로 볼록함

② $f''(x) < 0$일 때는 $y = f(x)$ 그래프가 위로 볼록함

③ $f''(x) = 0$인 위치의 앞뒤에서 $f''(x)$의 볼록함이 바뀌면 해당 점을 '변곡점'이라고 함

아래로 볼록 $f''(x) > 0$

위로 볼록 $f''(x) < 0$

변곡점 $f''(x) = 0$
($f''(x)$의 볼록함이 바뀜)

고계도함수

고계도함수(higher order derivatives)는 $f(x)$를 여러 번 미분한 함수입니다. 처음으로 미분한 도함수를 다시 미분하면 이계도함수, 이계도함수를 다시 미분하면 삼계도함수, ……와 같은 방식으로 이어집니다.

사실 "n계미분이 무엇인가?"라고 질문하면 직관적으로 설명하기는 어렵습니다. 하지만 이계도함수의 예는 주변에서 쉽게 찾아볼 수 있습니다. 그중 하나로 어떤 물체의 운동을 나타내는 운동 방정식(equation of motion)의 미분이 있습니다. 이는 위치를 시간에 대해 미분하면 속도가 되며, 속도를 시간에 대해 미분(이계도함수)하면 가속도가 되는 원리입니다.

BUSINESS 함수의 볼록

함수의 변화를 이야기할 때 이계도함수의 미분계수가 중요한 요소입니다. 미분을 설명하면서 도함수의 미분계수 $f'(x)$가 0보다 크면 $f(x)$ 값이 증가하고, $f'(x)$가 0보다 작으면 $f(x)$값이 감소한다고 했습니다. 그리고 이계도함수의 미분계수 $f''(x)$가 0보다 크면 $f(x)$는 아래로 볼록한 모양이며, $f''(x)$가 0보다 작으면 $f(x)$는 위로 볼록한 모양이라는 성질이 있습니다. 즉, $f'(x)$가 0보다 크거나 작을 때와 $f''(x)$가 0보다 크거나 작을 때라는 네 가지 패턴에 따른 변화를 다음 표처럼 정리할 수 있습니다.

	$f'(x) > 0$이면 증가 ↑	$f'(x) < 0$이면 감소 ↓
$f''(x) > 0$이면 아래로 볼록		
$f''(x) < 0$이면 위로 볼록		

앞 표를 참고하면 함수 $y = f(x)$가 증가하는 상황, 즉 $f'(x)$가 0보다 클 때도 '아래로 볼록'인지 '위로 볼록'인지에 따라 변화하는 모습이 상당히 다름을 알 수 있습니다. '아래로 볼록'이면 증가하는 속도가 계속 커지고, '위로 볼록'이면 증가하긴 하지만 증가하는 속도가 점점 줄어듭니다.

$y = f(x)$가 감소하는 상황, 즉 $f'(x)$가 0보다 작을 때도 살펴보면 '아래로 볼록'일 때는 감소하긴 하지만 감소하는 속도가 점점 줄어들고, '위로 볼록'이면 감소하는 속도가 계속 커집니다.

앞으로 실생활에서 변화하는 양을 분석할 때는 증가와 감소뿐만 아니라 '아래로 볼록'인지 '위로 볼록'인지도 고려해 더 정확한 분석 결과를 얻기 바랍니다.

08 평균값 정리와 미분 가능성

대학교 이상의 수학을 배울 때 바탕이 되는 개념입니다. 실용적으로 활용할 경우는 적으니 가볍게 읽어도 괜찮습니다.

 당연하게 생각하겠지만, 함수가 미분가능하지 않으면 성립되지 않음

평균값 정리

$y = f(x)$의 그래프가 $a \leqq x \leqq b$라는 범위에서 매끄러운 함수의 조건을 만족할 때 다음 식이 성립하는 실수 c가 반드시 존재함

$$f'(c) = \frac{f(b) - f(a)}{b - a}$$

$$a < c < b$$

AB의 기울기 $\dfrac{f(b) - f(a)}{b - a}$

기울기 $f'(c)$

당연한 정리?

평균값 정리는 수식으로 나타내면 어려워 보이지만 뜻을 알면 당연하다고 여기는 개념입니다.

먼저 함수 $y = f(x)$ 위의 점 A와 B를 정합니다. 그리고 A와 B를 연결하는 직선 AB를 그리면 A와 B 사이의 접선 중 직선 AB와 평행인 점 C가 존재합니다. 이것이 **평균값 정리**(mean value theorem)입니다. 오른쪽 그림을 살펴보면 점 A와 B로 접선을 그려 보았습니다. 이때 접선의 기울기는 A에서 B까지 계속해서 바뀝니다. 그래서 접선 중 직선 AB와 평행인 점 C가 존재하는 것은 분명합니다.

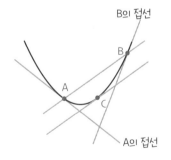

이때 중요한 핵심 하나가 있습니다. 그것은 평균값 정리의 정의에서 설명한 '$a \leq x \leq b$ 범위에서 매끄러운 함수*여야 한다'라는 조건입니다. 즉, 평균값 정리는 정해진 구간에서 매끄러운 함수가 아니면 성립되지 않습니다. 예를 들면 다음 그림의 경우입니다.

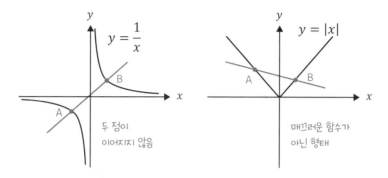

평균값 정리가 성립되지 않는 예

미분가능성

앞 그림에서 $y = \frac{1}{x}$은 $x = 0$에서 그래프가 이어져 있지 않아 평균값 정리가 성립되지 않습니다. 또한 $y = |x|$은 $x = 0$에서 그래프가 이어지지만 매끄러운 함수가 아니므로(기울기가 연속해서 변하지 않음) 평균값 정리가 성립되지 않습니다. 실제로 $y = |x|$을 미분하면 $x < 0$에서 $y' = -1$, $x > 0$에서 $y' = 1$이지만, $x = 0$에서는 $y' = -1$도, $y' = 1$도 미분계수가 될 수 있으므로 미분계수를 정의할 수 없습니다.

반대로 미분계수를 정의할 수 있는 미분가능한 함수이면 평균값 정리는 성립됩니다. 즉, **평균값 정리는 함수 $f(x)$가 $a \leq x \leq b$ 범위에서 '미분가능'할 때 성립하는 정리입니다.** 즉, 미분가능성과 깊은 연관이 있습니다.

수학을 활용할 때 함수에 미분가능하지 않는 부분이 있으면 매우 골치 아픕니다. 그래서 보통 어떤 두 식을 결합할 때는 매끄러운 함수 형태로 해서 식이 미분가능하도록 만듭니다.

---

* 옮긴이: 미분이 무한 번 가능한 함수를 뜻합니다.

Column

$\frac{dy}{dx}$ 는 분수 아닌가요?

$\frac{dy}{dx}$ 를 '디엑스 분의 디와이'라고 읽어서 수학 선생님에게 혼났다는 고등학생이 있었습니다. $\frac{dy}{dx}$ 는 '디와이 디엑스'라고 읽습니다. 분수가 아니기 때문입니다. 아마 수학 선생님은 분수로 생각하지 않도록 그 고등학생을 혼낸 것이 아닐까 생각합니다.

"$\frac{dy}{dx}$ 가 분수인가?"라는 것은 민감한 질문입니다. 적분과 미분방정식을 풀 때는 $\frac{dy}{dx}$ 를 분수처럼 다루기도 합니다. 그래서 논란이 많지만 명확한 결론이 나와 있지는 않습니다. 어느 쪽이 옳을지 궁금한 사람도 있을 것입니다.

사실 저는 '분수든 아니든 상관없다'입니다. 왜냐하면 그 고등학교 선생님처럼 결론을 내려 학생을 혼내거나 하면 학생이 수학을 싫어할 수도 있기 때문입니다. 실제로 수학을 싫어하는 사람에게 그 이유를 물어보면 "중학교 혹은 고등학교 때 수학을 너무 혼나면서 배웠다"라는 답변이 꽤 있습니다.

물론 수학이 논리의 학문이므로 정밀함을 추구해야 하지만, 이는 수학자에게만 요구해도 됩니다. 세상을 살아가다 보면 정밀함 대신 대략적인 정답이 필요할 때가 더 많습니다. 저도 업무에서 정밀한 수학을 사용하고 있지만, 업무가 아닌 상황에서는 수를 다루는 일 자체가 귀찮은 사람입니다. 그리고 수학자가 될 적성은 아니라고 생각하지만 그래도 어느 정도 수학을 이해해 이용하는 사람입니다. 수학이란 이런 것이라고 생각합니다.

그래서 '많은 사람이 수학이 무엇인지 제대로 알았으면 좋겠다'라는 뜻을 품고 이 책을 썼습니다.

06

적분

Introduction

적분이란 무엇인가요?

"적분이란 무엇인가요?"라는 질문에는 크게 두 가지로 답할 수 있습니다. 하나는 미분의 반대 연산(부정적분), 다른 하나는 넓이를 계산하는 방법(정적분)입니다.

둘 다 정확한 뜻이지만, 미분의 반대 연산이라는 뜻만 알아서는 시험 문제는 풀더라도 적분의 개념을 본질적으로 이해한 것은 아닙니다. 5장에서도 언급했지만 개념은 미분보다 적분이 간단하며, 적분이 미분의 반대 연산이니 어려운 미분을 간단한 적분으로 설명(미적분학의 제1 기본 정리* 응용)하면 될 것입니다. 그래서 먼저 넓이를 계산하는 방법으로 적분을 이해해 보겠습니다.

적분으로 넓이를 계산하는 방법

적분으로 다음 두 도형의 넓이를 계산해 보겠습니다.

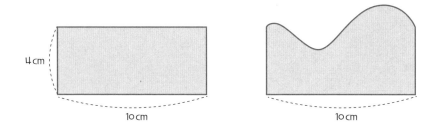

왼쪽은 단순한 직사각형이니 간단합니다. 4 × 10 = 40이므로 40cm²입니다. 그런데 오른쪽 도형은 곡선이 있으니 초등학교에서 배운 개념으로는 계산할 수 없습니다. 이러한 도형의 넓이를 계산하는 방법이 적분입니다.

그럼 적분으로 어떻게 넓이를 계산하는지 살펴보겠습니다. 먼저 다음 그림처럼 직사각형으로 계산할 넓이를 구분합니다. 넓이를 직사각형으로 구분하면 각 직사각형 넓이의 합으로 계산할 수 있습니다. 즉, 곱셈의 합입니다.

---

* 옮긴이: https://ko.wikipedia.org/wiki/미적분학의_기본정리

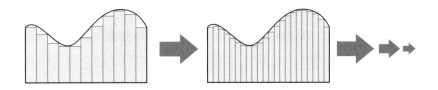

그런데 직사각형과 직사각형 사이에 남는 공간이 있으므로 직사각형 넓이의 합은 정확한 값이 아닙니다. 이때는 직사각형 하나하나를 '무한'으로 늘리면 오차는 0에 가까워질 것입니다. 즉, 넓이 합의 극한값은 실제 크기입니다.

적분은 곱셈(넓이)의 합에 '무한'의 힘을 추가한 개념입니다. 그래서 '좀 더 어려운 곱셈'이라고 할 수 있습니다.

🍎 교양 독자가 알아 둘 점

적분은 '좀 더 어려운 곱셈'이라는 개념으로 미분(좀 더 어려운 나눗셈)의 반대 연산이며 넓이나 부피를 계산할 수 있다고 기억하세요.

🔢 업무에 활용하는 독자가 알아 둘 점

업무에 적분을 이용하는 사람 대부분은 계산을 컴퓨터에 맡기므로 부분적분(partial integration) 등의 계산을 직접 할 필요가 없습니다. 다양한 자료의 수식을 이해할 수 있는 정도의 지식만 있으면 됩니다. 적분의 본질적인 개념을 이해하는 데 집중하세요.

🎓 수험생이 알아 둘 점

미분과 함께 수학 시험 성적을 좌우합니다. 적분은 계산 과정이 매우 복잡하니 정확하고 빠르게 계산할 수 있게 문제를 반복해서 푸는 것이 핵심입니다.

01 적분의 정의와 미적분학의 기본 정리

적분의 기본입니다. 적분은 넓이를 계산한다는 것과 미분의 반대 연산임을 기억하세요.

! Point 넓이를 계산하는 적분은 미분의 반대 연산

함수 $f(x)$의 범위가 $a \leq x \leq b$이고 다음 그림처럼 $y = f(x)$와 x축, 직선 $x = a$와 $x = b$로 둘러싸인 영역의 넓이를 S라고 하면, 정적분은 다음 식처럼 나타냄

$$S = \int_a^b f(x)dx$$

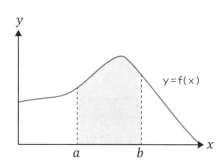

예) 범위가 $0 \leq x \leq 2$면서 직선 $y = x$의 아래에 해당하는 영역은 밑변 2, 높이 2인 삼각형과 같으므로 넓이가 2임. 따라서 다음 식이 성립함

$$\int_0^2 xdx = 2$$

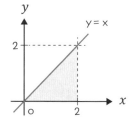

미적분학의 기본 정리

$f(x)$가 연속함수*이면 다음 식이 성립함(적분은 미분의 반대 연산임)

$$\frac{d}{dx}\int_a^x f(t)dt = f(x)$$

---

* 옮긴이: 특정 지점에서 함숫값과 극한값이 있으며 함숫값과 극한값이 같은 함수를 뜻합니다.

적분은 넓이를 계산하는 도구임

적분의 가장 큰 목적은 넓이를 계산하는 것입니다. 예를 들어 변의 길이가 2m인 정사각형 넓이는 2m × 2m = 4m²이라고 계산합니다. 보통 넓이를 계산할 때는 곱셈을 합니다. 그래서 적분의 본질은 좀 더 어려운 곱셈입니다. '좀 더 어려운'이라고 하는 이유는 직사각형이나 삼각형뿐만 아니라 곡선 등으로 둘러싸인 영역의 넓이도 계산하기 때문입니다.

이번에는 적분의 순서를 설명합니다. 다음 그림의 왼쪽처럼 특정 영역을 밑변이 같은 5개의 직사각형으로 나눕니다. 이 직사각형은 밑변이 Δx(a와 b 사이의 길이를 5등분 하므로 실제 밑변의 길이는 $\dfrac{b-a}{5}$)이며 높이는 $f(x_i)$입니다. 그럼 직사각형 5개 넓이의 합은 다음 식으로 나타냅니다.

$$S = f(x_0)\Delta x + f(x_1)\Delta x + f(x_2)\Delta x + f(x_3)\Delta x + f(x_4)\Delta x$$

단, 직사각형 5개로 모든 영역을 나타낼 수 없으므로 실제 곡선으로 둘러싸인 영역의 넓이와는 차이가 있습니다.

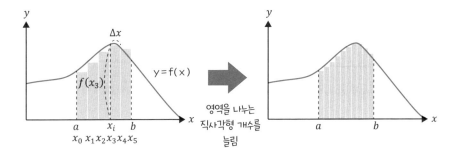

그럼 직사각형을 5개가 아니라 더 많이 늘리면 어떻게 될까요? 앞 그림의 왼쪽은 직사각형의 개수를 늘린 예입니다. 영역을 나누는 직사각형의 개수가 많으면 많을수록 곡선으로 둘러싸인 영역 전체와 비슷해집니다. 즉, 직사각형 개수가 무한으로 늘린 극한이라면 직사각형 넓이의 합은 곡선으로 둘러싸인 영역의 넓이와 같습니다.

이를 식으로 나타내면 다음과 같습니다(여기서 ∑는 $f(x_0)\Delta x + f(x_1)\Delta x + \cdots\cdots$라는 합을 나타냅니다).

$$\int_a^b f(x)dx = \lim_{n \to \infty} \sum_{i=0}^{n-1} f(x_i)\Delta x$$

즉, 초등학생도 할 수 있는 직사각형 넓이의 합 계산이 '극한'과 만나서 적분이 됩니다.

적분 기호의 의미

적분에는 '$\int$'(인티그럴이라고 읽음)이라는 기호를 사용합니다. 이 기호에는 의미가 있습니다. 그 의미를 이해하면 적분에 더 친숙해질 것입니다.

적분식은 다음처럼 두 부분으로 나눠 이해하면 쉽습니다.

a에서 b까지의
결과를 더함 $\longrightarrow$ $\int_a^b f(x)\, dx$ $\longleftarrow$ $f(x) \times dx$

왼쪽은 a에서 b까지의 결과를 더한다는 뜻입니다. 참고로 '$\int$'은 알파벳 S를 참고해 만든 기호로 SUM(합계)을 뜻합니다. 오른쪽 부분의 $f(x)dx$는 높이가 $f(x)$, 밑변이 dx인 직사각형을 뜻합니다. 여기서 dx는 아주 작은 극한을 의미합니다.

즉, 앞 적분식은 a에서 b까지의 수를 차례로 x에 대입해 $f(x)$에 dx를 곱한 후 그 결과 모두를 더하는 것입니다. 그래서 적분의 개념은 곱셈입니다.

적분은 미분의 반대 연산이다

미적분학의 기본 정리가 의미하는 바는 **적분은 미분의 반대 연산**이라는 것입니다.

일단 곱셈과 나눗셈의 관계를 다시 되짚어 보죠. 어떤 수 x를 a로 나누면 $\frac{x}{a}$입니다. 그리고 여기에 다시 a를 곱하면 원래 수인 x로 돌아옵니다. 그래서 나눗셈은 곱셈의 반대 연산입니다.

마찬가지로 함수 $f(x)$를 미분하면 $\frac{d}{dx}f(x)$입니다. 이를 x로 적분하면 $\int \frac{d}{dx}f(x)dx$이며 원래의 $f(x)$로 돌아옵니다. 그래서 적분은 미분의 반대 연산입니다. 이제 미분은 '좀 더 어려운 나눗셈', 적분은 '좀 더 어려운 곱셈'이라고 하는 이유를 알겠죠?

이 관계를 넓이 개념으로도 설명할 수 있습니다. 적분은 함수로 만들어지는 영역의 넓이입니다. 그래서 함수 $f(t)$와 $a \leq t \leq x$라는 범위로 이뤄지는 영역의 넓이를 함수 $F(x)$라고 하겠습니다. 또한 $F(x)$를 x로 미분하면 $f(x)$($f(t)$의 t를 x로 바꾼 함수)라고 하겠습니다. 이때 $F(x)$를 $f(x)$의 원시함수라고 합니다(원시함수를 계산하는 방법은 **02**에서 자세히 설명합니다.)

참고로 원시함수 $F(x)$와 x축으로 둘러싸인 영역의 넓이 증가율을 $f(x)$라고 생각할 수 있습니다.

$$\int_a^x f(t)dt = F(x)$$

$$\frac{d}{dx}F(x) = f(x)$$

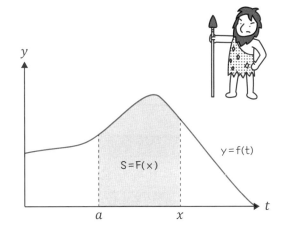

129

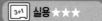
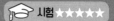

02 부정적분

적분이 미분의 반대 연산이라는 개념이 중요합니다. 수험생이 아니라면 공식을 꼭 외울 필요는 없습니다.

Point 원시함수를 계산한 후 미분해 원래 식이 되는지 확인함

부정적분의 기본 공식(C는 적분상수)

$$\int x^a dx = \frac{x^{a+1}}{a+1} + C \qquad \int \tan x dx = -\log_e |\cos x| + C$$

$$\int \frac{1}{x} dx = \log_e |x| + C \qquad \int e^x dx = e^x + C$$

$$\int \sin x dx = -\cos x + C \qquad \int a^x dx = \frac{a^x}{\log_e a} + C$$

$$\int \cos x dx = \sin x + C \qquad \int \log_e x dx = x \log_e x - x + C$$

부정적분의 선형성

$$\int k f(x) dx = k \int f(x) dx$$

$$\int \{f(x) \pm g(x)\} dx = \int f(x) dx \pm \int g(x) dx$$

예) $f(x) = 2x^2 + x$의 부정적분을 계산함

$$\int (2x^2 + x) dx = \frac{2}{3} x^3 + \frac{1}{2} x^2 + C \text{ (C는 적분상수)}$$

부정적분을 계산하는 방법

부정적분은 $f(x) = F'(x)$를 만족하는 함수 $F(x)$, 즉 원시함수(primitive function)를 계산하는 것입니다. $f(x)$의 부정적분은 $\int f(x) dx$라고 나타냅니다. 적분보다 미분이 계산은 간단하므로 부정적분을 계산한 후 답을 미분해 부정적분이 맞는지 확인해 보면 좋습니다.

단, 모든 함수를 대상으로 원시함수를 계산할 수 있는 것은 아닙니다. 실용 수학에서 사용하는 복잡한 함수 대부분은 엄밀히 말해 부정적분을 하기 어렵습니다. 학교 시험에 나오는 적분 문제는 원시함수를 계산할 수 있는 함수를 선택하는 것입니다.

적분상수 C란 무엇인가요?

함수 $f(x)$의 부정적분은 특정 함수로 정할 수 없습니다. 예를 들어 x^2을 미분하면 $2x$입니다. 그럼 x^2는 $2x$의 원시함수입니다. 그런데 $x^2 + 1$이나 $x^2 - 1$도 $2x$의 원시함수가 될 수 있습니다. 정수항(3이나 5 등 변수를 포함하지 않는 부분)은 미분하면 0이기 때문입니다.

부정적분은 모든 원시함수를 나타내야 하므로 보통 정수 부분을 C라고 가정해 $x^2 + C$라고 씁니다. 이것이 '적분상수'입니다. 시험에서는 이 C를 작성해야 맞는 답인데, 작성하지 않아서 문제를 틀리고 아쉬움을 감추지 못한 학생도 분명 있을 것입니다. 물론 이를 신경 써야 하는 사람은 학생뿐입니다. 학생 이외의 독자라면 원시함수를 특정한 함수로 정의할 수 없다라는 사실만 이해하면 됩니다.

03 정적분 계산하기

교양 독자라면 자세한 계산 방법은 몰라도 괜찮습니다. 그러나 정적분은 원시함수를 사용해 계산한다는 사실을 기억하세요.

> **Point**
>
> **정적분은 원시함수의 뺄셈 형태로 계산함**
>
> 함수 $f(x)$의 원시함수가 $F(x)$이며 범위 $a \leq x \leq b$일 때 정적분은 다음 식처럼 계산할 수 있음
>
> $$\int_a^b f(x)dx = [F(x)]_a^b = F(b) - F(a)$$
>
> 예) $f(x) = x$에서 범위 $1 \leq x \leq 3$일 때 정적분을 계산하면 다음과 같음
>
> $$\int_1^3 xdx = \left[\frac{1}{2}x^2\right]_1^3 = \frac{9}{2} - \frac{1}{2} = 4$$

정적분의 계산 방법

정적분을 계산하는 방법은 Point에서 설명한 대로 먼저 원시함수를 계산합니다. 그리고 해당 원시함수에 위(종점) b값을 대입한 결과에서 아래(시작점) a값을 대입한 결과를 빼면 됩니다.

참고로 Point의 예에서 원시함수를 계산할 때 '적분상수 C가 없다'라는 의문이 있을 것입니다. 정적분을 계산할 때 정수항 C가 있더라도 $(F(b) + C) - (F(a) + C)$이므로 C가 사라집니다. 그래서 $C = 0$으로 생각해 계산합니다.

단, 정적분의 계산에 익숙해지면 부정적분 문제에 적분상수를 작성한다는 것을 잊을 수 있으니 학생은 주의해야 합니다.

정적분의 범위와 영역을 나타내는 부호

정적분을 계산할 때 적분 범위에 주의합니다. 예를 들어 범위를 나타내는 두 값을 바꿔서 계산하면 다음 식처럼 적분 결과의 부호가 바뀝니다.

$$\int_a^b f(x)\,dx = -\int_b^a f(x)\,dx$$

또한 적분 범위는 범위를 나타내는 두 값 사이에 있는 임의의 c를 이용해 나눌 수 있습니다.

$$\int_a^b f(x)\,dx = \int_a^c f(x)\,dx + \int_c^b f(x)\,dx$$

정적분은 곡선과 x축으로 둘러싸인 영역의 넓이를 계산할 때 사용하므로 계산 식은 다음과 같습니다.

$$S = \int_a^b f(x)\,dx \quad (a < b)$$

이때 $f(x)$의 부호에 주의해야 합니다. 다음 그림과 함께 살펴보겠습니다.

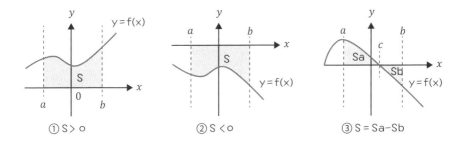

① S > 0　　　② S < 0　　　③ S = Sa - Sb

$y = f(x)$의 범위가 $a \leqq x \leqq b$이고 함숫값이 양수면 ①의 예처럼 적분 값 S는 양수입니다. 반대로 ②의 예처럼 $f(x)$ 값이 음수면 적분 값 S도 음수입니다. 따라서 ②의 넓이를 계산할 때는 계산 결과의 부호를 반대로 바꿔야 합니다.

③의 예처럼 범위 중간에 부호가 바뀌면 적분 결과는 함숫값이 양수일 때의 영역 넓이 S_a와 함숫값이 음수일 때의 영역 넓이 S_b를 뺀 값인 $S = S_a - S_b$가 됩니다. 넓이는 $S_a + S_b$를 계산해야 하므로 $f(x)$ 값의 부호가 바뀌는 점 c를 찾은 후 이를 경계로 함수 $f(x)$ 값의 부호를 바꿔야 합니다.

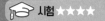

04 부분적분

적분을 계산하는 방법입니다. 수험생은 꼭 알아야 하며, 그 이외의 독자라면 부분적분 이라는 용어를 기억하세요.

부분적분은 곱의 미분을 반대로 사용한 것임

부분적분

함수 $f(x)$, $g(x)$와 그 도함수의 곱에서 다음 식이 성립함

- 부정적분: $\displaystyle\int f(x)g'(x)dx = f(x)g(x) - \int f'(x)g(x)dx$

- 정적분: $\displaystyle\int_a^b f(x)g'(x)dx = [f(x)g(x)]_a^b - \int_a^b f'(x)g(x)dx$

예) 함수 $f(x) = x\sin x$의 부정적분과 0에서 π까지의 정적분을 계산함

    $f(x) = x$, $g(x) = -\cos x$이면 $f(x)g'(x) = x\sin x$이므로

- 부정적분: $\displaystyle\int x\sin x\,dx = x(-\cos x) - \int (x)'(-\cos x)dx$

$$= -x\cos x + \int \cos x\,dx$$

$$= -x\cos x + \sin x + C$$

- 정적분: $\displaystyle\int_0^\pi x\sin x\,dx = [x(-\cos x)]_0^\pi - \int_0^\pi (x)'(-\cos x)dx$

$$= [-x\cos x]_0^\pi + \int_0^\pi \cos x\,dx$$

$$= \pi + [\sin x]_0^\pi$$

$$= \pi$$

부분적분은 곱의 미분의 반대다

부분적분은 미분에서 소개한 곱의 미분 공식을 반대로 사용하는 것입니다. 곱의 미분 공식은 다음과 같습니다.

$$곱의 미분 공식: \{f(x)g(x)\}' = f'(x)g(x) + f(x)g'(x)$$

이 식을 x에 대해 적분하면 부분적분 공식을 얻습니다. 그래서 곱의 미분 공식과 쌍으로 기억하면 좋습니다.

단, 사용할 때 요령이 필요합니다. 예를 들어 Point의 $x\sin x$의 적분에서 $f(x) = x$, $g(x) = -\cos x$라고 했습니다. 이를 반대로 해 $f(x) = \sin x$, $g(x) = \frac{1}{2}x^2$로 곱의 적분 공식을 적용하면 다음 식과 같습니다.

$$\int (\sin x)xdx = \frac{1}{2}x^2\sin x - \int \frac{1}{2}x^2\cos xdx$$

그런데 $\frac{1}{2}x^2\cos x$를 적분하는 것은 원래의 $x\sin x$를 적분하는 것보다 오히려 복잡합니다. 즉, 부분적분 공식을 적용하면 무조건 편리하게 적분할 수 있는 것이 아닙니다. 상황에 따라 적절하게 사용해야 합니다.

공식을 잘 활용하려면 연습 문제를 많이 풀어야 합니다. 그럼 직관력이 향상되어 빠르고 정확하게 계산할 수 있습니다.

참고로 모든 함수를 적분할 수 있는 것은 아니지만, 시험에는 반드시 적분할 수 있는 식만 선별해 문제를 냅니다. 퍼즐을 맞춘다는 느낌으로 문제를 풀어 보길 바랍니다.

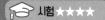
05 치환적분

부분적분과 마찬가지로 적분의 계산 방법입니다. 고등학교 수학 중 어렵다고 하는 내용이기도 합니다. 수험생이 아닌 독자는 건너뛰어도 괜찮습니다.

Point 정적분의 적분 범위가 바뀌는 데 주의해야 함

치환적분

적분할 때 적분 변수를 다른 변수로 바꾸는 방법임

$f(g(x))$의 적분에서 $t = g(x)$라면 $dx = \dfrac{dx}{dt}dt$이므로 부정적분과 정적분의 식은 다음과 같음

- 부정적분: $\displaystyle\int f(g(x))dx = \int f(t)\dfrac{dx}{dt}dt$

- 정적분: $\displaystyle\int_a^b f(g(x))dx = \int_\alpha^\beta f(t)\dfrac{dx}{dt}dt$ $\quad \begin{array}{c|c} x & a \to b \\ \hline t & \alpha \to \beta \end{array}$

예) 함수 $f(x) = 2x(x^2 + 1)^3$의 0에서 1까지 정적분을 계산함

$t = x^2 + 1$의 도함수는 $\dfrac{dt}{dx} = 2x$이므로 $dt = 2x\,dx$임. 따라서,

$$\int_0^1 2x(x^2+1)^3\,dx = \int_0^1 2xt^3\,dx = \int_0^1 t^3\,2x\,dx$$

$dt = 2x\,dx$를 대입하면 t의 적분 범위는 다음 표와 같으므로,

$$\begin{array}{c|c} x & 0 \to 1 \\ \hline t & 1 \to 2 \end{array}$$

계산 식은 다음과 같음

$$= \int_1^2 t^3\,dt = \left(\frac{1}{4}t^4\right)_1^2 = \frac{15}{4}$$

또한, 부정적분은 적분상수 C가 있어야 하므로 최종 정적분 결과는 다음과 같음

$$\frac{1}{4}t^4 + C = \frac{1}{4}(x^2+1)^4 + C$$

치환적분은 합성함수 미분 공식의 반대다

여기서 소개하는 치환적분은 다음처럼 합성함수의 미분 공식을 반대로 사용한 것입니다.

$$\{f(g(x))\}' = f'(t) \cdot g'(x) \qquad \int f'(g(x)) \cdot g'(x)dx = \int f'(t)dt$$

$$\left(\frac{dt}{dx} = g'(x) \ \rightarrow \ dt = g'(x)dx \right)$$

합성함수의 미분   치환적분

치환적분에서는 적분하는 함수(피적분함수)가 $f'(g(x))g'(x)$이니 변수를 x에서 $t(=g(x))$로 바꿔 적분합니다. 이 적분에 익숙해지기 전에는 적분 후 함수를 미분해 결과를 확인하면서 공부하면 좋습니다.

합성함수의 미분은 단순히 함수 각각을 미분하고 곱하는 것이지만, 치환적분은 적분하는 변수를 x에서 t로 바꾸므로 까다롭습니다. 그래서 변수를 바꿀 때 고려해야 할 두 가지 사항을 소개합니다.

첫 번째는 피적분함수가 변수만 남도록 바꿔야 한다는 것입니다. Point의 예에서는 $t = x^2 + 1$로 바꿔 변수 t만 다루는 식 t^3(x항이 없음)을 적분합니다(여기서 x가 남아 있으면 t를 적분할 수 없음을 기억하세요). 변수만 남도록 기존 항을 빠르게 바꾸려면 다양한 문제를 풀어본 경험이 있어야 합니다. 시험 문제는 무조건 적분할 수 있는 식이 나오니 경험을 많이 쌓으세요.

두 번째는 정적분일 때 x의 적분 범위를 t에 맞는 적분 범위로 바꿔야 한다는 것입니다. Point의 예에서 x의 적분 범위는 $0 \leq x \leq 1$입니다. 그럼 $t = x^2 + 1$로 바꾸면 $x^2 + 1$에 범위 0과 1을 넣어 계산한 값이 t의 적분 범위가 됩니다. 즉, $0^2 + 1 = 1$, $1^2 + 1 = 2$이므로 $1 \leq t \leq 2$로 바꿔야 합니다.

치환적분은 주의할 사항두 있고 계산도 복잡해서 학생들이 어려워하는 내용이지만 학생 이외의 독자는 그리 접할 일이 없습니다. 따라서 '합성함수의 미분을 반대로 사용한 적분 방법'으로만 기억해도 충분합니다.

Chapter 6   적분

 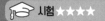
06 적분과 부피

학생이 아니면 직접 손으로 계산할 필요가 없습니다. 그래도 최소한 입체의 부피가 단면 넓이의 적분으로 계산한다는 것은 기억하세요.

입체도형의 부피는 수많은 판을 더하는 것과 같음

부피

입체도형을 x축에 수직인 평면으로 잘랐을 때 그 단면 넓이가 $S(x)$이면 입체의 부피는 다음 식으로 계산할 수 있음

$$V = \int_a^b S(x)dx$$

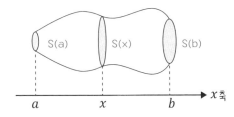

예) 원뿔의 부피

다음 그림처럼 직선 $y = ax$를 x축 주위로 회전시켜 원뿔의 부피를 계산함. 즉, 밑면의 반지름이 ah, 높이가 h인 원뿔임

$$V = \int_0^h S(x)dx = \int_0^h \pi a^2 x^2 dx$$

$$= \pi a^2 \int_0^h x^2 dx = \pi a^2 \left[\frac{1}{3}x^3 \right]_0^h$$

$$= \frac{1}{3}\pi a^2 h^3$$

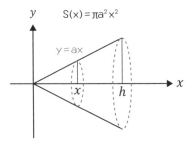

부피는 수많은 얇은 판으로 나눠서 계산한다

여기에서는 적분으로 부피를 계산하는 방법을 설명합니다. 이 장에서 처음 적분을 설명할 때 도형을 수많은 직사각형으로 나눠서 넓이를 계산하는 방법이라고 했습니다. 부피 계산 역시 같은 개념을 적용합니다. 다음 그림을 살펴봅니다.

높이 h

단면 넓이 S

부피 Sh

부피?

왼쪽 첫 번째 원기둥의 부피는 '밑넓이 × 높이'로 계산할 수 있습니다. 그러나 두 번째 원기둥은 높이가 같지만 밑넓이는 일정하지 않으므로 같은 공식을 이용해 부피를 계산할 수 없습니다.

이때 적분의 개념을 도입합니다. 먼저 두 번째 원기둥을 밑넓이가 같은 여러 개의 원기둥으로 나눕니다. 그럼 각 원기둥의 부피는 '밑넓이 × 높이'로 계산할 수 있습니다. 이런 원기둥 나누기를 극한의 개념을 이용해 아주 세밀하게 하면 입체의 진짜 부피를 알 수 있습니다.

즉, 입체의 단면 넓이를 높이에 대해 적분하면 부피를 계산할 수 있습니다. 여기서 적분은 '밑넓이 × 높이'의 '좀 더 어려운 곱셈'이라고 할 수 있습니다.

Point의 예에서는 원뿔의 부피를 계산했습니다. 중학교에서는 원뿔의 부피는 원기둥 부피의 $\frac{1}{3}$이라고 배웠을 텐데, 그 이유까지는 설명하지 않았을 것입니다. 이는 고등학교 수학의 적분으로 확인하는 부분이기 때문입니다.

07 곡선의 길이

적분으로 곡선의 길이를 계산하는 원리는 꼭 기억하세요. 단, 계산이 너무 복잡해서 시험에는 그리 자주 나오지 않습니다.

---

^{Point} 곡선의 길이는 짧은 직선의 합으로 계산함

$y = f(x)$의 그래프에서 $a \leq x \leq b$ 범위의 곡선 길이 L은 다음 식으로 계산함

$$L = \int_a^b \sqrt{1 + \{f'(x)\}^2}\, dx$$

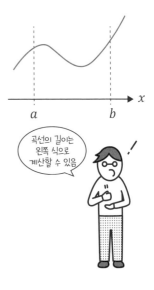

예) 함수 $y = f(x) = \dfrac{x^3}{3} + \dfrac{1}{4x}$의 범위가 $1 \leq x \leq 2$일 때 그 길이를 계산함

$f'(x) = x^2 - \dfrac{1}{4x^2}$이므로 곡선의 길이가 L이면,

$$L = \int_1^2 \sqrt{1 + \left(x^2 - \frac{1}{4x^2}\right)^2}\, dx$$

$$= \int_1^2 \sqrt{\left(x^2 + \frac{1}{4x^2}\right)^2}\, dx$$

$$= \int_1^2 \left(x^2 + \frac{1}{4x^2}\right) dx$$

$$= \left[\frac{x^3}{3} - \frac{1}{4x}\right]_1^2 = \frac{59}{24}$$

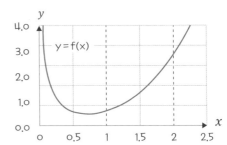

곡선의 길이는 왼쪽 식으로 계산할 수 있음

곡선의 길이는 아주 짧은 직선으로 나누어 합으로 계산한다

여기에서는 적분을 이용해 곡선의 길이를 계산하는 방법을 설명합니다.

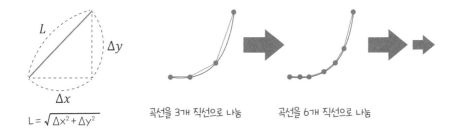

L = $\sqrt{\Delta x^2 + \Delta y^2}$

곡선을 3개 직선으로 나눔

곡선을 6개 직선으로 나눔

앞 그림의 가장 왼쪽에 있는 직선의 길이는 피타고라스의 정리를 응용한 $\sqrt{\Delta x^2 + \Delta y^2}$ 를 쉽게 계산할 수 있습니다.

하지만 곡선은 피타고라스의 공식을 이용할 수 없으므로 직선으로 분할합니다. 물론 특정 숫자로 나누면 오차가 생깁니다. 그러나 무한으로 나눠서 극한을 이용하면 곡선의 길이를 오차 없이 계산할 수 있습니다.

단, 곡선의 길이는 넓이나 부피와 달리 약간 까다로운 요소가 있습니다. 앞 그림에서 직선의 길이를 계산하는 적분식 $\sqrt{(dx)^2 + (dy)^2}$ 은 $\int f(x)dx$ 형식이 아니어서 계산할 수 없습니다. 따라서 다음 식으로 바꾼 후 $f(x)dx$ 또는 매개변수를 사용하는 $f(t)dt$ 형태로 적분합니다.

$$L = \int \sqrt{(dx)^2 + (dy)^2} = \int \sqrt{1 + \left(\frac{dy}{dx}\right)^2}\, dx \qquad (y = f(x) \text{ 형태})$$

$$L = \int \sqrt{(dx)^2 + (dy)^2} = \int \sqrt{\left(\frac{dx}{dt}\right)^2 + \left(\frac{dy}{dt}\right)^2}\, dt \qquad (\text{매개변수 사용})$$

이 장에서는 지금까지 적분으로 넓이, 부피, 길이를 계산하는 방법을 소개했습니다. 사실 입체도형을 계산할 수 있는 요소(사각형, 원기둥, 직선)로 나눈 후 해당 요소 합의 극한값을 계산하는 일반화된 방법이기도 합니다. 이 패턴을 확실히 익히면 적분을 이해했다고 말할 수 있습니다.

08 위치, 속도, 가속도의 관계

위치, 속도, 가속도는 미적분으로 연결되어 있습니다. 미적분학의 기본 응용 분야이므로 교양 독자도 알아 두면 좋습니다.

Point

'가속도란 무엇인가?'를 제대로 이해해야 함

수직선상의 위치(거리), 속도, 가속도의 관계

시간 t의 수직선상 점 P의 위치(거리)가 $x = f(t)$일 때,

- 시간이 t일 때 P의 속도 v는 $v = \dfrac{dx}{dt} = f'(t)$

- 시간이 t일 때 P의 가속도 a는 $a = \dfrac{dv}{dt} = \dfrac{d^2x}{dt^2} = f''(t)$

가속도 $\dfrac{dv}{dt} = \dfrac{d^2x}{dt^2} = f''(t)$

속도 $\dfrac{dx}{dt} = f'(t)$

$\xrightarrow{\hspace{3cm}} x$

0

위치 $x = f(t)$

예) 지구 중력권 안에서 어떤 물체를 떨어뜨리면 t초 후 낙하 속도는 실험 결과 $v = 9.8t(\text{m/s})$임. 이때 t초 후 가속도와 속도가 9.8m/s가 될 때까지 낙하 거리(위치)를 계산함

가속도 $a = \dfrac{dv}{dt} = (9.8t)' = 9.8\text{m/s}^2$

속도는 $v = 9.8t$이므로 속도가 9.8m/s가 될 때까지 걸리는 시간은 1초로, $\dfrac{dx}{dt} = v$이므로 v를 0초에서 1초의 범위로 적분하면 낙하 거리는 다음과 같음

낙하 거리 $x = \displaystyle\int_0^1 9.8t\,dt = [4.9t^2]_0^1 = 4.9\text{m}$

BUSINESS 뉴턴의 운동 방정식

운동하는 물체의 속도, 거리, 시간의 관계는 '(거리) = (속도) × (시간)'입니다.

적분은 여러 번 말하지만 '조금 어려운 곱셈'이므로 속도가 시간에 따라 변해도 거리를 계산할 수 있습니다. 즉, 다음 그림처럼 속도와 시간의 함수를 $v(t)$라고 하면 $v(t)$를 시간으로 적분해 거리를 계산할 수 있습니다.

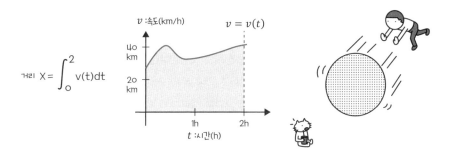

즉, $v = v(t)$와 t축으로 둘러싸인 영역의 넓이가 거리라고 할 수 있습니다. 이때 적분은 미분의 반대 연산이므로, 어떤 시간 t에서 거리 함수가 $x = f(t)$이면 $v(t) = f'(t)$입니다.

여기서 $v = f'(t)$를 t에 대해 미분한 $a = f''(t)$를 생각해 봅시다. 이 a는 단위 시간당 속도가 얼마나 증가하거나 감소하는지를 나타내는 양이며 가속도라고 합니다. 가속도는 중요한 성질이 있습니다. 물체에 주는 힘과 가속도가 비례한다는 것입니다. 힘이 $F(t)$(시간에 따라 힘이 변할 수 있다고 가정해서 시간을 나타내는 함수로 정의함), 물체의 무게가 m이면 $F(t) = ma$, $F(t) = m\dfrac{d^2x}{dt^2}$라고 나타낼 수 있습니다. 이것이 바로 뉴턴의 운동 방정식입니다.

이러한 운동 방정식을 이용하면 힘 함수 $F(t)$를 한 번 적분해서 속도, 두 번 적분해서 거리를 알 수 있습니다. 즉, 운동하는 물체의 변화 정보를 얻습니다.

운동 방정식은 별처럼 거대한 물체부터 조약돌처럼 작은 물체까지 세상의 온갖 운동을 계산하는 기초가 되어 우리 삶이 편리하도록 뒷받침하고 있습니다.

Column

미적분학을 정립한 뉴턴과 라이프니츠

과학 발전의 역사에서는 같은 시기에 같은 개념이 따로 발견될 때가 종종 있습니다. 5장과 6장에서 다룬 미적분도 발견 시기를 둘러싸고 치열한 다툼이 있었습니다. 뉴턴(영국인)과 라이프니츠(독일인) 중 누가 먼저 미적분을 발견했는지를 두고, 영국과 독일의 학회를 중심으로 논쟁이 벌어졌습니다.

지금은 두 사람이 독자적으로 미적분학을 발견했다고 인정하고 있습니다. 먼저 미적분을 발견한 사람은 뉴턴, 먼저 논문을 발표한 사람은 라이프니츠라고 합니다.

전화의 발명도 그렇습니다. 그레이엄 벨은 전화를 발명한 사람으로 알려졌는데, 그가 전화 특허를 출원한 지 불과 2시간 후에 일라이 셔 그레이라는 사람도 특허를 출원하려고 했습니다. 또한, 토머스 에디슨도 같은 시기에 전화를 개발하고 있었다고 합니다. 이처럼 과학의 발전은 시대적 배경에 따른 연관성이 있는 것입니다.

미적분으로 다시 돌아가 보죠. 현재 우리가 배우는 수학은 라이프니츠가 '발명'한 것에 가깝습니다. 예를 들어 $\frac{dy}{dx}$와 $\int$ 등의 수학 기호는 대부분 라이프니츠가 고안했습니다. 그리고 매우 사용하기 쉬워서 세상에 널리 퍼졌습니다.

라이프니츠는 기호에 관심을 두고 깊이 연구했습니다. 어쩌면 실용적인 측면보다 단순히 '아름다움'을 추구했는지도 모릅니다. 그러나 결과적으로는 미적분학이 발전하게 되었습니다.

어쩌면 수학의 아름다움은 사실 누구나 이해할 수 있는 것이 아닐지도 모릅니다. 그러나 아름다움을 추구한 덕택에 인류 발전에 도움을 주고 있는 미적분이 완성되었다는 사실은 흥미롭습니다.

Chapter

07

고급 미적분

Introduction

고등학생도 알아 두면 좋은 장점이 있다

이 장의 내용은 고등학교 교육 과정이 아니지만 미적분을 응용하는 데 중요한 미분방정식, 다변수함수와 그 미적분, 선적분(line integral) 등을 소개합니다. 고등학교 수학 과정을 제대로 이해했다면 이 개념들도 어렵지 않게 이해할 것입니다.

고급 미적분학을 배우면 미적분학에 대한 기본 이해도가 높아지는 효과가 있습니다. 그러니 고등학생도 너무 두려워하지 말고 도전해 보기 바랍니다. 수학을 업무에 활용하는 독자에게도 이 장의 내용은 꼭 필요합니다. 단, 수학 전공 수업만큼 자세히 설명하지는 않으니 이 내용을 제대로 공부하려는 사람은 다른 자료를 참고하세요.

미분방정식은 함수가 '해'다

조금 과장하면 세상은 미분방정식에 따라 움직입니다. 유명한 미분방정식으로는 작은 조약돌부터 아주 큰 행성의 운동을 모두 설명하는 운동 방정식, 전기장과 자기장의 원리로 전자 공학의 기반이 되는 맥스웰 방정식 등이 있습니다. 보통 수학으로 세상의 어떤 현상을 설명할 때 핵심 역할을 하는 것이 미분방정식입니다. 현대 과학 기술의 근간이기도 합니다.

미분방정식에서 가장 먼저 이해할 개념은 함수(식)를 만드는 방정식이라는 점입니다. 지금까지 배운 방정식은 $2x + 1 = 3$ 같은 어떤 식을 만족하는 숫자를 계산하는 것이었는데, 미분방정식을 계산한 결과는 숫자가 아니라 함수입니다. 바로 이 함수가 다양한 지식을 줍니다.

참고로 **6장**에서 소개한 물체의 속도와 가속도를 계산하는 방법이 미분방정식과 깊은 연관이 있습니다. 운동 방정식을 풀면 $x = f(x)$라는 시간과 위치를 나타내는 함수를 얻습니다. 그리고 이를 미분해 속도와 가속도 등 물체의 운동에 관한 정보를 얻는 것입니다.

다변수함수 다루기

지금까지 $y = f(x)$ 같은 변수가 하나인 함수를 다뤘습니다. 그러나 실생활에서 변수가 하나인 함수로 어떤 현상을 설명하기란 불가능에 가깝습니다. **6장 08**의 운동 방정식도 수직선상의 운동을 다뤘는데, 실생활은 삼차원이므로 변수가 최소 3개는 필요합니다.

이 장에서는 변수가 여러 개인 함수 $y = f(x, y, z, \cdots\cdots)$의 미적분을 설명합니다. 변수가 여러 개여서 계산이 복잡해지므로 계산 자체는 컴퓨터에 맡길 때가 많습니다. 하지만 기본 개념은 꼭 이해하길 바랍니다.

🍎 교양 독자가 알아 둘 점

미분방정식은 계산 결과가 '식(함수)'인 방정식임을 기억하세요. 예를 들어 운동 방정식, 맥스웰 방정식 등 물리 방정식이 있습니다. 또한 금융 상품의 가격 결정에 사용하는 블랙-숄즈(Black-Scholes) 방정식 등 미분방정식의 응용 분야는 넓습니다.

③⁺¹ 업무에 활용하는 독자가 알아 둘 점

미분방정식을 손으로 직접 계산할 상황은 많지 않겠지만, 계산 방법을 익히면서 수학과 연관된 직관력을 기를 수 있습니다. 그리고 다변수함수를 다루는 방법도 확실히 이해하세요.

🎓 수험생이 알아 둘 점

고등학교 교육 과정에서 다루지 않는 내용이긴 하지만, 미분방정식, 편미분(partial differential), 중적분(multiple integral), 선적분 등은 고등학교 수학의 미적분을 이해했으면 큰 어려움 없이 살펴볼 수 있습니다. 미적분을 좀 더 명확하게 이해하고 싶다면 공부해 보길 권합니다.

01 미분방정식

최소한의 교양을 갖춘다는 마음가짐으로 미분방정식이 무엇인지 살펴봅니다. 실용 독자는 기본적인 풀이 방법만 알아 두어도 괜찮습니다.

미분방정식의 해는 숫자가 아닌 함수임

미지함수(unknown function)*의 도함수를 포함하는 함수 형태의 방정식을 '미분방정식'이라고 함

예) 미분방정식 $\dfrac{dx}{dt} = x$의 해는 $x = Ce^t$(C는 적분상수임)

미분방정식은 함수가 '해'인 방정식

미분방정식(differential equation)은 용어부터 어려울 것 같은 느낌을 주며, 수학을 싫어하는 사람은 이름만 들어도 고개를 절레절레 흔들 것입니다. 하지만 그런 사람도 최소한 알아 두었으면 하는 것이 있습니다. **미분방정식은 식(함수)을 해로 삼는 방정식**이라는 점입니다.

예를 들어 일차방정식과 이차방정식은 미지수를 x로 두고 x값을 계산하는 방정식이었습니다. 한편 미분방정식은 "함수 $f(x)$를 미분하면 해당 함수의 2배인 $2f(x)$입니다. $f(x)$는 어떤 함수인가요?" 같이 함수인 해를 계산하는 문제입니다.

그럼 미분방정식이 왜 그렇게 중요할까요? 실생활과 관련된 물리 법칙 대부분을 미분방정식으로 나타내기 때문입니다. 운동하는 물체의 상태를 설명하는 운동 방정식, 전기와 자기의 동작을 설명하는 맥스웰 방정식(Maxwell's equation), 유체(액체, 기체, 플라스마)의 흐름을 설명하는 나비어–스토크스 방정식(Navier–Stokes equation) 모두 미분방정식입니다. 다음 식은 맥스웰 방정식을 설명합니다.

---

* 옮긴이: 미분방정식으로 해를 계산하려는 대상 함수를 뜻합니다.

$$\nabla \cdot \boldsymbol{B}(t,x) = 0 \qquad\qquad \nabla \cdot \boldsymbol{D}(t,x) = \rho(t,x)$$

$$\nabla \times \boldsymbol{E}(t,x) + \frac{\partial \boldsymbol{B}(t,x)}{\partial t} = 0 \qquad \nabla \times \boldsymbol{H}(t,x) - \frac{\partial \boldsymbol{D}(t,x)}{\partial t} = j(t,x)$$

맥스웰 방정식(4개의 미분방정식)

미분방정식 풀기

사실 엄밀한 의미에서 미분방정식을 풀기란 매우 어렵습니다. 여기서 소개하는 예제는 아주 간단한 문제이거나 쉽게 풀도록 식의 형태를 바꾼 것뿐입니다.

그럼 실생활에 활용하는 미분방정식은 어떤 방법으로 풀까요? 보통 두 가지 방법이 있습니다. 첫 번째는 수치적(numerical)으로 푸는 것입니다. 이는 엄밀한 식이 아니라 수치 기반으로 근삿값을 계산하는 수치해석학 관점의 접근입니다(자세한 내용은 **8장**에서 소개합니다). 두 번째는 현상을 잘 단순화해 풀 수 있는 미분방정식으로 표현하는 것입니다.

이 방법들을 염두에 두고 수학적 직관을 기르는 의미에서 간단한 미분방정식을 풀어 보면 좋습니다. 여기에서는 변수분리라는 가장 기초적인 방법을 소개합니다.

문제 $\dfrac{dy}{dx} = 2y$라는 미분방정식을 풀어 보세요.

좌변에 y항, 우변에 x항을 모으면(변수분리) $\dfrac{1}{2y}dy = dx$고,

양변을 적분하면 $\displaystyle\int \frac{1}{2y}dy = \int dx \rightarrow \frac{1}{2}\log_e |y| = x + C$가 됩니다.

앞 식에서 자연로그를 e의 지수 형태로 바꾸면 $|y| = e^{2x + 2c} \rightarrow y = \pm e^{2c}e^{2x}$고,

적분상수를 $C' = +e^{2c}$라고 하면 계산하려는 해는 $y = C'e^{2x}$입니다.

간단한 미분방정식은 이런 과정으로 풉니다. 여기에서 미분방정식 $\dfrac{dy}{dx} = y$의 해에는 미분해도 바뀌지 않는 함수인 e^x가 있습니다. 실제로 미분방정식을 풀다 보면 e^x 같은 e의 지수함수를 자주 볼 수 있습니다.

① 운동 방정식

운동 방정식 $F = m\dfrac{d^2x}{dt^2}$를 사용해 물체에 일정한 힘을 주었을 때 물체가 어떻게 운동하는지 살펴봅니다.

$m(\text{kg})$

$F(\text{N})$

오른쪽 그림은 무게가 $m$kg인 자동차에 F(N)(N은 '뉴턴'이라고 하며 1N은 약 0.1kg의 무게의 힘에 해당함)의 힘을 주는 상황입니다. 그럼 t초 후 상태가 어떤지 확인합니다. 참고로 힘 F는 항상 일정(시간에 영향을 받지 않음)하다고 가정합니다.

이 미분방정식은 다음 과정을 거쳐 풀 수 있습니다.

$\dfrac{d^2x}{dt^2} = \dfrac{F}{m}$의 양변을 t에 대해 적분하면 $\dfrac{dx}{dt} = \dfrac{F}{m}t + C_1$입니다.

6장에서 위치를 시간으로 미분한 $\dfrac{dx}{dt}$로 속도를 나타낸다고 했으므로 이 물체의 t초 후 속도는 $\dfrac{F}{m}t + C_1$(m/s)입니다.

다음으로 이 식을 다시 t에 대해 적분해서 위치를 계산합니다.

$\dfrac{dx}{dt} = \dfrac{F}{m}t + C_1$의 양변을 t에 대해 적분하면 $x(t) = \dfrac{F}{2m}t^2 + C_1 t + C_2$입니다. 이 함수가 물체의 위치를 나타냅니다.

그런데 앞 식에는 적분상수 C_1, C_2가 있습니다. 적분상수는 수학 문제를 풀 때 '덤' 같은 존재로 느껴지기도 합니다. 그러나 앞 식에서는 깊은 의미가 있습니다. C_1은 $t = 0$일 때의 속도, C_2는 $t = 0$일 때의 위치를 나타내기 때문입니다. 이를 초기 조건이라고 하며 해를 확정하는 데 필요합니다.

단, 미분방정식을 풀어도 현재 운동 상태를 알지 못하면 미래를 예측할 수 없다는 사실은 꼭 기억하세요.

② 방사성 원소의 붕괴

방사성 물질에 관해 이야기하다 보면 초기 양의 절반이 되는 데 걸리는 시간인 '반감기'라는 용어를 자주 사용합니다. 이 반감기를 수학적으로 살펴보겠습니다.

방사성 원소의 붕괴는 확률적으로 이루어지며, 붕괴하는 양은 전체 질량에 비례합니다. 그래서 시간 t(년)일 때 방사성 물질 질량을 $N(t)$라고 하면, 상수 λ를 추가한 다음 식이 성립됩니다.

$$\frac{dN(t)}{dt} = -\lambda N(t)$$

이 미분방정식을 풀면 다음 식을 얻습니다. 이때 적분상수 C를 $t = 0$일 때의 방사성 물질의 질량인 N_0으로 바꿉니다.

$$N(t) = Ce^{-\lambda t} = N_0 e^{-\lambda t}$$

예를 들어 탄소의 방사성 원소인 ^{14}C가 붕괴하면 ^{14}N가 됩니다. 이 붕괴가 일어나는 반감기는 5,730년입니다. 이때 $\frac{N(5730)}{N_0} = \frac{1}{2}$이므로 $\lambda = \frac{\ln 2}{5730} \fallingdotseq 1.21 \times 10^{-4}$입니다.

이 식을 그래프로 나타내면 다음과 같습니다.

방사성 원소의 양이 5,730년마다 절반이 되는 걸 알 수 있음

방사싱 원소의 붕괴(T = 5,730년)

처음 $t = 0$일 때 N_0이었던 것이 5,730년마다 반으로 줄어듭니다. 이 변화는 과학적으로 아주 정확해서 동식물의 화석이 몇 년 전의 것인지 추정하는 데 사용됩니다.

02 라플라스 변환

라플라스 변환은 미분방정식을 푸는 방법입니다. 전자 회로 설계나 제어 공학에 종사하는 사람 이외에는 가볍게 살펴보세요.

라플라스 변환은 보통 변환표를 사용함

함수 $f(x)$에 대해 다음 식으로 정의한 함수 $F(s)$를 $f(t)$의 '라플라스 변환'이라고 함

$$F(s) = \int_0^\infty f(t)e^{-st}dt$$

또한, 함수 $F(s)$에서 원래 함수 $f(t)$를 계산하는 것을 '라플라스 역변환'이라고 하며, 다음 식으로 정의함

$$f(t) = \lim_{p \to \infty} \frac{1}{2\pi i} \int_{c-ip}^{c+ip} F(s)e^{st}ds$$

라플라스 변환으로 미분방정식을 쉽게 풀 수 있다

라플라스 변환과 역변환의 정의는 Point에서 소개한 식처럼 복잡한 적분을 포함하며 이 책에서도 꽤 어려운 내용에 해당합니다. 하지만 미분방정식을 푸는 방법으로 널리 사용되며 기계적인 계산을 할 수 있어 매우 유용하므로 여기에 소개합니다.

라플라스 변환은 미분방정식을 오른쪽 표와 같은 변환표를 사용해 식을 바꿉니다. 핵심은 미분과 적분입니다. 복잡한 미적분 계산을 단순히 s를 곱하거나 나누는 대수(algebra) 계산으로 바꾸는 것입니다. 그래서 라플라스 변환을 사용하면 미분방정식을 쉽게 풀 수 있는 것입니다.

라플라스 변환 전	라플라스 변환 후
$f(t)$	$F(s)$
$a(t > 0)$	$\dfrac{a}{s}$
$\dfrac{dx(t)}{dt}$	$sX(s) - x(0)$
$\displaystyle\int_0^t x(u)du$	$\dfrac{1}{s}X(s)$
e^{-at}	$\dfrac{1}{s+a}$

라플라스 변환으로 미분방정식을 푸는 방법을 소개
합니다.

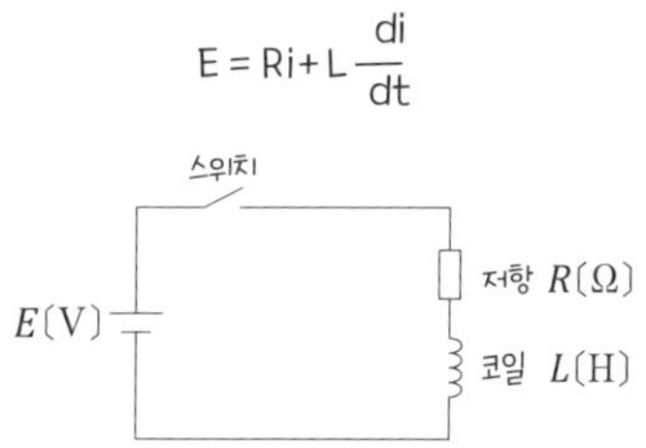

$$E = Ri + L\frac{di}{dt}$$

오른쪽 그림처럼 저항과 코일이 직렬로 연결된 회
로가 있습니다. 이 회로의 방정식은 미분방정식에
서 그림 위에 있는 식처럼 나타냅니다. 이를 풀 때
라플라스 변환을 사용합니다.

변환표에 따라 미분방정식을 라플라스 변환하면 다음과 같은 식이 됩니다. 도함수가 없
는 그냥 문자식이므로 쉽게 $I(s)$를 계산할 수 있습니다.

$$E = Ri + L\frac{di}{dt} \quad \xrightarrow{\text{라플라스 변환}} \quad \frac{E}{s} = RI(s) + LsI(s) \quad \xrightarrow{\text{계산}} \quad I(s) = \frac{E}{s(sL+R)}$$

그리고 $I(s)$를 변환표에 따라 역변환하면 원하는 시간 영역의 함수 $i(t)$를 계산할 수 있습
니다.

$$I(s) = \frac{E}{s(sL+R)} \quad \xrightarrow{\text{라플라스 역변환}} \quad i(t) = \frac{E}{R}\left(1 - e^{-\frac{R}{L}t}\right)$$

간단한 회로의 예지만, 소자 개수가 많아져 식이 복잡해지면 라플라스 변환의 장점이 커
집니다.

라플라스 변환으로 미분방정식을 푸는 것은 로그로 계산할 때와 비슷합니다. 로그는 복잡
한 곱셈과 나눗셈을 포함한 계산을 상용로그표를 이용해 로그로 바꿔서 덧셈과 뺄셈으로
계산합니다. 그리고 다시 상용로그표로 다시 실제 숫자로 바꿉니다. 라플라스 변환 역시
복잡한 미적분을 포함한 방정식을 s의 곱셈과 나눗셈으로 바꿔서 계산한 후 리플라스 역
변환을 이용해 원하는 함수로 복원합니다.

03 편미분과 다변수함수

실생활의 수학에서는 다변수함수가 자주 나오므로 꼭 알아야 합니다. 교양 독자도 '∂'이 편미분을 나타내는 기호라는 사실을 기억하세요.

Point

편미분은 특정 변수 이외에는 상수로 다뤄서 미분함

다변수함수 $z = f(x, y)$에서 특정 변수 이외에는 모두 상수로 다뤄서 미분하는 것을 '편미분'이라고 함. 편미분은 다음처럼 나타냄

x에 대한 편미분은 $\dfrac{\partial z}{\partial x}$, y에 대한 편미분은 $\dfrac{\partial z}{\partial y}$

예) $z = f(x, y) = x^2 + 3xy + 4y^2$의 x와 y에 대해

$$\frac{\partial z}{\partial x} = 2x + 3y, \quad \frac{\partial z}{\partial y} = 3x + 8y$$

전미분

다변수함수 $z = f(x, y)$에서 전미분은 다음 식과 같이 나타냄

$$dz = \frac{\partial z}{\partial x} dx + \frac{\partial z}{\partial y} dy$$

다변수함수의 미분은 편미분

지금까지 $y = f(x)$ 등 일변수함수만 다뤘습니다. 그러나 수학을 실생활에 적용할 때는 변수가 많이 필요할 때가 있습니다. 여기에서는 이러한 다변수함수의 미분 방법을 설명합니다.

다변수함수의 미분에 필요한 것이 편미분(partial differential)입니다. 지금까지 미분 기호는 $\dfrac{dy}{dx}$처럼 'd'를 사용했습니다. 편미분은 $\dfrac{\partial z}{\partial x}$ 같이 '∂'를 사용합니다.

편미분을 하는 방법 자체는 간단합니다. 특정 변수 이외에는 상수로 다뤄서 미분하면 되기 때문입니다. 변수 1개의 미분 방법을 알고 있으면, Point의 예를 보면 바로 이해할 수 있습니다.

한편 다변수함수의 미분에는 편미분뿐만 아니라 전미분(total differential)이라는 개념도 있습니다. 편미분이 특정 변수 1개를 기준으로 미분하는 것이라면, 전미분은 어떤 범위 안에서의 함숫값 변화를 뜻하는 증분 dz를 변수 각각의 증분인 dx와 dy로 나타냅니다.

실제로 다변수함수의 전미분을 다루는 경우는 적으므로 먼저 편미분을 정확히 이해하세요. '∂' 기호가 나오면 '편미분'한다고 알면 됩니다. 그리고 Point에서는 변수 2개의 편미분과 전미분 예를 소개했는데 변수 3개 혹은 그 이상도 개념은 같습니다.

BUSINESS 다변수함수의 최댓값과 최솟값 문제

편미분을 가장 많이 활용하는 상황은 함수의 최솟값과 최댓값을 계산하는 문제입니다. 여기에서 그 과정을 소개합니다.

문제 함수 $z = x^2 + 2y^2 + 2xy - 4x - 6y + 7$의 **최솟값을 계산하세요.**

z를 x와 y에 대해 편미분 하면 $\dfrac{\partial z}{\partial x} = 2x + 2y - 4$와 $\dfrac{\partial z}{\partial y} = 4y + 2x - 6$입니다.

여기에서 $\dfrac{\partial z}{\partial x} = \dfrac{\partial z}{\partial y} = 0$일 때는 $x = 1$, $y = 1$일 때입니다.

따라서 z는 $x = 1$, $y = 1$일 때 최솟값이 2입니다.

이때 편미분계수가 0이어도 반드시 최솟값이라는 보장은 없습니다(필요조건이지만 충분조건은 아님). 정말 해당 함수의 최솟값인지는 확인해야 합니다. 하지만 실생활의 문제에서 편미분을 사용할 때는 최솟값과 최댓값의 후보를 찾는 것만으로도 충분히 유용합니다.

 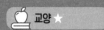
04 라그랑주의 곱셈자방법

어떤 조건에서 다변수함수의 최댓값과 최솟값을 계산하는 방법입니다. 범용성이 높아 큰 도움이 됩니다. 통계 분석에 필요한 기술이기도 합니다.

Point 결과가 정말 최댓값·최솟값인지 확인하는 방법임

x, y가 조건이 되는 함수 $g(x, y)$를 만족할 때, $z = f(x, y)$가 최대, 최소인 x, y에는 다음 식이 성립함

$F(x, y, \lambda) = f(x, y) - \lambda g(x, y)$일 때 $\dfrac{\partial F}{\partial x} = \dfrac{\partial F}{\partial y} = \dfrac{\partial F}{\partial \lambda} = 0$

예) 조건 $x^2 + y^2 = 4$가 함수를 만족할 때 $f(x, y) = 4xy$의 최댓값을 계산함

앞 식에서 $g(x, y) = x^2 + y^2 - 4$이면 $F(x, y, \lambda) = 4xy - \lambda(x^2 + y^2 - 4)$

$\dfrac{\partial F}{\partial x} = 4y - 2\lambda x = 0$ ······ ①

$\dfrac{\partial F}{\partial y} = 4x - 2\lambda y = 0$ ······ ②

$\dfrac{\partial F}{\partial \lambda} = x^2 + y^2 - 4 = 0$ ······ ③

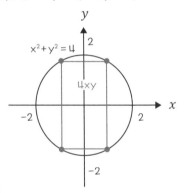

①, ②에서 $\lambda = 2$, $x = y$를 ③에 대입하면 $x = y = \sqrt{2}$이며, $x = y = \sqrt{2}$를 $f(x, y)$에 대입해 계산하면 최댓값은 8임

라그랑주의 곱셈자방법은 '왜'를 생각하지 않아도 된다

라그랑주의 곱셈자방법은 쉽고 유용합니다. 계산 방법도 극값을 계산하려는 함수에 조건이 되는 식을 λ배해서 더해 함수 F를 만든 후 각각을 미분해서 얻는 식을 만족하는 x, y를 계산하는 것뿐입니다. 그런데도 자주 외면받는 이유는 '왜' 극값을 계산해야 하는지를 모르기 때문이라고 생각합니다. 특히 갑자기 나온 'λ'가 무엇을 뜻하는지 직관적으로 이해하기 어려울 것입니다.

그런데 수학을 '활용'하는 입장에서 원리를 모른다고 편리한 방법을 사용하지 않을 이유가 전혀 없습니다. 원리를 이해하는 것은 쉬운 일이 아니므로 유용하다면 일단 계산에 익숙해지는 것을 우선하기 바랍니다.

라그랑주의 곱셈자방법은 변수가 3개 이상이거나 조건이 되는 식이 2개 이상 있더라도 사용할 수 있는 범용성 높은 방법입니다. 단, 이 방법으로 계산한 결과는 최댓값과 최솟값 후보일 뿐, 최댓값·최솟값임을 보장하지 않는다는 점에 주의합니다. 계산한 결과가 극값의 후보임이 확실하면 이를 확인하면 되므로 큰 문제는 아니며, 이 방법의 유용성에는 변함이 없습니다.

BUSINESS 통계 분석의 최댓값과 최솟값

최댓값과 최솟값을 계산하는 문제는 모든 과학 분야에 나오므로 라그랑주의 곱셈자방법은 광범위하게 사용됩니다.

특히 통계 분석은 보통 변수가 많아서 라그랑주의 곱셈자방법은 큰 도움이 됩니다. 예를 들어 최소제곱법(least square method)과 주성분분석(principal component analysis), 요인분석(factorial experiment) 등의 다변량 분석에 사용되므로 빅데이터 분석을 배우고 싶은 사람은 꼭 알아 둡니다.

05 중적분

다변수함수의 적분 방법입니다. 변수가 1개인 함수의 적분을 알면 쉽게 이해할 수 있습니다.

!Point 변수를 고정해 적분을 2회 반복함

다변수함수 $z = f(x, y)$에서 xy 평면 안 영역 G에 대한 z값의 적분을 다음과 같이 나타내고 G 위의 $f(x, y)$에 대한 '중적분'(multiple integral)이라고 함

$$\iint_G f(x, y)dxdy$$

영역 G의 범위는 $a \leq x \leq b$이고 $c \leq y \leq d$임

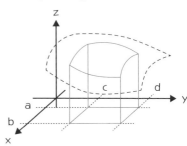

예) 다음 중적분을 계산함

$$\iint_G (2y^2 - xy)dxdy$$

영역 G의 범위는 $1 \leq x \leq 3$이고 $1 \leq y \leq 2$임

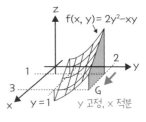

$$\int_1^2 \int_1^3 \{(2y^2 - xy)dx\}dy = \int_1^2 \left[2xy^2 - \frac{1}{2}x^2 y \right]_1^3 dy$$

$$= \int_1^2 \left\{ \left(6y^2 - \frac{9}{2}y \right) - \left(2y^2 - \frac{1}{2}y \right) \right\}dy$$

$$= \int_1^2 (4y^2 - 4y)dy$$

$$= \left[\frac{4}{3}y^3 - 2y^2 \right]_1^2 = \left(\frac{32}{3} - 8 \right) - \left(\frac{4}{3} - 2 \right) = \frac{10}{3}$$

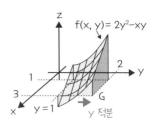

다변수함수의 적분은 중적분

다변수함수의 적분은 중적분입니다. 계산 방법 자체는 변수 1개의 적분을 알면 쉽게 이해할 수 있습니다. 예제처럼 $dxdy$와 x, y의 변수 2개로 적분하려면 먼저 변수 1개를 고정해서 적분합니다(예제에서는 y를 고정하고 x에 대해 적분했습니다). 그 후 다른 변수로 적분합니다.

중적분에서도 적분의 의미가 본질적으로 곱셈이라는 사실은 변하지 않습니다. 변수 x, y, z 모두가 길이를 나타내면 $\int ydx$는 '길이 × 길이'이므로 넓이를 나타냅니다. 그리고 $\iint zdxdy$는 '길이 × 길이 × 길이'이므로 부피를 나타냅니다.

이 절에서는 변수 2개일 때의 예를 소개했습니다. 변수 3개와 4개일 때도 같은 방식으로 계산하며, 계산은 복잡하지만 원리는 바뀌지 않습니다.

BUSINESS 밀도에서 무게를 계산한다

돌 같은 입체는 x, y, z의 삼차원으로 나타냅니다. 여기서 밀도 D가 x, y, z라는 변수를 사용하는 함수 $D(x, y, z)$라면 x, y, z에 대해 삼중적분을 한 값은 그 돌의 무게입니다. 밀도가 일정하면 단순히 곱셈하면 되지만, 돌 같은 입체는 밀도가 변하므로 적분을 사용해야 합니다.

유체역학에서는 밀도를 변수로 두고 적분해 무게를 계산합니다. 전자기학에서는 일정한 길이, 넓이, 부피에 있는 전하의 전체 양을 뜻하는 전하 밀도를 적분해 전하를 계산하는 등 중적분은 과학 기술의 기초를 이루는 방정식에 널리 이용됩니다.

06 선적분과 면적분

임의의 곡선이나 곡면에서도 적분을 할 수 있습니다. 특히 전자기학이나 유체역학 분야 등의 연구자나 기술자에게는 중요한 개념입니다.

Point

선적분은 적분 경로의 길이를 계산하는 것이 아님

선적분

함수 $f(x, y)$에서 다음과 같이 곡선 C를 적분하는 것을 '선적분'이라고 함(r은 곡선 C의 요소, $\Delta r \to 0$의 아주 작은 극한으로 dr가 됨)

$$\int_C (x, y)dr$$

특히 C'처럼 닫힌 경로(시작점과 끝점이 같음)는 다음과 같이 나타냄

$$\oint_{C'} f(x, y)dr$$

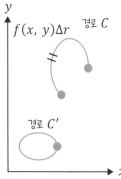

면적분

함수 $f(x, y, z)$에서 다음과 같이 곡면 D를 적분하는 것을 '면적분'이라고 함(S는 곡면 D의 요소, $\Delta S \to 0$의 아주 작은 극한으로 dS가 됨)

$$\int_D f(x, y, z)dS$$

이중적분 기호를 사용해 나타낼 수 있음

$$\iint_D f(x, y, z)dS$$

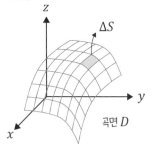

다변수함수는 적분 경로가 여러 개 있다

$z = f(x, y)$ 등 다변수함수는 다양한 영역에서 적분할 수 있습니다. 앞에서 소개한 중적분은 $a \leq x \leq b$나 $c \leq y \leq d$라는 영역, 즉 직사각형을 적분합니다. 이외에도 곡선을 적분하는 방법, 곡면을 적분하는 방법 등이 있으며 각각 선적분, 면적분이라고 합니다. 여기에서는 구체적인 계산 방법을 다루지는 않고 개념만 설명합니다.

Point에서 xy 평면 위의 경로 C를 적분하는 선적분을 나타냈습니다. 함수 $f(x, y)$와 경로 C 위에 아주 작게 나눈 선 요소 Δr를 곱한 합 $\Sigma f(x, y)\Delta r$에 $\Delta r \to 0$이라는 극한을 취하면 선적분입니다. 그림의 xy 평면은 변수 x와 y만 나타내며 $f(x, y)$ 값은 다른 축에 나타남을 기억하세요. 그리고 선적분은 시작점과 끝점이 같더라도 여러 경로를 생각할 수 있습니다. 보통 적분 값 각각이 다릅니다.

면적분은 Point에서 $f(x, y, z)$의 곡면 D를 적분하는 방법으로 나타냈습니다. 함수 $f(x, y, z)$와 곡면을 아주 작게 나눈 넓이 요소 ΔS를 곱한 합 $\Sigma f(x, y, z)\Delta S$에 $\Delta S \to 0$이라는 극한을 취하면 면적분입니다. 여기에서도 xyz라는 공간은 변수 x, y, z만 나타내며 함수 $f(x, y, z)$ 값은 다른 축(네 번째 축)에 나타남을 기억하세요.

🖥 BUSINESS 경로마다 필요한 에너지 계산

물리학에서는 힘에 거리를 곱한 값을 운동이라고 하며 물체에 준 에너지를 뜻합니다. 즉, xy 평면이 받는 힘이 $\vec{F}(x, y)$, 경로가 $\vec{r}$이면 경로 C_1과 C_2 각각에 필요한 에너지는 다음 식으로 나타냅니다(힘 $\vec{F}$와 경로 $\vec{r}$는 **11장**에서 소개하는 벡터함수입니다).

$$\int_{C_1} \vec{F}(x, y) \cdot d\vec{r}, \ \int_{C_2} \vec{F}(x, y) \cdot d\vec{r}$$

이 계산으로 여러 경로에 필요한 에너지를 알 수 있습니다.

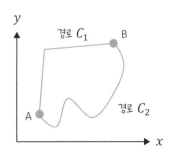

Column

엡실론-델타 논법

극한에서 $\lim_{x \to c} f(x) = L$은 'x가 한없이 c에 접근할 때 f(x)는 한없이 L에 접근한다'라고 설명했습니다. 그러나 이 설명이 어색하다고 느끼는 사람이 많을 것입니다. 보통 수학은 무언가를 정의할 때 누가 봐도 분명하다고 느끼도록 엄밀하게 정의합니다. 그런데 여기에서는 '한없이'라던가 '접근' 등 명확하지 않은 용어를 사용하기 때문입니다.

이러한 애매함은 수학 전문가가 가장 싫어하는 것으로, 대학교 이상의 수학에서는 극한을 명확하게 정의합니다. 그 방법이 여기에서 소개하는 엡실론-델타 논법입니다.

> ### 엡실론-델타 논법에 따른 극한의 정의
>
> $\lim_{x \to c} f(x) = L$가 있을 때 임의의 양의 실수 ε에 대응하는 어떤 양의 실수 δ가 있고, $0 < |x - c| < \delta$면 $|f(x) - L| < \varepsilon$이 성립합니다.

ε은 함수 f(x) 안 범위이며, δ는 x와 c의 사이에 있는 값입니다. 이때 δ값을 줄이면(즉, x와 c를 가깝게 만들면) f(x)는 L을 중심으로 둔 어떤 범위 ε을 넣을 수 있습니다. 그리고 ε을 얼마나 작게 하든 δ를 찾을 수 있습니다. 이해하기는 어렵습니다.

사실 실용 수학의 관점에서 그다지 도움이 되지 않고 극한의 '한없이 접근'한다는 개념으로 이해해도 문제는 없습니다. 그러나 수학자가 되고 싶은 사람에게는 이 개념이 아주 중요합니다.

Introduction

컴퓨터는 명령하지 않으면 아무것도 할 수 없다

보통 '컴퓨터는 매우 복잡한 계산을 해내는 만능 계산기다'라고 생각할 것입니다. 그러나 사실 컴퓨터(정확하게는 CPU) 혼자서는 어려운 계산을 해낼 수 없습니다. 컴퓨터는 덧셈, 뺄셈, 곱셈, 나눗셈 등 사칙연산만 할 수 있습니다. 얼마 전까지는 곱셈과 나눗셈도 할 수 없었습니다.

컴퓨터는 현실에서 사람이 하기 어려운 계산을 수행합니다. 예를 들어 복잡한 특수 함수를 계산하거나 미분방정식을 풉니다. 이는 프로그래머가 사칙연산만으로 복잡한 계산을 수행하는 프로그램을 작성할 수 있다는 뜻입니다.

이러한 프로그램은 계산 방법(알고리즘)에 따라 정밀도나 소요 시간이 크게 달라집니다. 흔히 "컴퓨터가 물리적으로 진화(하드웨어의 발전)해 이전까지 불가능했던 계산이 가능해졌다"라는 말을 합니다. 이는 물리적인 진화뿐만 아니라 계산 방법의 발전이기도 합니다. 이 계산 방법을 연구하는 수학 분야가 이 장의 주제인 수치해석입니다.

수치해석은 수학의 숨은 공로자와 같은 개념으로, 실생활에 적용된 사례는 눈에 잘 띄지 않습니다. 하지만 여러분은 이런 원리가 사회를 지탱한다는 점을 꼭 알아 두세요.

숫자를 다룰 때의 어려움

수학의 세계는 엄밀한 정의를 세워야 하고, 법칙은 100% 성립해야 하며, 예외가 있으면 안 됩니다. 이미 정해진 방법(논리적 추론과 식의 변형 등)으로 계산한 해를 해석적 해(analytic solution)라고 합니다. 한편 수치해석을 이용해 근사적으로 계산한 허용할 수 있는 수준의 오차를 갖는 근삿값을 수치적 해(numerical solution)라고 합니다.

6장에서 설명한 적분은 보통 해석적 해를 계산할 수 없으므로 수치적 해를 계산해야 합니다. 또한, 원래의 데이터가 측정 결과 등의 수치라면 수치 계산을 선택해야 합니다. 그런데 수치는 반드시 오차를 포함하므로 그 오차를 평가하는 것이 중요합니다. 보통 직감과 경험에 의지해 오차를 잘못 다뤄서 종종 예상치 못한 오류가 발생할 때가 많기 때문입니다. 이때 수치해석은 전문적인 수학 분야의 하나이며 오차를 제대로 평가해서 직감과 경험에 의지하는 오류를 줄입니다.

이 장에서는 기본적인 수치 계산 방법을 소개합니다. 단, 실제로 적용할 때는 세밀한 (그러나 중요한) 문제가 꽤 많이 생깁니다. 따라서 기본적인 방법에 여러 수정을 한 상태로 사용한다는 점에 주의하세요.

🍎 교양 독자가 알아 둘 점

이 장에서는 자세한 계산 방법을 배우지 않습니다. 계산 방법에도 깊은 고민이 있다는 점을 인식만 하면 충분합니다.

3+1 업무에 활용하는 독자가 알아 둘 점

여기에서 소개하는 방법은 아주 기초적인 내용이므로 용어 정도는 꼭 기억하세요. 여유가 있어 스프레드시트 등을 사용해 직접 계산해 보면 이해하는 데 도움이 될 것입니다.

세밀한 조건의 차이에 따라 계산 결과가 다를 수 있으므로 직접 컴퓨터 등으로 계산할 때는 상당한 주의를 기울여야 합니다.

🎓 수험생이 알아 둘 점

고등학생이라면 이 장의 내용은 굳이 알 필요가 없습니다. 대학교에 입학한 후 공부합시다. 단, 방과 후 활동 등으로 필요하다면 알아 두세요.

01 선형근사

함수 안 작은 구간을 직선으로 근사하는 방법입니다. 이해하기 쉽고 간단해서 여러 상황에 사용됩니다.

> **Point**
>
> ## 변화가 작은 함수는 접선으로 근사할 수 있음
>
> 함수 $f(x)$에서 $x \doteqdot a$이면 다음처럼 근사*할 수 있음
>
> $$f(x) \doteqdot f(a) + f'(a)(x-a)$$
>
> 예) $f(x) = x^2$을 $x = 2$에 가깝게 근사하면 $f(x) \doteqdot 4 + 4(x-2) = 4x - 4$
>
> $f(x) = \sin x$를 $x = 0$에 가깝게 근사하면 $f(x) \doteqdot \sin 0 + x\cos 0 = x$
>
> $f(x) = e^x$를 $x = 0$에 가깝게 근사하면 $f(x) \doteqdot e^0 + xe^0 = 1 + x$

함수를 접선으로 근사하기

예를 들어 어떤 식을 계산하는 상황에서 $\sqrt{4.01}$, $\sqrt{3.98}$, $\sqrt{4.02}$, $\sqrt{4}(=2)$ 같은 데이터가 많다고 가정해 봅시다. 비현실적인 설정이라고 생각할 수도 있지만 자주 생기는 상황입니다. 이때 계산을 가장 간단하게 만드는 방법은 '$\sqrt{4.01}$이 $\sqrt{4}$와 가까운 값이므로 2로 만드는 것'입니다.

그런데 좀 더 정확성을 높이는 방법으로 접선을 사용할 수 있습니다. 오른쪽 그림의 $x = a$가 $x = 4$에 가까운 범위라면 함숫값은 접선 값과 차이가 없다고 생각할 수 있습니다. 이 직선(접선)을 계산에 사용하면 오차는 있지만 거의 정확한 숫자를 얻습니다.

참고로 여기에서 말하는 '가까운'은 함수의 변화에 대한 상대적인 관점입니다. 그래서 이 값의 구체적인 범위를 나타낼 수 없습니다.

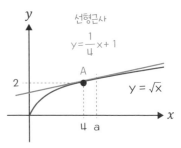

---

* 옮긴이: 숫자나 함수를 더 간단한 것으로 바꿔 쉽게 계산하는 방법입니다. 문제의 정답에 가까운 수치를 계산하는 방법을 뜻하기도 합니다.

과학 수업에서 진자의 등시성을 배웠는데 혹시 기억나나요? 이는 오른쪽 그림 같은 진자의 주기(A → C → B → C → A 순서로 같은 위치에 돌아올 때까지의 시간)가 추의 무게와 진동 각도(그림 θ)와 상관없이 항상 같다는 물리 법칙입니다.

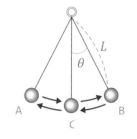

이 법칙을 도출하는 과정에서 이 절에서 설명하는 선형근사를 사용합니다. 진자의 운동 방정식은 줄의 길이를 L, 추의 무게를 M, 중력 가속도(중력 때문에 생기는 가속도)를 g라고 하면 다음 식과 같습니다(여기에서 θ의 단위는 라디안입니다).

$$ML\frac{d^2\theta}{dt^2} = -Mg\sin\theta$$

$\sin\theta$ ≒ θ의 근삿값을 사용하면 미분방정식을 풀 수 있음

여기서 θ가 작으면(너무 크게 흔들리지 않으면) 선형근사로 $\sin\theta$를 $\sin\theta$ ≒ θ로 근사할 수 있습니다($\sin\theta = \sin(0) + \theta\cos(0)$). 이후 과정은 단순한 계산이라서 자세한 설명은 하지 않지만, 이 미분방정식을 풀면 주기는 $2\pi\sqrt{\dfrac{L}{g}}$입니다. 즉, 주기는 줄의 길이 L과 중력 가속도 g만으로 결정됨을 알 수 있습니다.

단, 계산 과정에서 $\sin\theta$ ≒ θ이라는 근삿값을 사용했다는 사실을 기억하세요. 이 식은 θ값이 작아야 오차가 작습니다. 실제로 근사를 사용하지 않고 정확하게 주기를 계산하면 오른쪽 표와 같습니다(줄의 길이는 L = 1m로 설정했습니다).

θ값이 작으면 주기가 거의 일정하지만, 커지면 오차가 발생합니다.

θ값	주기
1°	2.006초
5°	2.007초
10°	2.010초
30°	2.041초
90°	2.368초

Chapter 8 수치해석

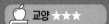 
02 테일러 급수와 매클로린 급수

함수 안 작은 구간을 직선으로 근사하는 방법입니다. 실생활의 여러 상황에서 사용되므로 꼭 이해하세요.

함수 $f(x)$는 x^n의 다항식으로 전개할 수 있음

테일러 급수

함수 $f(x)$를 다음 식처럼 $(x-a)^n$의 다항식으로 전개할 수 있음

$$f(x) = f(a) + f'(a)(x-a) + \frac{1}{2!}f''(a)(x-a)^2 + \frac{1}{3!}f'''(a)(x-a)^3 + \cdots\cdots$$

$$= \sum_{n=0}^{\infty} \frac{1}{n!}f^{(n)}(a)(x-a)^n$$

이때 $f^{(n)}(x) \rightarrow$ 함수 $f(x)$를 n번 미분한 것이며, $n! = 1 \times 2 \times \cdots \times n$임

매클로린 급수

테일러 급수에서 $a = 0$일 때($x = 0$으로 전개했을 때)를 '매클로린 급수'라고 함

$$f'(x) \fallingdotseq f(0) + \frac{f'(0)}{1!}x + \frac{f''(0)}{2!}x^2 + \frac{f'''(0)}{3!}x^3 + \frac{f''''(0)}{4!}x^4 + \cdots\cdots$$

$$= \sum_{n=0}^{\infty} \frac{f^{(n)}(0)}{n!}x^n$$

예) 몇 가지 함수를 매클로린 급수로 전개한 결과임

$$e^x = 1 + x + \frac{x^2}{2!} + \frac{x^3}{3!} + \frac{x^4}{4!} + \cdots\cdots$$

$$\log_e(1+x) = x - \frac{x^2}{2} + \frac{x^3}{3} - \frac{x^4}{4} + \frac{x^5}{5} - \cdots\cdots$$

$$\sin x = x - \frac{x^3}{3!} + \frac{x^5}{5!} - \frac{x^7}{7!} + \frac{x^9}{9!} - \cdots\cdots$$

$$\cos x = 1 - \frac{x^2}{2!} + \frac{x^4}{4!} - \frac{x^6}{6!} + \frac{x^8}{8!} - \cdots\cdots$$

함수를 x^n의 합으로 나타내는 매클로린 급수

테일러 급수(Taylor series)는 식이 어려워 보이지만 그 개념은 그리 어렵지 않습니다. 두 가지만 기억하면 됩니다.

첫 번째는 원래 함수를 $(x - a)^n$이라는 함수의 합으로 나타낸다는 것입니다. 그럼 사칙연산만으로 함숫값을 계산할 수 있습니다. 예를 들어 $e^{2.5}$라는 수치를 계산할 때 $(x - a)^n$의 합 형태로 바꾸면 계산기로 계산할 수 있습니다.

두 번째는 각 항의 분모에 팩토리얼($n! = 1 \times 2 \times \cdots \times n$)이 있다는 점입니다. 팩토리얼 (factorial)은 값이 매우 빠르게 커지므로, 고차항은 사실상 무시해도 괜찮습니다. 또한 $(x - a)^n$ 역시 $x - a$의 절댓값이 1 이하로 작으면 값이 급격히 작아집니다. 그래서 저차항을 이용하면 정밀도가 높게 근사할 수 있습니다. 참고로 앞에서 소개한 선형근사는 테일러 급수의 정수항과 일차항만 뽑은 것입니다.

매클로린 급수(Maclaurin series)는 테일러 급수에서 $a = 0$일 때를 의미합니다. e^x이나 $\sin x$는 $x^n - a$가 아닌 x^n의 합 형태로 나타낼 수 있는 예입니다. Point의 전개식을 함께 살펴보면 원리를 이해할 것입니다.

BUSINESS 계산기의 계산 과정

컴퓨터로 계산할 때는 테일러 급수나 매클로린 급수를 사용합니다. 컴퓨터는 사칙연산만 할 수 있으므로 삼각함수 등의 계산은 직접 할 수 없습니다. 그래서 테일러 급수와 매클로린 급수를 사용해 기존 함수를 전개한 후 계산합니다. 예를 들어 계산기에서 제곱근을 계산할 때 계산기는 테일러 급수와 매클로린 급수를 사용합니다.

단, 정밀도나 계산 속도 등 여러 문제가 있으므로 여기에서 소개한 방법을 그대로 적용할 수는 없습니다. 그래서 진문기기 어러 방법을 고민해서 개발한 빠르고 정확도가 높은 계산 알고리즘을 적용합니다.

 교양 ★   실용 ★★★   시험 ★

뉴턴-랩슨 방법

수치 계산을 이용해 방정식을 푸는 방법입니다. 접선을 사용해 대략적인 해를 계산하는 방법이라고 이해하면 됩니다.

> **Point**
>
> ## 방정식의 근삿값을 얻을 수 있지만 초깃값의 선택이 어려움
>
> 곡선 $y = f(x)$의 한 점 $P_0(x_0, f(x_0))$과 만나는 $y = f(x)$의 접선과 x축의 교점 $(x_1, 0)$이 있을 때, 다음 그림의 왼쪽과 같이 x_1는 x_0보다 방정식 $f(x) = 0$의 해에 가까움
>
> 또한, 그림의 오른쪽과 같이 점 $P_1(x_1, f(x_1))$과 만나는 $y = f(x)$의 접선과 x축의 교점 $(x_2, 0)$이 있을 때, x_2는 x_1보다 방정식 $f(x) = 0$의 해에 가까움
>
> 따라서 x_0, x_1, x_2, ……를 반복해서 대입하면 방정식 $f(x) = 0$의 근삿값을 계산할 수 있으며, 이를 뉴턴-랩슨 방법이라고 함
>
>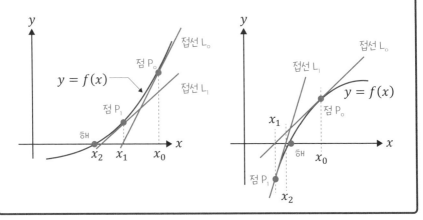

접선을 사용해 방정식을 푸는 방법

뉴턴-랩슨 방법(Newton-Raphson method)은 Point의 그림같이 반복적으로 접선과 x축의 교점을 계산해서 방정식의 해를 계산하는 방법입니다. 먼저 그래프를 보고 어떤 개념인지 대략적으로 이해하면 좋습니다. 수치적 해를 계산하는 데 필요한 작업 횟수가 비교적 적은 방법으로 알려져 있습니다.

단, 해가 여러 개 있을 때 초깃값 x_0을 어떻게 선택할지에 관한 문제가 있습니다. 다음 그림을 살펴보겠습니다.

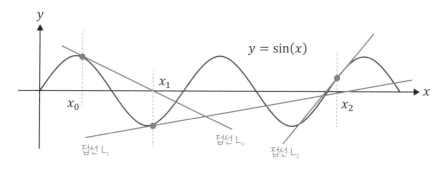

삼각함수 $\sin x$는 결국 하나의 해에 수렴하지만, 해를 찾는 초기 조건(x_0를 선택하는 방법)에 따라 해를 찾는 효율이 다릅니다. 따라서 해가 여러 개 있을 때는 초기 조건을 주의해서 살펴봐야 합니다. 또한, 이 책에서는 자세히 설명하지 않지만 뉴턴-랩슨 방법과 연관된 자료에는 해가 잘 수렴하는 조건 등이 제시되어 있으니 관심 있는 사람은 찾아보세요.

BUSINESS 컴퓨터가 방정식을 풀어 준다

뉴턴-랩슨 방법은 컴퓨터로 방정식을 풀 때 사용할 수 있습니다. 그러나 '초깃값 x_0를 어떻게 선택하는가?'라는 문제, 해가 여러 개일 때 대응 방법, 해가 수렴하지 않을 때(해가 일정한 값에 가깝지 않을 때) 대응 방법 등 실제 문제에 적용할 때는 여러 문제를 고려해야 합니다.

예를 들어 해가 수렴하지 않을 때만 해도 정말 그 방정식의 해가 없는지, 초깃값이 적절했는지 등 고려할 점이 많습니다. 실제로 범용적인 알고리즘을 만들 때는 뉴턴-랩슨 방법부터 고려해야 할 점까지 모두 해결하게끔 고안해야 합니다. 높은 수준의 전문 지식과 경험이 필요한 일이므로 어려운 작업인 셈입니다.

04 수치미분

수치미분은 어떤 두 점에서 함숫값의 차이를 뜻하는 차분을 계산하는 것입니다. 하지만 실제로 활용할 때는 주의할 점과 깊이 생각할 부분이 많습니다.

Point

미분은 아주 작은 범위의 변화율로 나타낼 수 있음

함수 $y = f(x)$가 $x = a$에서 미분가능할 때 다음 방법으로 수치미분을 할 수 있음

전향차분(forward difference) ($x = a$와 $x = a + h$의 차분임)

$$f'(a) = \frac{f(a+h) - f(a)}{h}$$

후진차분(backward difference) ($x = a$와 $x = a - h$의 차분임)

$$f'(a) = \frac{f(a) - f(a-h)}{h}$$

유심차분(centered difference)

($x = a$와 주위의 점 n개(다음 식에서는 2개)를 사용한 차분임)

$$f'(a) = \frac{f(a+h) - f(a-h)}{2h}$$

수치 계산에서 미분은 차분과 같음

보통 미분은 어떤 점의 기울기를 계산하는 것이므로 특정 범위의 평균 변화율을 계산해 해당 범위가 0에 가까워지는 극한입니다.

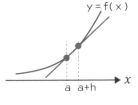

그런데 수치 계산에서 미분은 극한과 관계없이 변화율을 정해서 계산하므로 더 간단합니다. 즉, 작은 범위의 평균 변화율을 그대로 미분계수로 정합니다. 평균 변화율을 계산할 뿐이므로 정확한 의미의 미분이 아니라고 생각하는 사람도 있습니다. 사실 맞는 말입니다. 그러나 수치 계산에서는 이러한 계산을 보통 미분이라고 합니다.

BUSINESS 자전거의 가속 데이터 미분하기

실제 데이터를 다룰 때는 수치 데이터가 이산(이어지지 않음)적이라는 점과 데이터는 오차를 포함한다는 점에 주의해야 합니다. 이를 기억하면서 수치미분을 사용하는 사례를 알아보겠습니다.

자전거가 가속할 때 시간 및 거리 데이터에서 속도를 계산해 보겠습니다. 여기에서 거리 x는 시간 함수(0.02초 간격) $x = t^2$에 사용하며, 데이터에 의도적으로 1.5%의 오차를 포함시켰습니다. 다음 그림과 같습니다.

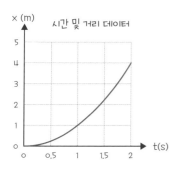

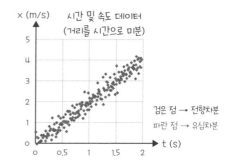

왼쪽 그림을 보면 t와 x의 관계는 $x = t^2$로 변합니다. 오차의 영향은 없습니다. 한편 미분하면 $\dfrac{dx}{dt} = 2t$인데 전향차분으로 미분하면 데이터가 크게 흩어져 정밀도가 낮아짐을 알 수 있습니다(검은색 점). 즉, **미분 값은 데이터의 오차에 쉽게 영향을 받으므로 주의해야 합니다.**

다음으로 유심차분을 살펴봅니다(파란색 점). Point의 식을 참고하면 유심차분은 h를 2배로 늘린 것인데 오차가 값들의 평균 범위에 맞춰져 전향차분(검은색 점)보다 데이터가 덜 흩어져 있습니다. 데이터가 크게 흩어졌을 때는 점 5개나 7개를 사용하는 유심차분을 적용(h가 더 커짐)하는 방법도 있습니다. 단, 값들의 평균 범위 안에서 함숫값이 크게 변하면 계산의 정확성을 믿을 수 없다는 점에 주의해야 합니다. 수치미분은 이렇게 민감한 계산입니다.

참고로 수식을 미분할 때 h는 작을수록 좋습니다. 하지만 앞 예처럼 실제 데이터에는 오차가 있으므로 꼭 좋다고 할 수는 없습니다.

 교양 ★★  실용 ★★★★ 시험 ★

수치적분

곡선의 면적을 사다리꼴의 합으로 계산하는 방법과 포물선을 사용해 계산하는 방법이 있으니 알아 두세요.

Point

직사각형이나 곡선 대신 사다리꼴이나 포물선으로 기준을 바꿔 적분하면 정확도가 높아짐

함수 $y = f(x)$의 a에서 b까지 적분한 값 $S = \int_a^b f(x)dx$는 영역을 나누는 수를 n(심프슨의 공식은 범위 안을 4개의 영역(점 3개가 필요)으로 나누므로 $2n$이라는 함숫값이 필요함)으로 설정해서 다음 방법으로 수치 계산함

직사각형 적분법

$$\frac{b-a}{n}\{f(x_0) + f(x_1) + \cdots + f(x_{n-1})\}$$

사다리꼴 공식

$$\frac{b-a}{2n}\{f(x_0) + 2(f(x_1) + f(x_2) + \cdots + f(x_{n-1})) + f(x_n)\}$$

심프슨의 공식(포물선으로 근사함)

$$\frac{b-a}{6n}\{f(x_0) + 4(f(x_1) + f(x_3) + \cdots + f(x_{2n-1})) + \cdots\cdots$$
$$+ 2(f(x_2) + f(x_4) + \cdots + f(x_{2n-2})) + f(x_{2n})\}$$

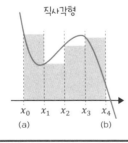

직사각형

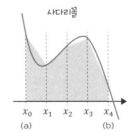

사다리꼴

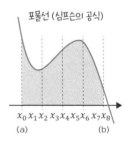

포물선 (심프슨의 공식)

어떤 기준으로 넓이를 계산하나요?

수치적분은 넓이를 계산하려고 특정 영역으로 나누고 다시 더하는 것입니다. 이때 어떤 모양으로 나눌지에 따라 세 가지 방법이 있습니다(Point의 그림 참고).

첫 번째는 직사각형으로 나누는 방법입니다. 적분의 정의 부분에서 소개한 방법과 같습니다. 두 번째는 사다리꼴로 나누는 방법입니다. 사다리꼴의 넓이 공식인 '(밑변 + 윗변) × 높이 ÷ 2)'를 각 영역에 적용한 후 모두 더합니다. 세 번째는 포물선으로 나누는 방법입니다. 심프슨의 공식이라고도 합니다. x_0, x_1, x_2(x_1은 중간 점)라는 점을 지나는 포물선과 x축으로 둘러싸인 도형의 넓이를 계산하는 것입니다. 이때 $h = x_1 - x_2 = x_2 - x_3$이므로 $\dfrac{h}{3}\{f(x_0) + 4f(x_1) + f(x_2)\}$이라는 식으로 넓이를 계산합니다. 곡선 형태의 그래프에서는 직사각형이나 사다리꼴 형태의 영역의 합을 계산하는 것보다 더 정확한 넓이를 알 수 있습니다.

BUSINESS 지수함수의 적분 계산

다음 표는 이 절에서 설명한 방법으로 지수함수 $y = e^x$를 $x = 0$에서 2까지 적분한 결과입니다. 나누는 수는 $n = 4$(0.5 단위)와 $n = 8$(0.25 단위)로 설정한 후 공식에 적용했습니다 (심프슨의 공식은 점 3개를 사용해야 하므로 나누는 수를 $n = 2$, $n = 4$로 설정합니다).

근삿값과 오차: 참값* 6.38906
(수치는 소수점 여섯째 자리 숫자를 반올림해 다섯 번째 자리까지 나타냄)

	직사각형 적분법	사다리꼴 공식	심프슨의 공식
나누는 수 $n = 4$	8.11887 오차: +27.0%	6.52161 오차: +2.1%	6.39121 오차: +0.034%
나누는 수 $n = 8$	7.22093 오차: +13.0%	6.42230 오차: +0.52%	6.38919 오차: +0.002%

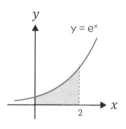

나누는 수를 늘리면 오차가 작아지며, 심프슨의 공식은 곡선을 근사해서 정확도가 아주 높음(오차가 아주 작음)을 알 수 있습니다. 실생활 문제에 적용할 때는 앞 표 정도의 오차가 있음을 확인한 후 필요한 정확도를 얻도록 나누는 수를 설정해 적분합니다.

---

* 옮긴이: 나이, 개수, 번호처럼 양을 측정한 실제 값을 뜻합니다.

06 미분방정식의 수치적 해

미분방정식의 해를 계산하는 가장 기초적인 방법입니다. 정밀함이 필요한 상황에서는 사용하지 않지만, 과정이 간단해서 학습에 적합합니다.

Point

계산 과정이 간단하지만 오차가 쌓이면 정확도가 높지 않음

미분방정식 $\dfrac{dy}{dx} = f(x, y)$의 수치적 해를 계산할 때 차분을 h로 설정하면 $x_{n+1} - x_n = h$, y_n을 다음처럼 계산하는 방법을 '오일러 방법'이라고 함

$$y_1 = y_0 + hf(x_0, y_0)$$
$$y_2 = y_1 + hf(x_1, y_1)$$
$$y_{n+1} = y_n + hf(x_n, y_n)$$

예) $\dfrac{dy}{dx} = x + y$를 오일러 방법으로 계산함(초기 조건을 $x = 0$일 때 $y = 1$로 함)

해가 $y(x)$이면 초기 조건은 $y(0) = 1$임

$f(x, y) = x + y$, $h = 0.2$일 때, 오일러 방법을 적용하면 결과는 다음과 같음

$$y_0 = y(0) = 1$$
$$y_1 = y(0.2) = y_0 + h \times f(x_0, y_0) = 1 + 0.2(0 + 1) = 1.2$$
$$y_2 = y(0.4) = y_1 + h \times f(x_1, y_1) = 1.2 + 0.2(0.2 + 1.2) = 1.48$$
$$y_3 = y(0.6) = y_2 + h \times f(x_2, y_2) = 1.48 + 0.2(0.4 + 1.48) = 1.856$$
$$y_4 = y(0.8) = y_3 + h \times f(x_3, y_3) = 1.856 + 0.2(0.6 + 1.856) = 2.3472$$
$$y_5 = y(1.0) = y_4 + h \times f(x_4, y_4) = 2.3472 + 0.2(0.8 + 2.3472) = 2.97664$$

오일러 방법은 곡선을 접선으로 근사하는 것

오일러 방법은 미분방정식의 가장 기본적인 수치적 해 계산법입니다. 수식은 복잡할 수도 있지만, 개념은 매우 간단합니다. 한마디로 설명하면 함수의 증분을 접선으로 근사하는 방법입니다. 다음 그림을 살펴보겠습니다.

그림 왼쪽에서는 $y = y(x)$라는 곡선을 미분방정식의 해로 삼습니다. 여기서 $y = y(x)$ 위의

점 (x_n, y_n)를 지나는 접선의 기울기는 미분방정식에서 얻습니다. 즉, $\dfrac{dy}{dx} = f(x, y)$의 기울기는 $f(x_n, y_n)$입니다. 여기에 h를 곱한 값이 y의 증분입니다. 그림 오른쪽은 x_n와 x_{n+1}이라는 범위를 접선으로 근사해 차례로 함숫값을 계산한 결과입니다.

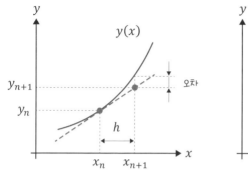
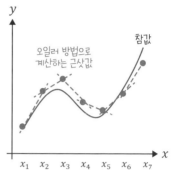

단, 접선으로 근사하면 오차가 생깁니다. 그런데 그림에서 보듯 오차를 포함한 상태로 다음 범위에서 계산이 이어지므로 오차가 쌓이게 됩니다. 따라서 컴퓨터로 미분방정식을 실제로 풀 때는 이를 개선한 방법(룽게–쿠타 방법* 등)이 주로 사용됩니다.

BUSINESS 이중 진자의 운동

물리학의 진자 문제는 시험에 자주 나오며, 운동 그 자체는 비교적 쉽게 분석할 수 있습니다. 그러나 다음 그림처럼 이중 진자(진자 2개가 연결된 것)의 운동은 분석하기가 어렵습니다.

이중 진자의 운동 방정식은 수식 형태로는 풀 수 없어서 수치해석에 의지해 풀어야 합니다. 그리고 미분방정식의 수치적 해의 계산 방법이 연구되면서 이중 진자의 운동 방정식을 풀 수 있게 되었습니다. 그리고 이 연구 과정에서 '카오스'**라는 복잡한 현상이 발견되어 새로운 물리학 세계가 펼쳐지고 있습니다.

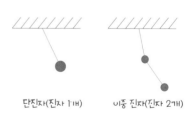

단진자(진자 1개)　　　이중 진자(진자 2개)

Column

컴퓨터는 2진수로 계산한다

"컴퓨터는 0과 1만 이해한다"라는 이야기를 들어본 적이 있나요? 컴퓨터 연산의 기반이 되는 반도체는 높은 전압을 1, 낮은 전압을 0으로 설정해 두 숫자의 조합으로 모든 계산을 수행합니다. 그래서 컴퓨터의 연산은 2진수(binary) 연산입니다.

2진수는 다음 표처럼 0과 1만으로 모든 수를 나타내는 진법입니다.

10진수	0	1	2	3	4	5	6	7	8	9	10
2진수	0	1	10	11	100	101	110	111	1000	1001	1010

평소에 컴퓨터가 2진수로 계산한다는 사실을 생각하는 사람은 거의 없을 것입니다. 그러나 엑셀을 자주 사용하는 사람이면 2진수 계산을 확인할 수 있습니다.

오른쪽 아래의 표는 엑셀에서 10부터 시작해 0.1씩 뺐을 때와 12.5부터 시작해 0.125씩 뺐을 때의 계산 결과입니다. 10에서 0.1씩 뺐을 때는 0이어야 할 값을 $1.88E-14(10^{-14})$라는 매우 작은 숫자로 나타냅니다. 한편 0.125씩 뺐을 때는 깔끔하게 0으로 나타냅니다.

$0.125(2^{-3})$는 2진수 '0.001'로 나타내면 쉽습니다. 하지만 0.1은 2진수로 나타내면 순환소수(recurring decimal)입니다. 이 때문에 계산하면서 반올림할 때마다 오차가 생기고 쌓이므로 계산 결과가 정확히 0이 되지 않습니다.

컴퓨터는 이렇게 간단한 엑셀의 계산도 2진수로 한다는 사실을 확인할 수 있습니다.

0.1씩 감소	0.125씩 감소
10.0	12.5
9.9	12.375
9.8	12.25
9.7	12.125
0.5	0.625
0.4	0.5
0.3	0.375
0.2	0.25
0.1	0.125
188E-14	0

Chapter

09

수열

Introduction

수열은 연속적인 숫자가 아닌 것을 뜻하는 이산의 개념을 배우는 것

"수열이란 무엇인가?"라고 묻는다면 대답은 간단합니다. 1, 4, 5, 3, 2, …… 같은 숫자의 나열 모두가 바로 수열입니다. 보통 수열이라고 하면 시험에서 '1, 2, 6, □, 31, 56, ……' 중 □에 들어갈 숫자를 계산하는 문제를 떠올리는 사람이 많을 것입니다. 하지만 어떤 규칙이 없더라도 숫자가 나열된 형태면 그 모두가 수열입니다.

"왜 수열을 배우는가?"라는 질문은 이산수학을 배우려는 것이라고 답할 수 있습니다. 지금까지 배운 수학의 숫자 개념에는 연속해서 이어진다는 전제가 있었습니다. 이 책에서는 자세하게 설명하지 않았지만, 함수 $f(x) = x^2$은 '연속'입니다. 이때 '연속'이란 $f(x)$ 위의 모든 점(모든 실수)이 매끄럽게 연결되어 있다는 뜻입니다. 또한 $f(x)$가 연속이어야 미분과 적분이 가능합니다.

하지만 이산수학에서는 함수 $f(x) = x^2$은 수열입니다. 즉, $a_n = 1, 4, 9, 16, 25, 36,$ ……, n^2 같은 숫자의 나열입니다. 이때 1과 4는 비연속이며 그 사이에 다른 숫자는 존재하지 않습니다. 그리고 미분은 주변 항과의 차이며, 적분은 여러 항의 합입니다.

뭔가 이상한가요? 그런데 실생활에서는 이산이라는 개념이 오히려 일반적입니다. 예를 들어 과학 수업 시간에 측정해서 수집한 온도 데이터는 특정 시간의 온도이므로 이산 데이터입니다. 또한, 컴퓨터는 이산 데이터만 다룰 수 있습니다. 사실 수학에서 말하는 연속이라는 이상적인 세계야말로 특이한 것이며, 오히려 이산적인 세계가 일반적인 상황입니다.

고등학교 수학의 수열은 퍼즐 맞추기 같은 느낌이 있습니다. 이 느낌과 함께 수열은 이산수학을 배우는 시작점이라는 의미도 함께 알아 두기 바랍니다. 공부에 필요한 동기 부여가 될 것입니다.

수열에서는 합이 중요하다

이산에서 수열의 합은 함수의 적분에 해당하는 값이므로 중요합니다. 그래서 수열을 배울 때는 합의 공식, 즉 수열의 항을 더하는 공식이 자주 나옵니다.

실제로 무한수열(infinite sequence)을 사용하면 무한소수(infinite decimal)를 무한 수열의 합 형태로 나타낼 수 있습니다. 예를 들어 $0.33333333\cdots\cdots = \dfrac{1}{3}$임을 엄밀한 수학적 정의로 나타낼 수 있습니다. 또한, 무리수도 수열의 합으로 나타낼 수 있습니다. 그중 원주율 π와 자연로그의 밑 e를 수열의 합으로 나타내는 식이 특히 유명합니다.

수열의 합을 다룰 때는 $\sum$(시그마)라는 기호를 사용합니다. 이 기호는 이미 앞 장에서 나왔는데, 계속해서 자주 나오니 사용하는 방법에 익숙해지세요.

🍎 교양 독자가 알아 둘 점

자세한 공식은 기억하지 않더라도 등차수열과 등비수열 등 기본적인 수열의 뜻을 이해하세요. 또한 '$\sum$'라는 기호가 자주 나오므로 이 기호의 사용법에 익숙해지세요.

🔢 업무에 활용하는 독자가 알아 둘 점

고등학교 수학에서 배우는 수열을 직접 다룰 일은 별로 없습니다. 그러나 실용 수학의 관점에서 수열은 이산수학의 기초이므로 매우 중요합니다. 이 책에서 설명하는 내용 정도는 이해하세요.

🎓 수험생이 알아 둘 점

시험에 자주 나옵니다. 공식을 확실히 기억해서 빠르게 문제를 풀 수 있도록 연습하세요.

01 등차수열

등차수열은 간단한 수열 중 하나입니다. 수열에 빠르게 익숙해지는 데 큰 도움을 주므로 알아 둡니다.

Point 등차수열의 합을 계산할 때는 첫째항과 끝항에 주목해야 함

2, 4, 6, 8, 10, ……과 5, 10, 15, 20, 25, ……처럼 숫자를 일렬로 나열한 것을 수열이라고 함. 그리고 수열에 있는 숫자 하나를 '항'이라고 하며, 첫 번째 항을 보통 첫째항, n번째 항을 일반항 또는 n항, 수식으로는 a_n이라고 함

이 절의 제목인 등차수열은 수열에서 이웃하는 두 항의 차이가 항상 일정한 수열이며, 이때 이웃하는 두 항의 차이 값을 '공차'라고 함

등차수열 a_n은 첫째항이 a_1, 공차가 d일 때 $a_n = a_1 + (n-1)d$로 나타내며 첫째항부터 n항까지의 합 S_n은 $S_n = \dfrac{n}{2}\{2a + (n-1)d\}$로 나타냄

예) 등차수열 3, 6, 9, 12, 15, ……는

일반항은 $a_n = 3 + 3(n-1) = 3n$

첫째항부터 10항($a_{10} = 30$)까지의 합은 $\dfrac{10}{2} \times (2 \times 3 + 9 \times 3) = 165$

이웃하는 두 항의 차이가 일정한 등차수열

등차수열(arithmetic sequence)은 간단한 수열 중 하나입니다. 2, 4, 6, 8, ……이나 31, 27, 23, 19, ……처럼 일정 수만큼 증가(감소)하는 수열을 등차수열이라고 합니다.

수열에서 중요한 수열의 합은 예를 들어 생각하면 이해하기 쉽습니다. 1에서 10까지의 자연수는 첫째항이 1, 공차가 1인 수열입니다. 이때 10항까지의 합은 다음 식과 같이 첫째항(1)과 10항(10), 2항(2)과 9항(9), ……의 합은 11로 모두 같습니다. 따라서 수열의 합은 11 × 5 = 55라고 계산할 수 있습니다.

1, 2, 3, 4, 5, 6, 7, 8, 9, 10 → (1 + 10), (2 + 9), (3 + 8), (4 + 7), (5 + 6)

이러한 개념을 일반화하면 수열의 합은 (첫째항 + 끝항)에 (항 수 ÷ 2)를 곱한 값입니다. 그럼 수열의 합은 다음 식과 같이 일반화할 수 있습니다.

$$수열의 \ 합 = (첫째항 + 끝항) \times \frac{항 \ 수}{2}$$

즉, $S_n = \dfrac{n}{2}(a_1 + a_n) = \dfrac{n}{2}\{2a_1 + (n-1)d\}$ 입니다.

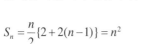

벽돌 개수에 따라 몇 단의 피라미드를 만들 수 있을까?

등차수열을 실제 계산에 사용하는 예를 살펴보겠습니다. 다음 그림과 같이 벽돌을 쌓아 피라미드를 만든다고 생각해 봅시다. 100개의 벽돌이 있으면 몇 단을 쌓을 수 있을까요?

n단의 벽돌 개수는 첫째항이 1, 공차가 2인 등차수열 이므로 식은 $a_n = 1 + 2(n-1) = 2n - 1$입니다. 그럼 n항까지의 합 S_n은 다음 식과 같습니다.

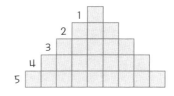

$$S_n = \frac{n}{2}\{2 + 2(n-1)\} = n^2$$

$n^2 \leq 100$일 때 정수 n의 최댓값은 10($n^2 = 100$)입니다. 따라서 100개의 벽돌이 있으면 10단의 피라미드를 만들 수 있습니다.

참고로 수열 1, 3, 5, ……, $2n - 1$의 합은 n^2이므로 완전제곱수(어떤 자연수의 제곱이 되는 정수)를 만들 수 있습니다.

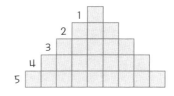

02 등비수열

등비수열은 특정 숫자에 일정한 수를 계속 곱해서 만들어지는 수열입니다. 금리 계산 같이 돈을 계산할 때 사용하는 경우가 많습니다.

Point

등비수열의 합을 계산할 때는 공비에 주목해야 함

첫째항 a에 특정 숫자 r을 차례로 곱해서 계산하는 수열을 '등비수열'이라고 함 $a_1 = a$, $a_2 = ar$, $a_3 = ar^2$, $a_4 = ar^3$, …… 이때 r을 '공비'라고 하며, 일반항(n항)은 ar^{n-1}임

등비수열의 첫째항에서 n항까지의 합 S_n은 다음 식으로 나타냄($b \geq 2$)

$$S_n = \frac{a(1-r^n)}{1-r}$$

예) 수열 1, 2, 4, 8, 16, 32, ……는 첫째항 1, 공비 2인 등비수열이며, 일반항은 $a_n = 2^{n-1}$임

첫째항에서 n항까지의 합 S_n은 앞 공식에 대입하면 $S_n = 2^n - 1$임

등비수열의 합을 계산하는 사고방식

2, 4, 8, 16, ……과 같이 이웃하는 두 항의 비가 일정한 수열을 등비수열(geometric sequence)이라고 합니다.

등비수열의 합은 다음 식을 살펴보면 이해하기 쉽습니다.

$$
\begin{array}{l}
S = a + ar + ar^2 + ar^3 + \cdots \cdots + ar^{n-2} + ar^{n-1} \\
-)\ rS = \quad\quad ar + ar^2 + ar^3 + ar^4 + \cdots + ar^{n-2} + ar^{n-1} + ar^n \\
\hline
(1-r)S = a \quad\quad\quad\quad\quad\quad\quad\quad\quad\quad\quad\quad\quad\quad - ar^n
\end{array}
$$

첫째항이 a, 공비가 r일 때 합 S는 $S = a + ar + ar^2 + ar^3 + $……입니다. 여기에 r를 곱하면 rS이고, S에서 rS를 빼면 사이에 있는 항이 모두 사라져 a와 ar^n항만 남습니다. 이 식을 좌변에 S만 남도록 정리하면 Point에서 소개한 등비수열의 합을 계산하는 식을 얻습니다.

사고가 일어나 보상액을 산정할 때 일실이익이라는 개념을 사용합니다. 이는 사고가 발생하지 않았을 때 얻을 수 있다고 추정하는 이익을 뜻합니다.

예를 들어 정년까지 앞으로 10년이 남았고 연봉 5,000만 원을 받는 사람이 있다고 합시다. 이 사람이 사고로 정년까지 일할 수 없는 상황이라고 하면 10년 동안의 일실이익은 5,000만 원 × 10년 = 5억 원입니다.

그런데 5억 원을 바로 받아 10년 동안 금융 상품에 가입하면 이자가 붙어 실제로 5억 원보다 높은 가치를 지닙니다. 따라서 사고 등으로 일실이익을 보상할 때는 금융 상품 등을 운용해서 올린 이익을 포함해 10년 후 5억 원이 될 것으로 예상하는 보상액을 지급합니다. 따라서 보상액은 보통 5억 원보다 적습니다.

이러한 계산에 라이프니츠 계수를 사용합니다. 라이프니츠 계수 L은 수익률이 i(연리)일 때 다음 식을 이용해 계산합니다.

$$L = \frac{1}{(1+i)} + \frac{1}{(1+i)^2} + \frac{1}{(1+i)^3} + \cdots\cdots + \frac{1}{(1+i)^n}$$

이 식은 첫째항이 $\frac{1}{(1+i)}$, 공비가 $\frac{1}{(1+i)}$인 등비수열의 n항까지의 합입니다.

그럼 등비수열의 합 공식을 이용해 다음 식으로 바꿀 수 있습니다.

$$L = \frac{1 - \left(\frac{1}{1+i}\right)^n}{i}$$

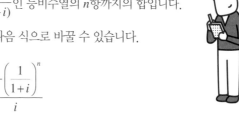

이 식에 연리 i를 0.05(5%), 기간 n을 10(년)으로 설정해 대입하면 $L = 7.7217$입니다. 이를 연봉 5,000만 원인 사람에 적용하면 라이프니츠 계수 7.7217을 곱한 3억 8,610만 원이 실제 보상액이 됩니다.

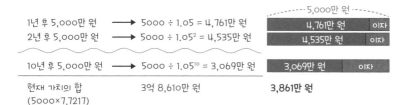

1년 후 5,000만 원 ➡ 5000 ÷ 1.05 = 4,761만 원
2년 후 5,000만 원 ➡ 5000 ÷ 1.05² = 4,535만 원

10년 후 5,000만 원 ➡ 5000 ÷ 1.05¹⁰ = 3,069만 원

현재 가치의 합   3억 8,610만 원
(5000×7.7217)

5,000만 원
4,761만 원 이자
4,535만 원 이자
3,069만 원 이자
3,861만 원

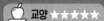

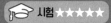
03 시그마 사용하기

'시그마(∑)'는 어떤 수치를 더한 결과(합)를 뜻합니다. 수열에서는 모든 항을 더하는 경우를 나타낼 때 사용합니다. 교양 독자도 대략적인 뜻을 알고 있다고 그냥 넘어가지 말고 제대로 이해하세요.

Point

수열의 합을 나타내는 변숫값(n)과 시그마의 변숫값(k)은 다름

수열 a_n의 합을 $\displaystyle\sum_{k=1}^{n} a_k$로 나타냄. 즉, $\displaystyle\sum_{k=1}^{n} a_k = a_1 + a_2 + a_3 + \cdots a_n$

예) $a_n = 2n - 1$이면, $\displaystyle\sum_{k=3}^{5} a_k = 5 + 7 + 9 = 21$

자연수의 합 $\displaystyle\sum_{k=1}^{n} k = 1 + 2 + 3 + \cdots\cdots + n = \dfrac{n(n+1)}{2}$

제곱수의 합 $\displaystyle\sum_{k=1}^{n} k^2 = 1 + 2^2 + 3^2 + \cdots\cdots + n^2 = \dfrac{n(n+1)(2n+1)}{6}$

세제곱수의 합 $\displaystyle\sum_{k=1}^{n} k^3 = 1 + 2^3 + 3^3 + \cdots\cdots + n^3 = \left\{\dfrac{n(n+1)}{2}\right\}^2$

수열의 곱을 나타낼 때는 파이(∏) 사용 $\displaystyle\prod_{k=1}^{n} a_k = a_1 a_2 a_3 a_4 \cdots\cdots a_n$

시그마는 어렵지 않다

수학책을 읽다 보면 ∑라는 기호가 정말 자주 등장합니다. 이 기호가 생소하거나 제대로 이해하지 못했다면 이 책을 읽으면서 어렵다고 느낄 것입니다. 이 절을 읽으면서 여러분도 시그마에 익숙해지면 좋겠습니다. 만약 자세하게 이해하지 못하더라도 ∑라는 기호를 봤을 때 "무언가의 합을 계산하는구나"라고 생각할 수 있다면 충분합니다.

오른쪽 그림은 ∑ 기호의 사용법을 설명합니다. ∑ 기호 아래에 있는 $k = 1$은 더하기를 시작하는 숫자입니다. 그리고 n은 더하기를 끝내는 숫자입니다. 만약 수열 a_n이라면 끝항에 해당하는 숫자와 같습니다. 따라서 시그마 기호 다음에는 수열 a_n의 합을 나타낸다는 뜻으로 n을 변수 k로 바꿔서 나타냅니다. a_k가 아닌 a_n이라고 쓰면 안 되니 주의하세요.

보통 시그마 식은 $k = 1$에서 n까지 더한다고 표기할 때가 많습니다. 물론 $k = 2$에서 시작해 $n - 1$까지 더한다든지 $n + 1$까지 더하는 경우도 있는데, 이는 별도의 수학적 의미가 있

$$\sum_{k=1}^{n} a_k = a_1 + a_2 + a_3 + \cdots + a_n$$

n까지의 합

k부터 더하는 수열의 합을 나타내려고 a_k 라고 함

k는 1부터 더하기 시작함

습니다. 따라서 더하는 범위는 항상 주의해서 살펴보기 바랍니다.

시그마와 비슷한 용도로 사용하는 파이(Π)(π의 대문자)라는 기호가 있습니다. 이는 수열 a_n의 곱셈을 나타냅니다. 통계 분야에서 자주 나오므로 기억해 두세요.

BUSINESS 시그마를 사용하는 다른 방법

시그마는 이 절에서 설명한 방법 이외로도 사용할 수 있습니다. 다른 형태의 식을 보고 놀라지 않도록 미리 소개합니다.

$$\sum_{i=1}^{n} \sum_{j=1}^{n} a_{ij} \qquad \sum_{i,j}^{n} a_{ij} \qquad \sum_{i,j} a_{ij} \qquad \sum a_{ij} \qquad \sum_{1 \leqq i < j \leqq n} a_{ij}$$

이중합   시그마 하나에   마지막 범위   모든 범위   더하는 조건을
               나타냄   생략   생략   나타냄

이중합(double sum)은 두 변수의 합을 뜻합니다. 이 식에서는 a_{ij}의 i와 j 각각을 n까지 더하므로 a_{11}에서 a_{nn}까지의 합입니다. 이중합은 Σ 기호 하나만 사용해서 정리하기도 합니다. 범위가 명확하면 마지막을 뜻하는 n을 생략하거나 Σ 아래에 부등호로 조건을 나타내기도 합니다.

범위는 보통 어떤 합을 나타내는지 명확하다면 생략할 수 있습니다. 이때는 그냥 "합을 계산하는구나"정도로 이해해도 괜찮습니다. 그러나 실제로 식을 계산할 때는 무엇을 더하는지 신중하게 확인하세요.

 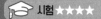
04 점화식

수학 모델을 만들 때는 점화식을 자주 사용하므로 실용 독자는 확실하게 이해합니다.

이해하기 어려우면 n에 구체적인 숫자를 넣으면 됨

$a_{n+1} = 2a_n + 4$나 $a_{n+2} = 2a_{n+1} + a_n$과 같이 가까운 몇 개 항의 수열 사이에 성립하는 관계식을 점화식이라고 함

- 등차수열의 점화식 $a_{n+1} = a_n + d$, 일반항: $a_n = a_1 + (n-1)d$
- 등비수열의 점화식 $a_{n+1} = ra_n$, 일반항: $a_n = a_1 r^{n-1}$
- 계차수열의 점화식 $a_{n+1} - a_n = b_n$, 일반항: $a_n = a_1 + \displaystyle\sum_{k=1}^{n-1} b_k$

예) $a_1 = 0$, $a_{n+1} = a_n + n$의 일반항을 계산함

　주어진 점화식을 변형하면 $a_{n+1} - a_n = n$이므로

$$a_n = a_1 + \sum_{k=1}^{n-1} k = \frac{n(n-1)}{2} \ (n = 1\text{일 때도 성립})$$

점화식은 수열의 일부만 살펴보는 식이다

고등학교 수학의 점화식은 보통 일반항을 계산하는 문제로 인식될 것입니다. 그러나 점화식은 **수열을 활용할 때 중요한 점**이 있습니다. 함수의 미적분과 비슷한 성질을 갖는다는 것입니다.

점화식은 수열 일부분의 관계를 나타냅니다. 예를 들어 $a_{n+1} = 2a_n$이라면 수열의 현재 항은 이전 항의 2배임을 알 수 있습니다. 이는 특정 범위의 변화량이라고 볼 수 있으므로 함수의 미분과 같은 의미를 갖는다고 말할 수 있습니다.

또한, 점화식은 이웃한 항의 관계만 나타내므로 일반항을 계산할 때 **초기 조건이 필요**합니다. 예를 들어 $a_1 = 1$ 등의 조건이 없으면 일반항을 정할 수 없습니다. 이런 부분도 미분이나 적분과 비슷합니다.

셀룰러 오토마타와 피보나치 수열

점화식은 일부분의 관계에서 전체를 살펴보는 수단입니다. 실용적으로는 상호작용을 모델링하는 시뮬레이션을 만들 때도 사용합니다.

그중 셀룰러 오토마타(cellular automata)라는 시뮬레이션 모델이 있습니다. 이는 모델을 격자로 나누어 점화식과 같이 서로 가까운 격자의 상태 변화를 살펴보면 특정 격자의 상태가 결정된다는 개념입니다.

예를 들어 오른쪽 그림과 같이 격자를 일렬로 두면 격자 a_n의 상태는 바로 옆에 있는 두 격자 a_{n-1}와 a_{n+1}의 상태로 나타냅니다. 이는 아주 간단한 방법으로 생태계나 교통 정체 등의 실생활을 잘 나타낼 수 있습니다.

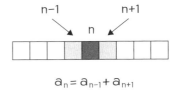

$$a_n = a_{n-1} + a_{n+1}$$

다음으로 점화식을 활용하는 피보나치 수열도 소개합니다. 이는 어떤 항이 이전 두 항의 합이라는 성질입니다. 예를 들어 1, 1, 2, 3, 5, 8, 13, 21, 34, 55, 89, ……로 이어지는 수열에서 세 번째 항 2는 첫 번째와 두 번째 항인 1 + 1의 결과이고 네 번째 항 3은 두 번째와 세 번째 항인 1 + 2의 결과입니다.

점화식을 사용하면 이 수열의 일반항을 $a_{n+2} = a_{n+1} + a_n$ ($a_1 = a_2 = 1$)이라고 작성할 수 있습니다. 매우 단순한 형태입니다.

피보나치 수열을 변의 길이로 삼는 정사각형을 다음 그림과 같이 나열하면 깔끔한 소용돌이 모양을 그릴 수 있습니다. 이를 피보나치의 소용돌이 (또는 황금나선)라고 합니다. 조개나 식물 등 주변에서 이러한 모양을 흔히 접할 수 있습니다.

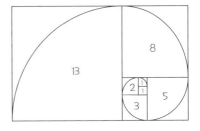

또한 피보나치 수열에서 서로 연속되는 항인 a_{n+1}과 a_n의 비율은 인간이 가장 아름답다고 느끼는 황금비(약 1:1.618)에 수렴합니다. 이처럼 $a_{n+2} = a_{n+1} + a_n$이라는 점화식은 세상에 많은 영향을 미칩니다.

05 무한급수

무한급수는 무한을 다루는 방법을 이해하기에 좋은 주제입니다. 단, 현실에서는 수학적으로 이상적인 무한이란 없다는 것을 기억하세요.

Point

공비의 절댓값이 1보다 작으면 무한급수는 수렴함

등비수열 a_n에서 n항까지의 합 $S_n = a_1 + a_2 + \cdots + a_n$이 있을 때, n이 무한인 극한 $\lim_{n \to \infty} S_n$을 '무한급수'라고 함

S_n이 일정한 값 S에 가까워지는 $\lim_{n \to \infty} S_n = S$일 때 무한급수가 수렴하며, 등비수열에서 $|r| < 1$일 때 $\lim_{n \to \infty} a_n = 0$이 됨

반대로 무한급수가 수렴하지 않으면 발산한다고 함

예) 첫째항 0.9, 공비 0.1인 등비수열 a_n의 무한급수 $S = 0.9 + 0.09 + 0.009 + 0.0009 + \cdots\cdots$의 값을 계산함

등비수열의 합 공식에서

$$S_n = \frac{0.9\{1 - (0.1)^n\}}{1 - 0.1} = 1 - (0.1)^n$$

따라서 $\lim_{n \to \infty} S_n = \lim_{n \to \infty}\{1 - (0.1)^n\} = 1$

무한 개를 더해도 값이 일정할 수 있다

자동차와 자전거가 같은 길을 같은 방향으로 이동한다고 생각해 보죠. 자전거는 처음에 자동차보다 20km 앞에 있고, 자동차는 시속 40km, 자전거는 시속 20km로 이동합니다. 그럼 초등학생도 1시간 후 자동차가 자전거와 같은 위치에 도착한다고 계산할 수 있습니다.

그런데 속도가 아닌 거리 위주로 이 사실을 바라본다면 다음처럼 생각할 수도 있습니다. 30분 후 자동차는 처음 자전거가 있던 위치(20km 지점)에 도착합니다. 그러나 그때 자전거는 10km 앞(30km 지점)에 있습니다. 다시 15분(이동한 지 45분 후)이 지나면 자동차는 30분이 지났을 때 자전거가 있던 위치(30km 지점)에 도착합니다.

이런 사고방식으로는 자동차는 자전거보다 늦게 특정 위치에 도착하지만, 자전거는 그동

안 조금씩이라도 움직이므로 항상 자동차보다는 좀 더 앞에 있다고 생각할 수 있습니다. 즉, 자동차가 자전거를 영원히 따라잡을 수 없다고 생각할 수 있습니다.

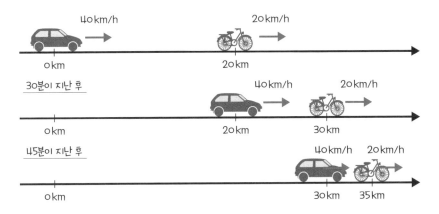

어디에 오류가 있을까요? 이동한 거리를 몇 번 비교하든 전체 시간이 1시간을 넘지 않는 다는 것을 무시한 데 있습니다. 자동차가 자전거가 있는 위치를 따라잡을 때까지의 시간 은 $\frac{1}{2}, \frac{1}{4}, \frac{1}{8},$ ……로 짧아지지만, 모든 시간의 합은 결코 1을 초과할 수 없습니다. 즉, 1시 간 후에 자동차는 무조건 자전거를 따라잡는다는 결과를 고려하지 않고 그 이전의 이야기 만 끝없이 계속하는 것뿐입니다.

이처럼 일반항이 0에 가까워지는 등비수열은 무한 개를 더해도 일정한 값에 수렴합니다. 이 것이 무한급수의 개념입니다.

📟 BUSINESS **순환소수를 분수로 표현**

순환소수(recurring decimal)는 0.636363……처럼 같은 숫자가 반복해서 나타나는 소 수입니다. 이를 무한급수라고 생각해 분수로 바꿀 수 있습니다.

예를 들어 0.636363……은 첫째항 0.63, 공비 0.01인 무한급수입니다. 그럼 다음 식과 같이 계산한 후 분수로 바꾸면 $\frac{7}{11}$입니다.

$$\lim_{n \to \infty} \frac{0.63\{1-(0.01)^n\}}{1-0.01} = \frac{0.63}{0.99} = \frac{7}{11}$$

  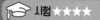

06 수학적 귀납법

수학의 증명 방법 중 하나로 실용 수학과는 큰 연관이 없습니다. 수학적인 사고방식 하나를 공부한다는 마음으로 살펴보세요.

 이해하기 어려우면 1, 2, 3, ……처럼 구체적인 숫자를 넣어 보면 됨

자연수 n에 관한 명제 P가 모든 n을 대상으로 성립함을 증명할 때는 다음 두 가지 사항을 증명하면 됨

① P는 $n = 1$일 때 성립함

② P가 $n = k$일 때 성립한다고 가정하면 $n = k + 1$의 경우도 P가 성립함

예) 명제 $1 + 2 + 3 + \cdots\cdots + n = \dfrac{n(n+1)}{2}$가 성립하는지 증명함

$S_n = 1 + 2 + 3 + \cdots\cdots + n$이고 $n = 1$일 때 $S_1 = \dfrac{1 \times (1+1)}{2} = 1$

$n = k$일 때 명제가 성립된다고 가정하면 $S_k = \dfrac{k(k+1)}{2}$

이때,

$$S_{k+1} = S_k + (k+1) = \dfrac{k(k+1)}{2} + (k+1)$$

$$= \dfrac{(k^2 + 3k + 2)}{2} = \dfrac{(k+1)(k+2)}{2}$$

이므로 $n = k + 1$의 경우도 성립하며, 따라서 모든 자연수 n을 대상으로 명제의 식이 성립함

수학적 귀납법은 도미노와 같다

연역과 귀납이라는 용어를 아시나요? 수학이 아니라 철학이나 사고법 등에서 자주 사용됩니다.

연역은 '새는 하늘을 난다', '비둘기는 새이다', '따라서 비둘기는 하늘을 난다'와 같이, 법칙이나 진실을 연결해서 결론을 내리는 방법입니다. 귀납은 '비둘기 A가 하늘을 날았다',

'비둘기 B가 하늘을 날았다', ……, '어떤 비둘기가 하늘을 날고 있다', '그래서 비둘기는 하늘을 난다'라고 결론을 내리는 방법입니다.

수학에서는 보통 연역적 방법으로 증명합니다. 하지만 여기서 소개하는 방법은 겉보기에 귀납적 방법과 비슷하므로 수학적 귀납법(mathematical induction)이라고 합니다(사실 논리적으로는 연역적 방법입니다).

수학적 귀납법은 도미노처럼 논리를 전개하는 방법으로 알려져 있습니다. 어떤 명제 P가 $n = 1$과 $n = k$에서 성립하면 $n = k + 1$에서도 성립한다고 생각해 보죠. 그럼 $n = 1$에서 성립하면 $n = 2$에서도 성립, $n = 2$에서 성립하면 $n = 3$에서도 성립 ……라는 방식으로 모든 자연수에서 해당 명제가 성립한다고 할 수 있습니다. 이렇게 모든 예를 살펴보는 귀납적인 증명 형태 때문에 수학적 귀납법이라고 하는 것입니다.

수학적 귀납법의 약점

살다 보면 수학적 귀납법을 이용한 농담을 접할 때가 있습니다. 예를 들어 '모든 시험 점수는 낮은 점수다'라는 명제를 살펴보겠습니다.

100점 만점의 시험에서 1점을 받았다면 확실히 낮은 점수입니다. 또한, k점이 나쁜 점수라면 $k + 1$점은 큰 차이가 없는 점수이므로 역시 낮은 점수입니다. 이렇게 명제를 증명하다 보면 모든 시험 점수는 낮은 점수(예: 100점)라는 이상한 증명을 해버립니다.

이 과정에서 문제가 되는 부분은 k점이 낮은 점수면 $k + 1$점도 낮은 점수라고 하는 점입니다. 점수별로 비교하면 큰 차이가 없더라도 1점이 높다는 사실은 점수가 높아진다는 뜻입니다. k점과 $k + 1$점이 비슷한 수준이라고 생각할 수는 없습니다.

이렇게 수학적 귀납법으로는 100% 논리적이라고 생각되는 것도 실생활에서는 논리적이라고 할 수 없는 것이 수학적 귀납법의 약점입니다.

Column

그리스 문자에 익숙해지세요

이 장에서 살펴본 시그마(Σ), 삼각함수에서 살펴본 세타(θ), 이차방정식에서 살펴본 α와 β는 그리스 문자입니다.

보통 그리스 문자는 고등학교 수학을 배울 때까지 숫자나 알파벳과 비교했을 때 수학식에 자주 나타나지 않습니다. 그래서 시그마 같은 그리스 문자가 나타나면 어려운 개념이라고 지레짐작할 때가 꽤 있습니다. 물론 모든 그리스 문자가 그런 것은 아닙니다. 이차방정식의 α와 β는 알파벳의 a 및 b와 비슷하므로 쉽게 받아들이기도 합니다.

고등학교 수학을 벗어나면 제타(ζ), 에타(η), 크사이(ξ) 등 더 많은 그리스 문자가 등장합니다. 또한, 수학뿐만 아니라 물리학이나 여러 공학 자료에서 굉장히 자주 나오므로 실용 독자라면 익숙해져야 합니다. 처음에는 어색하더라도 익숙해지면 수학의 재미를 느끼는 데 중요한 역할을 할 것입니다.

다음 표에서는 모든 그리스 문자를 소개합니다. 대학교에서 이과에 해당하는 학문을 공부하려는 분이라면 어떤 문자가 있는지, 해당 문자를 어떻게 읽는지는 기억해 두세요.

대문자	소문자	영문 이름	한글 이름	대문자	소문자	영문 이름	한글 이름
A	α	alpha	알파	N	ν	nu	뉴
B	β	beta	베타	Ξ	ξ	Xi	크사이
Γ	γ	gamma	감마	O	o	omicron	오미크론
Δ	δ	delta	델타	Π	π	pi	파이
E	ε	epsilon	엡실론	P	ρ	rho	로
Z	ζ	zeta	제타	Σ	σ	sigma	시그마
H	η	eta	에타	T	τ	tau	타우
Θ	θ	theta	세타	Υ	υ	upsilon	업실론
I	ι	iota	이오타	Φ	φ	phi	파이
K	κ	kappa	카파	X	χ	chi	카이
Λ	λ	lambda	람다	Ψ	ψ	psi	프사이
M	μ	mu	뮤	Ω	ω	omega	오메가

Introduction

도형을 수식으로 나타낸다

중학교 수학에서 배우는 도형 문제는 실용 수학에서는 별로 중요하지 않습니다. 그런데 이 장에서 다루는 도형과 방정식의 관계는 중요합니다. 왜냐하면 컴퓨터 프로그램 중에는 도형을 수식의 형태로 저장해 다루는 경우가 많기 때문입니다. 단순히 점의 집합으로 나타내는 것보다 데이터 양이 적고 도형을 확대하거나 회전하기 쉽다는 장점이 있습니다.

데이터 양은 $(1, 1)$, $(2, 2)$, $(3, 3)$, ……라는 점의 집합보다 '$x - y = 0$'라는 식 하나로 나타내는 것이 더 적다는 사실은 분명합니다. 축소 및 확대, 대칭 이동, 평행 이동, 회전 등의 도형 변경도 대부분 식으로 다루는 편이 간단하고 작업량이 줄어듭니다. 그래서 지금까지 익숙하게 살펴보았던 직선이나 원 등의 기본 도형을 방정식으로 어떻게 나타내는지 익히는 일은 중요합니다. 실제로 CAD(Computer-Aided Design) 소프트웨어 같은 도형을 다루는 프로그램에서는 도형을 수식으로 다룹니다. 즉, 공업용 제품의 설계를 하고 싶은 사람은 이 장을 특히 집중해서 공부하세요.

최근에는 CG(컴퓨터 그래픽)를 전문적으로 다루는 아티스트가 있습니다. 그런데 이러한 아티스트들은 이과생이거나 아니면 이과 계열 공부를 따로 한 사람이 많습니다. 왜냐하면 컴퓨터 그래픽을 다루는 데 수학을 알아야 하기 때문입니다. 이제는 예술 분야에서 일하는 사람도 필수 소양으로 수학을 배워야 할지도 모릅니다.

극좌표는 사람이 편리하려고 만든 개념

이 장에서는 극좌표(polar coordinate)와 매개변수표현(parametric representation) 등 좌표를 나타내는 방법 자체를 바꾸는 것도 소개합니다. 예를 들어 좌표평면 위에서 극좌표는 지금까지 보았던 익숙한 직교좌표(xy 좌표)와 비교했을 때 더 까다롭게 느낄 것입니다.

그러나 극좌표는 원 같은 도형을 다루는 매우 유용한 방법입니다. 실용 수학에서도 자주 나오는 개념이니 어렵다고 포기하지 말고 계속 사용해 익숙해지세요.

교양 독자가 알아 둘 점

먼저 도형을 방정식으로 나타낸다는 개념을 이해하세요. 직선과 원 정도는 실제 형태보다 식을 보는 것이 더 편하다고 느끼면 됩니다. 가끔 익숙한 직교좌표뿐만 아니라 극좌표의 개념을 도입할 필요가 있으므로 특징을 알아 두기 바랍니다.

업무에 활용하는 독자가 알아 둘 점

식으로 도형을 다루는 데 익숙해집니다. 직접 손으로 계산할 필요는 없지만, 스프레드시트 등을 사용하여 실제 도형을 그리게 만들면 됩니다. 매개변수표현과 극좌표도 자주 나오므로 이를 사용한 좌표에서 도형을 판별할 수 있도록 합니다.

수험생이 알아 둘 점

직선과 원의 방정식을 다루는 방법, 교점을 계산하는 문제, 궤적을 계산하는 문제 등은 시험에 자주 나옵니다. 확실히 계산하도록 연습합시다. 세 가지 모두 계산 과정이 복잡하므로 계산 능력을 높일 필요가 있습니다.

01 직선의 방정식

가장 간단한 직선의 방정식부터 살펴봅니다. 이 정도라면 직접 손으로 계산할 수 있어야 합니다.

Point 1 기울기가 같은 직선은 평행, 기울기를 곱한 결과가 −1이면 수직임

직선의 방정식

점 (x_1, y_1), (x_2, y_2)를 지나는 직선은 다음 그림 및 식과 같이 나타냄

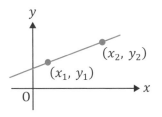

직선의 방정식　$(y - y_1) = m(x - x_1)$

기울기　$m = \dfrac{y_2 - y_1}{x_2 - x_1}$

직선의 교점, 평행 및 수직 조건

두 직선의 교점은 연립방정식의 해가 됨

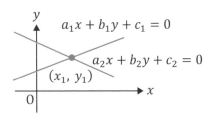

$a_1 x + b_1 y + c_1 = 0$

$a_2 x + b_2 y + c_2 = 0$

(x_1, y_1)

교점 (x_1, y_1)는 직선 2개의 연립방정식 해임

$$\begin{cases} a_1 x + b_1 y + c_1 = 0 \\ a_2 x + b_2 y + c_2 = 0 \end{cases}$$

두 직선 $y = m_1 x + n_1$과 $y = m_2 x + n_2$가 있을 때

$m_1 = m_2$이면 두 직선은 평행이고, $m_1 \cdot m_2 = -1$이면 두 직선은 수직임

예) 직선 $y = x + 1$과 점 $(2, 3)$이 수직으로 교차하는 직선의 방정식을 계산함

직선 $y = x + 1$의 기울기는 1이고 수직 조건을 계산하는 직선의 기울기는 −1이므로,

기울기가 −1이면서 점 $(2, 3)$을 지나는 방정식은

$(y - 3) = -1(x - 2) \rightarrow y = -x + 5$

도형 관점에서 보는 직선의 방정식

일차함수의 그래프는 직선이므로 직선의 방정식은 일차함수입니다. 여기에서는 함수의 성질이 아닌 직선의 성질에 주목해 세 가지 사항을 살펴보겠습니다.

첫 번째, 직선은 두 개의 점이 있을 때 혹은 점 하나와 기울기가 있으면 그릴 수 있다는 것입니다. 어쨌든 두 개의 '정보'가 필요하다는 사실을 기억합니다.

두 번째, 두 직선의 교점은 연립방정식의 해이고 서로 다른 두 직선이 평행이면 교점과 연립방정식의 해가 없다는 것입니다.

마지막으로 두 직선이 평행이나 수직이 되는 조건입니다. 두 직선의 기울기가 일치하면 평행, 곱이 −1이면 수직입니다. 또한, y축과 평행한 직선($x = 1$ 등)은 기울기를 정의할 수 없지만, x축과 평행한 직선($y = 2$ 등)과는 수직으로 교차합니다.

BUSINESS 직선을 그리는 알고리즘

컴퓨터를 사용하여 디스플레이에 직선을 그릴 때 특정 알고리즘을 많이 사용합니다. 오른쪽 그림과 같이 $y = \dfrac{2}{3}x$라는 직선을 그린다고 생각 해봅시다. 디스플레이에 직선을 그리는 것은 해당 선이 지나는 픽셀 밝히기와 같습니다.

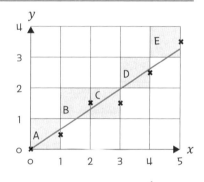

첫 번째로 직선은 원점을 지나므로 먼저 (0, 0) 과 (1, 1) 사이의 정사각형을 밝힙니다(그림의 A 부분). 두 번째로 x값이 1일 때 y값이 $\dfrac{1}{2}$ 이상인지 확인합니다. 이 경우에는 $\dfrac{1}{2}$ 이상이 므로 (1, 1)과 (2, 2) 사이의 정사각형을 밝힙니다(그림의 B 부분). 세 번째로 x값이 2일 때 y값이 $\dfrac{3}{2}$ 이상인지 확인합니다. 이 경우에는 $\dfrac{3}{2}$ 이하이므로 (2, 1)과 (3, 2) 사이의 정사 각형을 밝힙니다(그림의 C 부분). 이러한 방식으로 (3, 2)와 (4, 3) 사이의 정사각형, (4, 3) 과 (5, 4) 사이의 정사각형도 밝힙니다.

사실 사람 입장에는 '굉장히 귀찮은 과정'이라고 생각할 것입니다. 그러나 이전 결과를 이용해 정수 연산만으로 그림을 그릴 수 있다는 점에서는 유용한 알고리즘입니다.

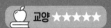 
02 원의 방정식

원도 중요한 도형이므로 직선의 방정식과 함께 제대로 이해하세요. 이차식이므로 계산 은 약간 어렵습니다.

원의 방정식은 중심 좌표와 반지름으로 나타냄

원의 방정식

원은 어떤 점(중심)과 거리가 같은 점의 집합이며, 중심이 (a, b), 반지름이 r인 원의 방정식은 다음 그림과 같이 나타냄

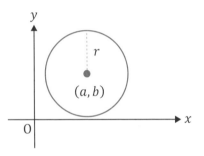

중심이 (a, b), 반지름이 r인 원의 방정식

$$(x - a)^2 + (y - b)^2 = r^2$$

예) 중심이 (1, 2), 반지름이 2인 원의 방정식을 계산함

앞에서 소개한 공식에서 원의 방정식은 $(x - 1)^2 + (y - 2)^2 = 2^2$임

원을 방정식으로 살펴보기

원은 익숙한 도형입니다. 그런데 "원의 정의는 무엇입니까?"라고 물었을 때 쉽게 대답할 분이 많지는 않을 것입니다. 원의 정의는 어떤 점(중심)과 거리가 같은 점의 집합입니다.

원의 방정식에서 중심을 (0, 0)이라고 하면 $x^2 + y^2 = r^2$입니다. 이 식은 피타고라스의 정 리와 같습니다. 즉, x와 y는 빗변의 길이가 r인 직각삼각형 두 변의 길이이며 (0, 0)과의 거리 r에 사이에 있는 점의 집합이기도 합니다.

또한, 원의 방정식 $(x - a)^2 + (y - b)^2 = r^2$에는 변수가 3개($a$와 b와 r) 있음을 기억하세요. 즉, 점 3개가 정해져야 원 하나를 그릴 수 있다는 뜻입니다. 이런 부분도 원의 방정식을 통해 알 수 있습니다.

📖 BUSINESS 방정식으로 원을 그리는 방법

원은 기본 도형이지만 방정식이 간단하지는 않습니다. 계산이 쉽도록 중심을 원점으로 두어도 y에 대한 원의 방정식을 풀면 $y = \pm\sqrt{r^2 - x^2}$ 라는 결과가 나옵니다. 루트나 $\pm$를 포함한 형태이므로 컴퓨터가 쉽게 다루기 어렵습니다.

컴퓨터의 연산은 사칙연산밖에 없으므로 컴퓨터의 연산 속도가 느렸을 때는 루트 계산 자체가 큰 문제였습니다. 그런데 그 당시 홀수의 합을 사용하여 루트 계산을 근사해 원을 그린다는 아이디어가 나왔습니다. 지금도 알아 두면 좋은 내용입니다.

아이디어의 핵심은 컴퓨터로 원을 그릴 때는 정수 부분만 알아도 충분하다는 것입니다. 디스플레이에 그림을 그릴 때 다음 그림과 같이 정수로 이루어진 칸을 채운다고 생각해 보죠. 이때 칸을 채우는 정수는 홀수의 합으로 얻습니다.

참고로 홀수의 합은 완전제곱수가 되어야 합니다. 즉, $1 + 3 = 2^2$, $1 + 3 + 5 = 3^2$, $1 + 3 + 5 + 7 = 4^2$, ……와 같은 관계입니다. 예를 들어 30의 제곱근을 계산할 때 홀수를 차례로 더하면 30은 다섯 번째까지 숫자의 합(25)과 여섯 번째까지의 숫자의 합(36) 사이입니다. 즉, 30의 제곱근의 정수 부분은 5입니다.

컴퓨터가 사칙연산만으로 복잡한 계산까지 할 수 있는 데는 이러한 작은 연구가 계속해서 쌓였기 때문입니다.

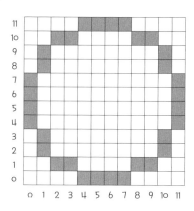

03 이차곡선

타원, 쌍곡선, 포물선의 정의는 꼭 알아 두세요. 단, 수험생 이외에는 공식을 기억할 필요는 없습니다. 사용할 때 확인할 수 있다면 충분합니다.

정점 2개와 거리의 합이 일정한 점의 집합이 타원임

타원의 방정식

정점 2개와 거리의 합이 일정한 점 P의 집합을 '타원'이라고 함

정점의 좌표가 $(c, 0)$, $(-c, 0)$이고 거리의 합이 $2a$라면 타원의 방정식은 다음과 같음

$$\frac{x^2}{a^2} + \frac{y^2}{b^2} = 1$$

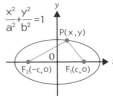

$a, b, c(a > b > 0)$가 있을 때 $c^2 = a^2 - b^2$이 성립함

쌍곡선의 방정식

정점 2개와 거리의 차이가 일정한 점 P의 집합을 '쌍곡선'이라고 함

정점의 좌표가 $(c, 0)$, $(-c, 0)$이고 거리의 차이가 $2a$라면 쌍곡선의 방정식은 다음과 같음

$$\frac{x^2}{a^2} - \frac{y^2}{b^2} = 1$$

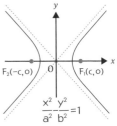

$a, b, c(a, b > 0)$가 있을 때 $c^2 = a^2 + b^2$이 성립함

포물선의 방정식

정직선(어떤 문제를 풀 때 위치가 변하지 않는 직선) 위의 점과 정점 사이의 거리가 같은 점 P의 집합을 '포물선'이라고 함

정점의 좌표가 $(0, p)$고 정직선 $y = -p$가 있을 때 포물선의 방정식은 다음과 같음

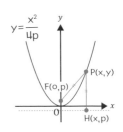

$$y = \frac{x^2}{4p}$$

타원, 쌍곡선, 포물선의 특징

타원은 익숙한 모양이지만 정의를 모르는 사람은 많을 것 같습니다. 타원의 정의는 정점 2개와 거리의 합이 일정한 점들의 집합입니다. 정점 2개가 겹쳐 점 하나가 되면 원입니다.

쌍곡선은 생소한 사람도 있을 것입니다. 정점 2개와 거리의 차이가 일정한 점의 집합입니다. 타원과 정의가 비슷하지만, 거리의 합이 아닌 거리의 차이를 다룹니다. 그래프의 모양을 자세히 보면 타원을 반으로 잘라 방향을 바꾼 다음 마주 보는 모습입니다.

포물선은 이차함수의 그래프이기도 하므로 익숙할 것입니다. 도형 관점의 정의는 정직선과 정점 사이의 거리가 같은 점들의 집합입니다.

세 가지 모두를 보통 이차곡선이라고 합니다. 이차곡선은 실생활에서 자주 볼 수 있는 모양이며 활용도가 높습니다. 적어도 정의와 모양은 꼭 기억하세요.

💻 BUSINESS 위성의 궤도

별의 중력에 따라 운동하는 위성의 궤도는 이차곡선이 됩니다. 다음 그림과 같이 지구의 높은 장소에서 수평 방향으로 위성을 발사한다고 생각해 봅시다(단, 여기에서 공기 저항은 무시합니다).

초속이 느리다면 위성은 지구의 중력에 끌려 지상에 떨어집니다(점 B1, B2 참고). 그러나 일정한 속도(제1 우주 속도)를 넘으면 원 궤도에 들어가 지상에 떨어지지 않고 지구 주위를 돌게 됩니다. 또한 초속이 일정 수준 이상 빠르면 원이 아닌 타원 궤도로 돕니다. 이때 초속이 빠를수록 지구에서 멀어지는 타원 궤도를 그립니다.

타원 궤도의 초속보다 빠른 상황((제2 우주 속도)이면 포물선·쌍곡선 궤도를 그립니다. 이때 위성은 지구의 중력 영향에서 벗어나 지구 밖으로 이동합니다.

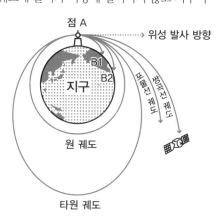

 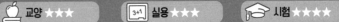

04 평행 이동한 도형의 방정식

도형의 방정식 $f(x, y) = 0$의 x에 $x - a$, y에 $y - b$를 대입하면 (a, b)만큼 평행 이동한 도형의 방정식이 됩니다.

Point 대입하는 숫자의 부호를 틀리지 않아야 함

도형의 평행 이동

평면 좌표에 $f(x, y) = 0$으로 나타내는 도형을 x 방향으로 a, y 방향으로 b만큼 평행 이동한 도형의 방정식은 $f(x - a, y - b) = 0$임

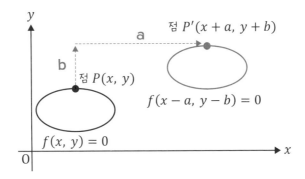

예) 점 $(2, 2)$를 중심으로 반지름 1인 원 A를 x 방향으로 3, y 방향으로 2만큼 평행 이동한 원 A′의 방정식을 계산함

원 A의 방정식은 $(x - 2)^2 + (y - 2)^2 = 1$이고, 원 A′는 A를 x 방향으로 3, y 방향으로 2만큼 평행 이동한 원이므로 원 A의 방정식의 x에 $x - 3$, y에 $y - 2$ 를 대입함. 따라서

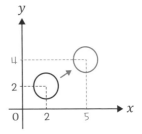

$$(x - 3 - 2)^2 + (y - 2 - 2)^2 = 1$$
$$\rightarrow (x - 5)^2 + (y - 4)^2 = 1$$

도형을 이동시키는 방법

도형을 평행 이동하고 싶을 때가 있습니다. 이 절에서는 방정식을 어떻게 바꾸면 도형을 평행 이동할 수 있는지를 살펴봅니다.

결론부터 말하면 $f(x, y) = 0$라는 도형을 x 방향으로 a, y 방향으로 b만큼 평행 이동하면 $f(x - a, y - b) = 0$입니다. 이때 $f(x, y) = 0$을 $f(x - a, y - b) = 0$으로 바꾸는 것은 원래 식의 x에 $x - a$, y에 $y - b$를 대입하는 것과 같습니다. 예를 들어 $y = x$라는 직선을 $y - b = x - a$로 바꾸면 (a, b)만큼 평행 이동한 직선입니다.

단, 양의 방향으로 평행 이동할 때 a와 b를 더하는 것이 아니라 뺀다는 점에 주의하세요. 즉, 부호가 바뀌면 평행 이동 방향이 반대입니다.

BUSINESS CG에서 사용되는 아핀변환

컴퓨터를 사용하여 그림을 그릴 때 장점 중 하나는 평행 이동, 확대, 축소, 반전, 회전 등의 조작이 쉽다는 점입니다. 이러한 컴퓨터의 도형 변환에서 평행한 두 변을 평행한 상태로 이동할 때는 아핀변환(affine transformation)이라는 개념을 활용합니다. 다음 그림은 아핀변환의 예를 나타냅니다.

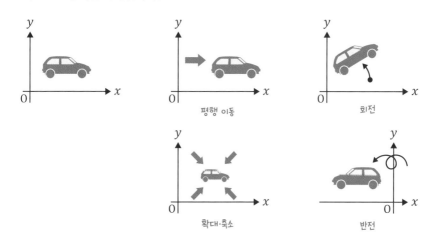

아핀변환은 CG 등 거의 모든 그래픽 관련 소프트웨어에서 활용합니다.

05 점대칭과 선대칭

실용 관점에서는 점 혹은 선을 기준으로 한 대칭 이동을 자주 다룹니다. 이는 간단한 개념이므로 여기에서 소개하는 공식을 잊더라도 괜찮습니다. 구체적인 예에서 공식을 유도할 수 있습니다.

Point

함수에 따른 좌표 위의 움직임과 이미지를 일치시킴

도형의 대칭 이동

$f(x, y) = 0$으로 나타내는 도형을 대칭 이동시켰을 때의 식은 다음과 같음

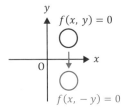

x축 대칭 이동

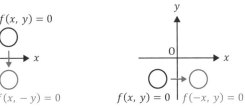

y축 대칭 이동

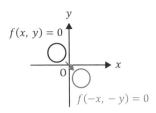

원점 대칭 이동

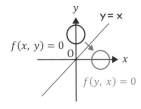

y = x 대칭 이동

예) 직선 $y = 2x + 2$를 각각 x축, y축, 원점, $y = x$에 대해 대칭으로 직선임

x축 대칭: $\quad y = -2x - 2$

y축 대칭: $\quad y = -2x + 2$

원점 대칭: $\quad y = 2x - 2$

$y = x$ 대칭: $y = \dfrac{1}{2}x - 1$

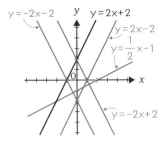

대칭 이동에 따른 방정식의 변화

평행 이동과 함께 도형을 다룰 때 자주 활용되는 것으로 대칭 이동이 있습니다. 방정식에서는 x나 y, 혹은 양쪽 모두의 부호를 반대로 변환하는 것입니다. 직선 $y = x$에 대해 대칭 이동할 때는 x와 y를 바꿉니다. 함수 관점에서는 역함수를 뜻합니다.

대칭 이동은 정확한 개념을 잊더라도 그래프를 기반으로 쉽게 유도할 수 있습니다. 예를 들어 (1, 1)이나 (1, 0)이라는 점을 선대칭이나 점대칭으로 움직이면 어떤 변수의 부호가 바뀌는지 쉽게 확인할 수 있기 때문입니다.

🗐 BUSINESS 홀함수와 짝함수의 적분

함수에는 홀함수(odd function)과 짝함수(even function)라는 개념이 있습니다. 홀함수는 $f(x) = -f(-x)$가 성립하는 함수이며, 짝함수는 $f(x) = f(-x)$가 성립하는 함수입니다. 또한 홀함수와 짝함수의 적분에는 다음과 같은 식이 성립합니다.

$$f(x)가\ 홀함수,\ 즉 f(x) = -f(-x)이면 \int_{-a}^{a} f(x)dx = 0$$

$$f(x)가\ 짝함수,\ 즉 f(x) = f(-x)이면 \int_{-a}^{a} f(x)dx = 2\int_{0}^{a} f(x)dx$$

이 공식은 함수를 실제 그래프(도형)로 그려 보면 성질을 알 수 있습니다. 여기에서는 대표적인 홀함수인 $y = \sin x$와 짝함수인 $y = \cos x$를 이용해서 확인하겠습니다.

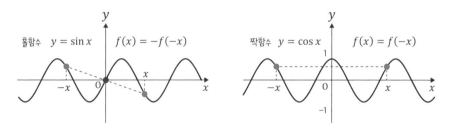

홀함수는 원점을 기준으로 대칭이고 짝함수는 y축을 기준으로 대칭입니다. 그래서 이를 $-a$에서 a까지 적분하면 홀함수는 부호와 상관없이 모두 0이 되고, 짝함수는 0에서 a까지의 적분한 결과의 두 배가 됩니다. 이렇게 식을 도형으로 그리면 이해하기 더 쉬울 때가 있습니다.

06 도형의 회전

삼각함수를 사용하여 도형을 원점 중심으로 회전시키는 방법이 있다는 것을 기억합시다. 공식은 필요할 때 살펴봐도 괜찮습니다.

Point 도형의 회전은 행렬과 함께 배우면 효율적임

원점을 중심으로 두는 도형의 회전

도형의 방정식이 $f(x, y)$일 때 원점을 중심으로 θ만큼 회전한 도형의 방정식은 다음과 같음

$$f(x\cos\theta + y\sin\theta, -x\sin\theta + y\cos\theta) = 0$$

원점 중심의 도형 회전

예) 포물선 $y = x^2$을 $45°$, $90°$ 회전한 도형의 방정식을 계산함

• $45°$ 회전

  $f(x, y) = x^2 - y$라면,

  회전 후 도형의 방정식은 $f(x\cos45° + y\sin45°, -x\sin45° + y\cos45°) = 0$

  이를 계산하면 $\dfrac{1}{2}(x + y)^2 - \dfrac{1}{\sqrt{2}}(-x + y) = 0$

  다시 식을 정리하면 $x^2 + 2xy + y^2 + \sqrt{2}x - \sqrt{2}y = 0$

• $90°$ 회전

  회전 후 도형의 방정식은 $f(x\cos90° + y\sin90°, -x\sin90° + y\cos90°) = 0$

  이를 계산하면 $y^2 + x = 0$, 따라서 $x = -y^2$

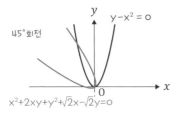

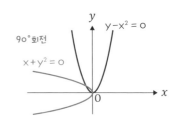

도형의 회전은 삼각함수로 나타낼 수 있다

모니터에 보이는 어떤 물체나 도형을 회전시키고 싶을 때가 자주 있습니다. 이때 도형의 회전 관련 공식을 활용합니다. 도형의 방정식 $f(x, y)$가 있을 때 x와 y를 각각 $x\cos\theta + y\sin\theta$, $-x\sin\theta + y\cos\theta$로 바꾸면 되므로 활용법도 간단합니다.

그런데 갑자기 이 식을 접한다면 도대체 어떤 개념이길래 도형의 회전을 나타낼 수 있는지 궁금할 것입니다. 여기에 관심 있는 분을 위한 내용을 살펴보겠습니다.

BUSINESS 회전좌표계의 원심력과 코리올리 효과

회전하는 사물의 예는 세상에 많습니다. 그중 우리가 회전한다고 느끼지 못하는 지구도 회전한다는 사실은 잘 알 것입니다. 지구는 24시간에 1회전(자전)합니다. 그래서 지구의 운동을 분석할 때는 자전을 고려하지 않으면 안 됩니다. 이러한 운동은 회전좌표계 (rotating reference frame)*에서 분석합니다.

회전좌표계에서는 물체가 원심력과 코리올리 효과를 받는 것을 볼 수 있습니다. 원심력은 회전 중심에서 바깥쪽으로 작용하는 힘, 코리올리 효과는 회전 방향에 따라 작용하는 힘입니다.

북반구

남반구

실제로 지구의 자전에 따른 원심력과 코리올리 효과는 각속도(회전 속도)가 빠르지 않으므로 사람이 느끼지 못합니다. 그러나 원심력은 가장 강한 적도 부근과 가장 약한 남극과 북극에서는 물체의 무게가 0.5% 정도 차이가 있어 자전에 따른 영향이 명확하게 관측됩니다. 그래서 로켓 발사 기지는 가능한 한 적도에 가까운 곳에 만듭니다.

지구의 자전에 따른 코리올리 효과는 지구의 자전축이 살짝 기울어져 있어 북반구에서는 오른쪽으로 힘이 작용하고 남반구에서는 왼쪽으로 힘이 작용합니다. 그래서 태풍은 북반구에서 항상 시계 반대 방향, 남반구에서는 시계 방향으로 회전합니다. 이러한 태풍으로 코리올리 효과가 실제로 존재한다는 사실을 알 수 있습니다.

회전과 관련된 도형의 방정식은 이러한 분석에 도움을 줍니다.

---

* 옮긴이: 어떤 축을 중심으로 그래프 등을 회전시켰을 때의 상황을 나타내는 좌표를 뜻합니다.

07 매개변수

매개변수를 사용하면 도형의 방정식을 간단하게 나타낼 경우가 많습니다. 실용 독자는 자주 활용하게 되므로 잘 알아 두세요.

Point 매개변수표현으로 나타내기 쉬운 도형이 있음

매개변수표현

평면에서 곡선을 $x = f(t)$, $y = g(t)$와 같이 변수 하나(매개변수: t)를 사용해 x와 t에 대한 식으로 나누어 나타내는 것을 매개변수표현(parametric representation)이라고 함

예) 포물선, 원, 타원, 쌍곡선의 매개변수표현

- 포물선: $y = \dfrac{1}{4p} x^2$, $x = 2pt$, $y = pt^2$

- 원: $x^2 + y^2 = r^2$, $x = r\cos\theta$, $y = r\sin\theta$

- 타원: $\dfrac{x^2}{a^2} + \dfrac{y^2}{b^2} = 1$, $x = a\cos\theta$, $y = b\sin\theta$

- 쌍곡선: $x = \dfrac{a}{\cos\theta}$, $y = b\tan\theta$

매개변수의 미분

매개변수표현의 함수 $x = f(t)$, $y = g(t)$의 미분은 오른쪽 식을 사용해 계산함

$$\frac{dy}{dx} = \frac{\dfrac{dy}{dt}}{\dfrac{dx}{dt}}$$

예) 원점 중심으로 반지름이 2인 원을 미분함

변수 θ를 사용하여 매개변수표현을 하면 이 원은 $x = 2\cos\theta$, $y = 2\sin\theta$라고 할 수 있음

이들을 θ로 미분하면 $\dfrac{dx}{d\theta} = -2\sin\theta$, $\dfrac{dy}{d\theta} = 2\cos\theta$ 임

따라서 $\dfrac{dy}{dx} = \dfrac{\dfrac{dy}{d\theta}}{\dfrac{dx}{d\theta}} = \dfrac{2\cos\theta}{-2\sin\theta} = -\dfrac{x}{y}$

매개변수는 방해꾼이 아니다

고등학교에서 매개변수를 배울 때, "까다로운 개념이 하나 더 생겼구나"라고 생각한 사람이 많을 것입니다. 그러나 매개변수는 도형을 쉽게 다루려고 만든 개념입니다. 계산을 편하게 해주고 사고방식을 발전시켜주므로 꼭 배우길 권합니다.

매개변수는 특히 원형이나 타원형을 나타낼 때 유용합니다. 예를 들어 원을 나타내는 식 $x^2 + y^2 = r^2$을 y에 대해 계산하면 $y = \pm\sqrt{r^2 - x^2}$인데, 루트와 $\pm$를 포함하므로 계산하기 힘듭니다. 이때 매개변수표현을 사용하면 $(x, y) = (r\cos\theta, r\sin\theta)$처럼 이해하기 쉬운 형태로 바꿔 계산할 수 있습니다.

BUSINESS 사이클로이드 분석

자동차가 움직일 때 타이어의 정점이 그리는 궤적을 사이클로이드(cycloid)라고합니다. 이는 주행 중인 차량의 움직임을 분석하는 데 중요합니다.

사이클로이드는 x, y로 나타내면 삼각함수의 역함수를 포함한 형태이므로 다음 식과 같이 매개변수표현으로 바꾸면 좋습니다.

사이클로이드의 공식

$x(\theta) = a(\theta - \sin\theta)$

$y(\theta) = a(1 - \cos\theta)$

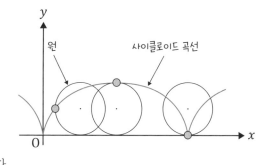

원 　　　사이클로이드 곡선

사이클로이드는 일정한 시간 간격을 유지하려는 성질인 등시성이 있습니다. 이는 물리적으로도 흥미로운 사안이며 연구 대상이기도 합니다.

사이클로이드 외에도 아스트로이드(astroid, 어떤 원 안에 반지름이 1/4인 원을 넣고 한 바퀴 회전해 그리는 별 모양의 도형), 심장형(cardioid, 어떤 고정된 원과 반지름이 같은 원을 같이 놓고 고정된 원을 따라 한 바퀴 회전할 때 그리는 하트 모양의 도형), 리사주 도형(두 개의 소리굽쇠의 진동을 나타낸 도형) 등 여러 흥미로운 곡선을 매개변수로 알기 쉽게 나타낼 수 있습니다.

08 극좌표

실생활에서 아주 많이 사용되므로 실용 독자는 꼭 알아야 합니다. 교양 독자도 방향과 거리를 지정하는 좌표가 극좌표라는 것은 알아둡니다.

 극좌표는 중심에서의 방향(각도)과 거리에서 점을 지정함

극좌표

원점과의 거리 r과 반직선 OP가 x축 양의 방향과 이루는 각 θ를 사용하여 다음 그림과 같이 평면 위의 위치 P를 나타낼 수 있으며, 이 좌표를 직교좌표(xy 좌표)에 대한 '극좌표'라고 함

극좌표 (r, θ)와 직교좌표는 다음과 같은 관계가 있음

$$x = r\cos\theta,\ y = r\sin\theta$$

$$r = \sqrt{x^2 + y^2},\ \cos\theta = \frac{x}{r},\ \sin\theta = \frac{y}{r}$$

예) 직교좌표의 $(x, y) = (\sqrt{2}, \sqrt{2})$와 $\left(-\dfrac{\sqrt{3}}{2}, -\dfrac{1}{2}\right)$의 극좌표를 계산함

다음 그림과 같이 각각 $(r, \theta) = \left(2, \dfrac{\pi}{4}\right)$와 $\left(1, \dfrac{7\pi}{6}\right)$가 됨

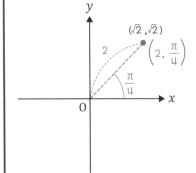

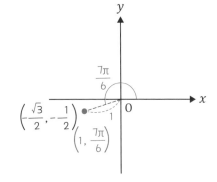

극좌표는 방향과 거리를 지정하는 좌표임

극좌표는 수식이 복잡해 보이지만 실제 사람의 감각에 맞는 좌표입니다. 식에 너무 집중하지 말고 본질을 알아봅시다.

예를 들어 초원 위에 사람이 서 있고 원하는 지점까지 오게끔 만든다고 생각해 보죠. 지금까지 살펴본 직교좌표(xy 좌표)는 원하는 값을 직교하는 두 방향의 거리로 나타내는 방법입니다. 즉, 목적지에 가는 방법을 "북쪽으로 100m, 동쪽으로 100m 이동하세요"라고 알립니다. 한편 극좌표는 "동북 방향으로 141m 이동합니다"라고 알립니다. 직교좌표라면 목적지까지 200m를 움직여야 하지만, 극좌표는 직선거리로 바로 움직입니다. 극좌표가 사람의 감각에 맞다는 것이 이해되실 것입니다.

이처럼 극좌표는 방향과 거리를 지정하는 사람에게 자연스러운 좌표입니다. 단, 계산이 복잡하므로 수학에서는 보통 직교좌표를 사용하는 것입니다.

🖥️BUSINESS 선박의 항해

배를 타고 항해할 때 목적지를 위도와 경도로 나타낼 때가 많습니다. 위도와 경도는 직교좌표의 개념에서 '북위 35°', '동경 135°' 등으로 지정됩니다.

그러나 실제로 항해할 때는 방위와 거리를 사용합니다. 오른쪽 그림과 같이 '방위 오른쪽 20°, 거리 4마일' 등으로 극좌표 개념으로 목적지를 지정하는 것입니다. 즉, 누군가와 위치를 이야기할 때는 위도와 경도 기반 지도가 이해하기 쉽지만, 실제로 이동할 때는 방향과 거리가 주어지는 것이 편리합니다.

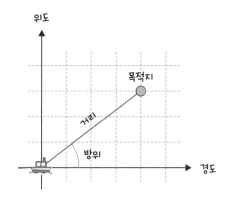

그 밖에 항공기 운항이나 레이더 등에도 극좌표가 사용됩니다. 기술 관련 자료에 극좌표가 사용될 때도 많으므로 익숙해지는 것이 좋습니다.

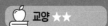 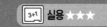
09 공간도형의 방정식

평면도형보다 복잡하지만 이 세계는 삼차원 공간이므로 중요한 개념입니다. 평면도형과 비교하면서 공간도형을 배우면 좋습니다.

Point 공간도형은 그림뿐만 아니라 수식으로도 이해해야 함

평면의 방정식

점 $P(x_0, y_0, z_0)$를 지나는 '법선벡터'가 $\vec{n} = (a, b, c)$인 평면의 방정식을 다음과 같이 나타냄

$$a(x - x_0) + b(y - y_0) + c(z - z_0) = 0$$

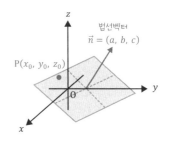

직선의 방정식

점 $P(x_0, y_0, z_0)$를 지나는 '방향벡터'가 $\vec{d} = (a, b, c)$인 직선의 방정식은 다음과 같이 나타냄

$$\frac{x - x_0}{a} = \frac{y - y_0}{b} = \frac{z - z_0}{c}$$

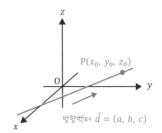

구의 방정식

중심이 (a, b, c)이고 반지름이 r인 구의 방정식은 다음과 같이 나타냄

$$(x - a)^2 + (y - b)^2 + (z - c)^2 = r^2$$

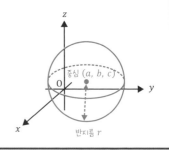

이차원(평면)과 삼차원(공간)을 비교해 본질을 이해한다

공간도형은 다루기 어렵습니다. 가장 큰 이유는 종이에 그리기 어려워서 상상력에 의존해야 하기 때문입니다. 하지만 이런 때야말로 수학이 필요한 순간입니다. 수식을 이용하면 평면(이차원)이든 공간(삼차원)이든 도형의 성질을 정확하게 나타낼 수 있습니다. 여기서는 이차원의 도형과 비교했을 때 공간(삼차원) 도형이 어떻게 보이느냐는 관점에서 공간도형을 설명합니다.

삼차원의 가장 기초적인 도형은 평면입니다. 삼차원 공간은 x, y, z라는 축 3개로 나타내는데 x, y, z의 일차식(예를 들어 $x + y + z = 0$)이 평면이기 때문입니다. 왜 그럴까요? 이차원(평면 좌표)에서 $y = 0$이라는 식은 직선(x축)을 나타냅니다. 즉, 이차원 공간의 축 중 하나가 고정되어 이차원(평면)이 일차원(직선)이 되었음을 뜻합니다.

마찬가지로 삼차원 공간에서 $y = 0$ 이라는 식은 삼차원 공간의 축 중 하나를 고정합니다. 이는 이차원(평면)을 뜻합니다. 그래서 삼차원 좌표에서 일차식은 평면이 됩니다.

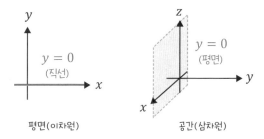

평면(이차원)   공간(삼차원)

직선 식은 '$x = y = z$'와 같이 등호가 2개 있으며, 연립방정식임을 뜻합니다. 즉, '$x = y$'와 '$y = z$'라는 두 식이 연립한 것입니다. 일차식 2개는 평면 2개가 있다는 것입니다. 그리고 평행하지 않은 두 평면은 직선하나를 공유합니다. 즉, 삼차원의 직선은 일차식 2개로 나타낼 수 있습니다.

구의 방정식은 이차원인 원의 방정식에 '$(z - c)^2$'가 추가된 것입니다. 구는 중심과의 거리가 같은 점의 집합입니다. 즉, 이차원이든 삼차원이든 길이는 제곱합에 루트를 적용하는 것이므로 식의 형태는 바뀌지 않습니다.

Column

수학에 필요한 공간 인식 능력

계산 문제는 잘 푸는데 도형 문제는 잘 못 푸는 사람이 있습니다. 반대로 계산 문제는 잘 풀지 못하지만 도형 문제는 잘 푸는 사람도 있습니다. 중학교 때 그런 사람이 있지 않았나요? 아마도 여러분이 그런 사람이었을지도 모릅니다.

이 장에서 다룬 공간도형 같은 도형의 문제 인식 능력은 공간 인식 능력이라는 재능으로 발현된다고도 알려져 있습니다. 삼차원 공간에 있는 물체의 위치나 방향, 모양, 간격 등을 빠르고 정확하게 인식하는 것입니다. 이 능력이 뛰어난 사람은 사물의 전체 모습이나 본질을 쉽고 빠르게 파악한다고 알려져 있습니다. 예술가와 스포츠 선수 중에 공간 인식 능력이 매우 높은 사람이 많습니다.

이 능력은 도형이 아닌 계산 문제에서도 중요합니다. 예를 들어 함수의 변화 등은 그래프를 이미지화해서 파악하면 쉽게 계산할 수 있습니다. 즉, 단순한 수식이 아니라 도형으로 파악하는 것입니다.

공간 인식 능력을 높이려면 자연 속에서 놀거나, 블록을 조립하는 것을 즐기거나, 지도와 카메라를 자주 사용하는 것이 좋다고 알려져 있습니다. 또한 3D 게임을 자주 즐긴 사람 중에 공간 능력이 빠르게 향상됐다는 연구 결과도 있습니다.

항상 책상에서 펜과 종이로 문제 해결을 고민하는 것만 수학이라고 생각할 필요는 없습니다. 밖으로 나갑시다. 특히 어린이는 밖에서 놀면서 다양한 경험을 쌓는 것이 좋습니다.

Chapter

11

벡터

Introduction

벡터는 단순한 화살표가 아니다

'벡터'라는 단어를 접하면 많은 사람이 화살표를 떠올릴 것입니다. 실제 고등학교 수학에서 벡터는 크기와 방향을 갖는 양으로 생각해 도형 관련 문제로 분류합니다. 그러나 벡터는 단순한 화살표가 아닙니다. 물리학이나 통계학에서 형태를 바꾸어 활용합니다.

벡터의 개념은 많은 숫자를 하나로 다룬다라는 것입니다. 학교에서 처음 벡터를 배울 때 아마 '크기와 방향을 갖는 양'이라고 가르쳤을 것입니다. 여기에서 '크기와 방향'에 주목해야 합니다. 즉, 의미가 있는 숫자 여러 개를 상자 하나에 넣는다는 것이 벡터입니다. 의미가 있는 숫자에는 크기와 방향뿐만 아니라 가격, 개수, 온도 등 숫자로 나타낼 수 있는 것을 담았다면 모두 벡터입니다. 물론 벡터의 화살표는 도형 문제를 다루는 데 많은 도움을 줍니다. 하지만 여러 가지 숫자를 상자 하나에 담는다는 점도 중요하니 꼭 기억하세요.

그럼 벡터와 반대 개념은 없을까요? 당연히 있습니다. 의미가 있는 숫자 하나로 나타내는 양을 스칼라라고 합니다. 예를 들어 '벡터의 크기'라고 지칭했을 때는 벡터에 있는 방향이 아닌 크기만을 말하는 것입니다. 이때 크기는 스칼라입니다.

왜 벡터라는 개념을 만들었을까요? 벡터가 단순히 숫자를 모은 것이라면 각 숫자를 따로 다루는 게 낫다고 볼 수 있습니다. 그런데도 벡터라는 개념을 사용하는 이유는 복잡한 개념을 알기 쉽게 나타낼 때는 의미가 있는 숫자를 모으는 것이 좋기 때문입니다. 처음에는 어렵게 느껴질 수도 있습니다. 하지만 물리, 통계, 프로그래밍 등에 수학을 사용할 때는 여러 개 숫자를 상자 하나에 넣는 것이 훨씬 다루기 쉽습니다. 지금은 이해가 안 되더라도 이 장점을 믿기 바랍니다.

벡터의 곱셈은 다양한 방식으로 정의할 수 있음

이 장에서는 벡터의 연산을 설명합니다. 그중 덧셈과 뺄셈은 쉽게 이해할 것입니다. 하지만 벡터의 내적과 외적이라는 곱셈 연산 두 가지는 조금 어려울지도 모릅니다.

사실 벡터의 곱셈은 다양한 방식으로 정의할 수 있습니다. 내적과 외적은 그중 활용하기 편리한 개념입니다. 즉, 벡터의 곱셈은 활용하는 데 편리하게 규칙을 결정하는 것으로 이해하면 좋습니다.

화살표(크기와 방향) 관점의 벡터의 성질, 그 이외로 의미를 갖는 숫자의 모임이라는 점을 알아둡니다. 이미 익숙한 용어겠지만 '차원'의 수학적 정의도 제대로 이해했으면 합니다.

💻 업무에 활용하는 독자가 알아 둘 점

벡터를 업무에 활용할 때는 숫자 모음으로 다룰 경우가 많을 것으로 생각합니다. 그래도 도형 관점의 벡터가 갖는 성질인 평행, 수직 등의 개념은 중요합니다. 이 부분도 꼭 익숙해지기 바랍니다.

🎓 수험생이 알아 둘 점

시험에 나오는 벡터 관련 문제 대부분은 도형(기하)과 연관된 것입니다. 문제를 풀 때는 도형의 성질을 잘 이용하는 것이 유리합니다. 특히 공간도형에서는 삼차원 입체를 상상하는 능력이 중요합니다.

  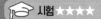

01 화살표 관점의 벡터

화살표 관점의 벡터 정의입니다. 직관적으로 이해할 수 있는 벡터의 기본적인 개념입니다.

 화살표 관점의 벡터는 시각적으로 이해할 수 있음

벡터의 정의

다음 그림과 같이 두 점 A, B를 연결한 선에서 'A에서 B'와 같이 방향을 지정한 것을 '유향선분'이라고 하며, 유향선분 중 위치와 상관없이 크기와 방향만 나타내는 것을 '벡터'라고 함

벡터는 $\overrightarrow{AB}$ 라고 나타내며, 벡터의 크기는 선 AB의 길이로 정의하며 $|\overrightarrow{AB}|$ 라고 나타냄

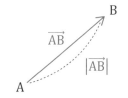

화살표(유향선분) 관점 벡터의 합, 차, k배는 다음 그림과 같이 정의함

벡터의 합

삼각형을 이용한
벡터의 합

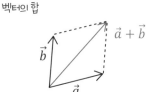

평행사변형을 이용한
벡터의 합

벡터의 k 배

크기가 k배(음수면 방향이 반대)

역벡터, 영(zero)벡터

왼쪽 그림에서
$$\vec{a} + (-\vec{a}) = \vec{0}$$
($\vec{0}$은 영벡터)

벡터의 차

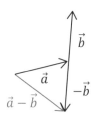

화살표 관점의 벡터는 크기와 방향을 가진 양

화살표 관점의 벡터는 직관적으로 이해하기 쉽습니다. 그러나 '벡터 = 화살표'는 아니므로 선입견을 갖지 않는 것이 좋습니다.

화살표 관점의 벡터는 크기와 방향을 갖는 양입니다. 그리고 자유롭게 평행 이동할 수 있습니다. 벡터 자체는 $\vec{a}$라고 나타내며, 벡터의 크기는 $|\vec{a}|$라고 나타냅니다. 의미가 명확하게 다르므로 구분합시다. 한편 크기와 방향을 갖는 양인 벡터와 반대의 개념으로 크기만 갖는 숫자를 스칼라라고 합니다. 이때 $\vec{a}$는 벡터이고, $|\vec{a}|$는 스칼라입니다.

벡터의 합(덧셈)과 차(뺄셈)은 Point에서 소개한 그림과 같이 직관적으로 이해할 수 있습니다(뺄셈은 방향을 반대로 바꿔 더합니다). $k\vec{a}$와 같이 벡터를 실수 배 곱했을 때, k가 양수면 현재 방향으로 크기를 k배 하고 k가 음수면 반대 방향으로 크기를 k배 합니다.

또한, 크기가 같고 방향이 반대인 벡터를 더하면 $\vec{0}$(영벡터)입니다. 영벡터는 0(숫자 영)의 의미가 아니고 크기가 0인 점을 뜻합니다. 착각하지 않도록 주의하세요.

BUSINESS 힘 나누기

다음 그림과 같이 수평이 아니라 $\theta°$만큼 위쪽으로 줄을 들어 올려 어떤 사물을 움직인다고 생각해 봅시다. 이때 벡터를 사용하여 사물을 움직이는 힘 $\vec{F}$를 수평 방향의 힘 $\vec{h}$과 수직 방향의 힘 $\vec{v}$로 나눌 수 있습니다. 즉, $|\vec{v}|$의 힘만큼 가벼워진 사물을 $|\vec{h}|$의 힘으로 움직이는 것입니다.

이렇게 벡터를 사용하면 현재 어떤 크기와 방향으로 힘을 사용하는지 직접적으로 쉽게 나타낼 수 있습니다.

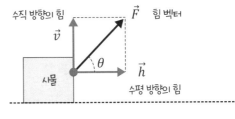

$$\vec{F} = \vec{h} + \vec{v}$$

02 벡터의 성분과 위치벡터

지금까지 살펴본 '좌표'를 기반에 둔 벡터 정의입니다. 수험생이나 실용 독자라면 벡터의 성분과 함께 벡터를 나타내는 것에 익숙해져야 합니다.

Point 화살표 관점의 벡터를 좌표처럼 다룰 수 있는 성분(수치)을 활용함

벡터의 성분

평면 위 임의의 벡터 $\vec{a}$는 x축이나 y축과 같은 방향을 갖는 크기 1의 기본 벡터 $\vec{e_1}$, $\vec{e_2}$를 사용하여 $\vec{a} = a_x\vec{e_1} + a_y\vec{e_2}$로 나타낼 수 있음

이때 $\vec{a} = (a_x, a_y)$로도 나타낼 수 있으며 이때 사용하는 기본 벡터의 계수 a_x, a_y를 벡터 $\vec{a}$의 '성분'이라고 함

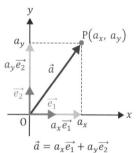

$$\vec{a} = a_x\vec{e_1} + a_y\vec{e_2}$$

또한, 두 벡터 $\vec{a} = (a_x, a_y)$, $\vec{b} = (b_x, b_y)$에 대해
다음과 같이 벡터의 합, 역벡터, 벡터의 차, 벡터의 k배를 계산함

- 벡터의 합: $\vec{a} + \vec{b} = (a_x, a_y) + (b_x, b_y) = (a_x + b_x, a_y + b_y)$
- 역벡터: $-\vec{a} = -(a_x, a_y) = (-a_x, -a_y)$
- 벡터의 차: $\vec{a} - \vec{b} = (a_x, a_y) - (b_x, b_y) = (a_x - b_x, a_y - b_y)$
- 벡터의 k배: $k\vec{a} = k(a_x, a_y) = (ka_x, ka_y)$
- 벡터의 크기: $|\vec{a}| = \sqrt{a_x^2 + a_y^2}$

위치벡터

좌표평면에서 원점 O를 시작점으로 두는 벡터를 '위치벡터'라고 함(벡터는 보통 시작점을 결정함)
위치벡터는 시작점을 원점에 고정하므로 벡터 $\overrightarrow{OP} = \vec{p}$이며 이는 점 P의 위치를 나타냄

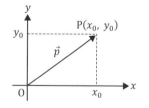

벡터를 숫자로 나타내기

벡터의 성분은 도면이 아닌 벡터를 숫자로 계산할 수 있게 합니다. 좌표평면에서 벡터를 생각하면 (x, y)의 형식으로 나타낼 수 있습니다. 또한, 화살표 관점의 벡터 계산은 벡터의 성분을 이용할 때도 같은 개념을 적용해 계산됩니다.

위치벡터는 원점 O를 시작점으로 둔 벡터입니다. 벡터의 성분과 비슷한 개념이지만 시작점인 원점 O를 고정한다는 차이가 있습니다. 보통 벡터는 시작점을 정하지 않으므로(평행이동을 자유롭게 할 수 있음) 벡터로 좌표평면의 점을 나타낼 수 없습니다. 그러나 위치벡터는 시작점이 정해져 있으므로 벡터의 끝점은 좌표평면의 점 위치와 같습니다.

BUSINESS 선분을 나누는 점

위치벡터를 사용하는 예를 살펴보겠습니다.

선분 AB에서 AP : PB = $m : n$으로 나누는 점을 '선분 AB를 $m : n$으로 내분하는 점'이라고 합니다. 다음 식과 그림은 이 점 P를 xy 좌표와 위치벡터 기반으로 각각 나타낸 것입니다.

좌표로 나타냈을 때:
$$\left(\frac{mx_b + nx_a}{m + n}, \frac{my_b + ny_a}{m + n} \right)$$

위치벡터로 나타냈을 때: $\vec{p} = \dfrac{m\vec{b} + n\vec{a}}{m + n}$

좌표 기반과 위치벡터 기반의 식이 거의 비슷하며, 위치벡터가 조금 더 간단합니다. 또한, 위치벡터의 식은 삼차원일 때도 같은 방식으로 나타낼 수 있습니다.

같은 점을 나타낼 때 좌표 기반이든 위치벡터 기반이든 큰 차이가 없을 것으로 생각한 분도 있을 겁니다. 좌표라는 개념이 있는데도 일부러 위치벡터라는 개념을 사용하는 이유 중 하나는 이 간결함에 있습니다.

 교양 ★★　　 실용 ★★★★　　 시험 ★★★★★

03 벡터의 일차독립

벡터의 일차독립으로 벡터의 수직과 평행을 배웁니다. 물리학이나 통계와도 연결되는 중요한 개념입니다.

두 벡터가 평행하지 않으면 일차독립

벡터의 일차독립

평면 위 두 벡터 $\vec{a}$, $\vec{b}$가 $\vec{0}$와도 평행하지 않을 때 이 두 벡터는 '일차독립'이라고 함. 이때 평면 위 임의의 벡터 $\vec{p}$는 실수 m, n를 사용하여 $\vec{p} = m\vec{a} + n\vec{b}$라고 나타낼 수 있음. $\vec{a}$, $\vec{b}$가 평행일 때는 이 성질이 성립되지 않으며, 이때 a, b는 '일차종속'이라고 함

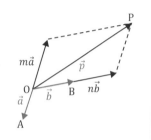

벡터의 평행 및 수직 조건

벡터 $\vec{a} = (x_a, y_a)$와 $\vec{b} = (x_b, y_b)$가 평행 및 수직이 되는 조건($\vec{a} \neq \vec{0}$, $\vec{b} \neq \vec{0}$)

- 평행 조건: $x_a y_b - x_b y_a = 0$, 이때 $\vec{a} = k\vec{b}$(k는 실수)라고 나타낼 수 있음
- 수직 조건: $x_a x_b + y_a y_b = 0$

일차독립은 일반적이고 일차종속은 예외 상황

일차독립의 개념은 반대로 배웠을 때 잘 이해할 수 있습니다. 왜냐하면 벡터 2개 대부분은 일차독립이기 때문입니다. 일차종속은 예외적인 상태입니다. 즉, 일차종속이 아닌 상태이라면 일차독립이라고 이해하면 됩니다.

일차종속은 두 벡터가 평행한 상태입니다. 벡터 $\vec{a}$, $\vec{b}$가 평행하면 $\vec{a} = k\vec{b}$로 나타낼 수 있습니다. 그럼 $\vec{a} = (x_0, y_0)$일 때 $\vec{b} = (kx_0, ky_0)$, 즉 $\vec{a} + \vec{b} = (x_0(k+1), y_0(k+1))$인 직선 위에 있는 점의 집합입니다.

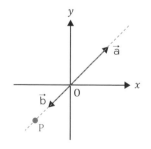

예를 들어 평행한 벡터 $\vec{a} = (2, 2)$와 $\vec{b} = (-1, -1)$를 나타내면 오른쪽 그림과 같습니다. 벡터가 직선 위에 있으므로

이 두 벡터를 어떻게 늘리든 점 P는 이 직선 위에만 있습니다.

방금 설명한 일차종속 이외의 평행하지 않은 벡터 $\vec{a}$, $\vec{b}$는 일차독립입니다. 평행하지 않은 평면 위 임의의 벡터는 $\vec{p} = m\vec{a} + n\vec{b}$와 같이 나타낼 수 있습니다.

BUSINESS 좌표축 변환하기

일차독립을 사용하면 좌표축을 자유롭게 바꿀 수 있습니다. 일차독립의 성질에서 벡터가 평행하지 않을 때는 $\vec{p} = m\vec{a} + n\vec{b}$로 나타낼 수 있다고 했습니다. 그럼 오른쪽 그림과 같이 직교하는 좌표 x, y가 아니라 임의의 좌표 x', y'에서도 점 P를 나타낼 수 있습니다. 즉, 계산하기 어려울 때는 계산하기 쉽도록 축을 바꿔 문제를 풀어도 괜찮습니다.

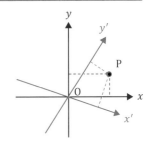

단, 실제 계산한 값에 오차가 있는 상황에 주의해야 합니다. 실제 계산한 값은 좌표축이 평행에 가까울수록 오차가 발생할 범위가 넓어집니다. 따라서 일차독립이라도 좌표축은 가급적 수직 상태를 유지해야 합니다.

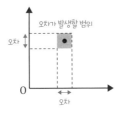

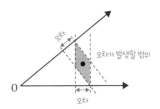

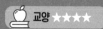
04 벡터의 내적

벡터의 내적은 자주 나오는 개념이므로 정의를 기억해두기 바랍니다. 특히 두 벡터가
수직일 때 내적이 0이라는 것은 중요한 사실입니다.

내적이 0이면 두 벡터는 수직임

벡터의 내적

벡터 $\vec{a}$, $\vec{b}$의 내적은 다음과 같이 정의함. 정의는 두 가지가 있으며 수학적으로
동치(두 정의가 논리적으로 같다는 뜻)임

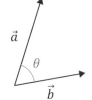

- 벡터 $\vec{a}$, $\vec{b}$가 만드는 사잇각을 θ라고 할 때 벡터의 내적은
  $\vec{a} \cdot \vec{b} = |\vec{a}| |\vec{b}| \cos\theta$ 임
- 벡터 $\vec{a} = (x_a, y_a)$, $\vec{b} = (x_b, y_b)$일 때 벡터의 내적은
  $\vec{a} \cdot \vec{b} = x_a x_b + y_a y_b$ 임

벡터의 수직 조건

벡터 $\vec{a}$, $\vec{b}$가 수직일 때 벡터의 내적 $\vec{a} \cdot \vec{b} = 0$임

벡터의 곱셈은 한 가지가 아니다

이 절에서는 벡터의 곱셈에 도움을 주는 '내적'인 $|\vec{a}| |\vec{b}| \cos\theta$를 소개합니다. 단, 방금 벡
터의 곱셈이라고 소개했는데 벡터의 곱셈은 한 가지가 아니다라는 점에 주의해야 합니다.
이 책에서는 '외적'이라는 곱셈도 소개할 것입니다.

한편 내적은 벡터끼리의 연산이 스칼라인지도 주의해야 합니다. 도형 관점의 벡터의 내
적은 '두 벡터에 같은 방향의 성분을 곱한 숫자'입니다. 다음 그림과 같은 벡터 $\vec{a}$와 $\vec{b}$의
내적을 살펴봅시다.

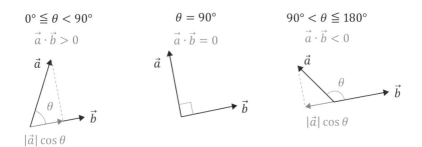

$0° \leqq \theta < 90°$

$\vec{a} \cdot \vec{b} > 0$

$|\vec{a}| \cos \theta$

$\theta = 90°$

$\vec{a} \cdot \vec{b} = 0$

$90° < \theta \leqq 180°$

$\vec{a} \cdot \vec{b} < 0$

$|\vec{a}| \cos \theta$

θ의 범위가 다르지만 벡터 $\vec{a}$를 벡터 $\vec{b}$와 수직 방향으로 분해하여 그 크기를 곱한 것이 내적임을 알 수 있습니다.

따라서 $\vec{a}$와 $\vec{b}$가 수직이면 별도로 분해할 필요가 없으므로 내적은 0입니다. 이는 매우 중요한 성질입니다. 또한, $\vec{a}$와 $\vec{b}$의 사잇각이 90°보다 크면 내적은 음수입니다.

📔 BUSINESS 사물이 받는 에너지 양

내적을 활용하는 예 중 하나로 에너지 계산이 있습니다. 다음 그림과 같이 사물이 받는 에너지 양은 힘 벡터 $\vec{F}$와 이동한 거리를 나타내는 벡터 $\vec{s}$의 내적을 계산해 얻는다고 알려져 있습니다.

이 식에서 알 수 있는 점은 큰 에너지를 주려면 힘과 함께 방향도 중요하다는 것입니다. 아무리 강한 힘을 주어도 그 방향이 수직이면 사물이 받는 에너지는 0입니다. 또한 사물이 받는 힘이 이동 방향과 반대면 에너지는 오히려 줄어듭니다.

사물이 받는 에너지 양

$\vec{F} \cdot \vec{s} = |\vec{F}| |\vec{s}| \cos \theta$

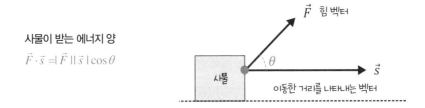

$\vec{F}$ 힘 벡터

θ

사물

$\vec{s}$

이동한 거리를 나타내는 벡터

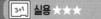
05 평면도형의 벡터방정식

도형을 위치벡터로 나타내면 도형을 더 잘 이해할 수 있습니다. 벡터방정식은 일반 방정식보다 간결하며 매개변수표현과 궁합이 좋습니다.

벡터방정식은 추상적이므로 그림으로 이해하면 좋음

직선의 벡터방정식

① 점 A, B를 지나는 직선이 있을 때

　$\vec{p} = (1-t)\vec{a} + t\vec{b}$ (t는 임의의 실수)

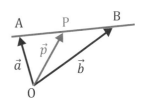

② 점 A를 지나는 $\vec{b}$에 평행한 직선이 있을 때

　$\vec{p} = \vec{a} + t\vec{b}$ (t는 임의의 실수)

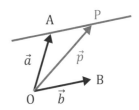

③ 점 A를 지나는 $\vec{n}$에 수직인 직선이 있을 때

　$(\vec{p} - \vec{a}) \cdot \vec{n} = 0$

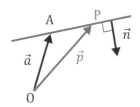

원의 벡터방정식

점 C를 중심으로 반지름이 r인 원이 있을 때

$|\vec{p} - \vec{c}| = r$

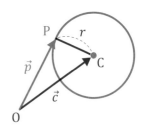

벡터방정식을 사용하는 이유

10장에서 좌표 위 도형을 방정식으로 나타냈습니다. 여기서는 위치벡터를 사용해 도형을 나타내는 방법을 소개합니다. 물론 방정식으로 나타내는 방법과 수학적으로 완전히 같습니다. 그러나 벡터로 나타내면 세 가지 측면에서 장점이 있습니다.

첫 번째는 매개변수표현과 궁합이 좋다는 것입니다. 예를 들어 점 $A(x_1, y_1)$, $B(x_2, y_2)$를 지나는 직선 P는 Point에서 소개한 식과 비교했을 때, 매개변수 t를 사용하면 $(x, y) = (x_1(1 - t) + x_2t, y_1(1 - t) + y_2t)$와 같이 쉽게 계산할 수 있습니다. 계산할 때나 프로그래밍할 때 매개변수표현을 사용해야 할 때가 있습니다. 이때 벡터방정식의 개념이 유용합니다.

두 번째는 간결하다는 것입니다. 예를 들어 원의 벡터방정식은 Point에서 소개한 것처럼 $|\vec{p} - \vec{c}| = r$로 나타냅니다. 이를 일반 방정식으로 나타내면 $(x - x_0)^2 + (y - y_0)^2 = r^2$입니다. 벡터방정식이 간결하다는 것을 쉽게 알 수 있습니다.

수학을 활용하는 사람이라면 어떤 식이든 큰 상관이 없다고 말하겠지만, 수학은 아름다움을 추구하는 학문이기도 합니다. 즉, 복잡한 정보를 최대한 간결하게 나타내는 것이 중요합니다. 이 관점에서 벡터방정식을 권합니다.

세 번째는 도형의 성질을 알기 쉽다는 것입니다. 예를 들어 원의 벡터방정식 $|\vec{p} - \vec{c}| = r$에는 '중심의 위치벡터 $\vec{c}$와 반지름이 r인 점 P의 집합'이라는 원의 정의가 자연스럽게 포함됩니다. 원의 방정식은 원의 벡터방정식과 비교했을 때 불필요한 숫자가 많거나 반지름 r 자체를 제곱해서 나타내는 등 도형의 성질을 바로 파악하기 쉽지 않습니다.

프로그래밍할 때는 버그를 막으려고 알기 쉽게 설명하는 것을 중요하게 생각합니다. 그 관점에서 벡터방정식은 유용합니다.

06 공간벡터

공간(삼차원)의 개념은 평면(이차원)의 개념과 비교해 배우면 이해하기 쉽습니다. 교양 독자도 공간에 담긴 '차원'의 의미를 배워 둡니다.

벡터로 나타내면 이차원이나 삼차원은 거의 같은 개념임

공간벡터

공간벡터는 x, y, z의 세 축으로 나타내며, 공간벡터 $\vec{a}$의 성분은 $\vec{a} = (a_x, a_y, a_z)$임

화살표 관점의 벡터에 있는 평면의 성질은 모든 공간벡터에서도 성립함

벡터 $\vec{a} = (a_x, a_y, a_z)$, $\vec{b} = (b_x, b_y, b_z)$에 대해 다음과 같이 벡터의 합, 크기, 내적을 정의함

- 벡터의 합: $\quad \vec{a} + \vec{b} = (a_x, a_y, a_z) + (b_x, b_y, b_z)$
$$= (a_x + b_x, \ a_y + b_y, \ a_z + b_z)$$

- 벡터의 크기: $|\vec{a}| = \sqrt{a_x^2 + a_y^2 + a_z^2}$

- 벡터의 내적: $\vec{a} \cdot \vec{b} = (a_x b_x + a_y b_y + a_z b_z)$

  $\vec{a}$, $\vec{b}$가 수직일 때 내적은 $\vec{a} \cdot \vec{b} = 0$이며, $a_x b_x + a_y b_y + a_z b_z = 0$으로 나타냄
  내적은 $|\vec{a}||\vec{b}|\cos\theta$ 라는 정의도 그대로 사용할 수 있음(θ는 $\vec{a}$, $\vec{b}$의 사잇각임)

공간벡터의 일차독립

어떤 공간에 있는 벡터 $\vec{p_1}$, $\vec{p_2}$, $\vec{p_3}$가 일차독립일 조건은 $c_1 \vec{p_1} + c_2 \vec{p_2} + c_3 \vec{p_3} = 0$을 만족하는 실수 c_1, c_2, c_3이 $c_1 = c_2 = c_3 = 0$인 경우임. 이때 공간 위 임의의 위치벡터 $\vec{p}$는 실수 쌍 하나인 a, b, c만 사용하며, $\vec{p} = a\vec{p_1} + b\vec{p_2} + c\vec{p_3}$의 형태로 나타낼 수 있음

공간벡터일 때 변하는 것과 변하지 않는 것

공간벡터는 평면에서 다뤘던 벡터가 공간으로 이동하는 것입니다. 수학적으로는 이차원이 삼차원으로 바뀌는 것입니다. 하지만 화살표 관점의 벡터가 갖는 성질은 아무것도 바뀌지 않습니다. 변하는 것은 벡터의 성분뿐입니다. 즉, 평면에서는 x, y라는 두 축을 다루었다면 공간에서는 x, y, z라는 세 축을 다룹니다. 그래서 성분이 (x, y)에서 (x, y, z)로 바뀌고 그에 맞춰 성분의 계산 식도 바뀌는 것입니다.

수학에서 말하는 차원은 해당 차원을 나타내는 점을 지정하는 데 필요한 최소 숫자의 개수입니다. 평면은 가로, 세로에 해당하는 (x, y)가 필요하고, 공간에서는 가로, 세로, 높이에 해당하는 (x, y, z)가 필요합니다. 실생활에서는 앞 세 가지와 함께 시간도 고려해야 하므로 수학적으로는 사차원입니다.

삼차원이면 벡터의 일차독립 정의가 Point에서 소개한 내용으로 바뀝니다. 여기서 기억할 점은 이차원과 삼차원의 차이입니다. 이차원 공간에서는 벡터 $\vec{a}$, $\vec{b}$가 평행해야 평면 위 모든 점을 $\vec{a}$와 $\vec{b}$로 나타낼 수 있습니다. 그러나 공간벡터는 $\vec{a}$, $\vec{b}$, $\vec{c}$가 평행일 필요는 없지만 같은 평면 위에 있다면 공간 전체를 $\vec{a}$, $\vec{b}$, $\vec{c}$의 쌍으로 나타낼 수 없습니다. 그래서 일차독립의 조건은 $\vec{a}$, $\vec{b}$, $\vec{c}$가 같은 평면 위에 있지 않아야 한다입니다. 이 조건을 수식으로 나타내면 Point에서 소개한 식과 같습니다.

BUSINESS 공간은 사실 구차원이라는 초끈 이론

우리가 사는 공간이 삼차원임은 의심의 여지가 없을 것입니다. 그러나 최신 물리 이론에서는 반드시 삼차원인 것 같지는 않습니다. 기본 입자(다른 입자를 구성하는 아주 작은 기본적인 입자)를 다루는 초끈 이론에서는 공간이 구차원인 것으로 알려져 있습니다.

사람이라면 이런 차원을 상상조차 할 수 없을 것입니다. 그러나 수학은 차원을 정확하게 설명합니다. 예를 들어 구차원 공간의 축이 A, B, C, D, E, F, G, H, I라면 벡터의 크기는 $\sqrt{A^2 + B^2 + C^2 + D^2 + E^2 + F^2 + G^2 + H^2 + I^2}$이라고 나타냅니다.

보통 언어는 사람의 상상력의 범위 안에서만 사용할 수 있습니다. 하지만 수학은 사람의 상상을 뛰어넘는 것을 설명할 수 있습니다. 이것이 바로 수학의 힘입니다.

07 공간도형의 벡터방정식

벡터방정식의 삼차원 버전입니다. 공간도형은 식이 복잡해지기 쉬워서 벡터방정식의
간결함이 더 돋보입니다.

벡터방정식은 평면과 같은 개념으로 공간도형을 다룰 수 있음

직선의 벡터방정식 (① · ②는 **05**에서 설명한 직선의 벡터방정식과 같음)

① 점 A를 지나면서 $\vec{b}$에 평행한 직선이 있을 때

$\vec{p} = \vec{a} + t\vec{b}$ (t는 임의의 실수)

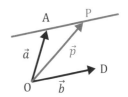

② 점 A, B를 지나는 직선이 있을 때

$\vec{p} = (1-t)\vec{a} + t\vec{b}$ (t는 임의의 실수)

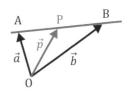

평면의 벡터방정식

점 A를 지나면서 $\vec{n}$에 수직인 직선이 있을 때

$(\vec{p} - \vec{a}) \cdot \vec{n} = 0$

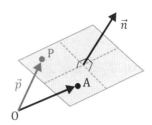

구의 벡터방정식

점 C를 중심으로 반지름이 r인 구가 있을 때

$|\vec{p} - \vec{c}| = r$

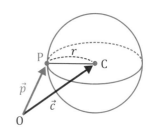

공간도형은 벡터방정식의 장점이 돋보인다

이 절에서는 **05**에서 소개한 벡터방정식을 공간도형에 적용하는 예를 설명합니다.

Point를 살펴봤다면 직선의 벡터방정식 정의와 구의 벡터방정식 정의는 이차원(평면도형) 과 같은 식입니다. 차원이 높아져도 같은 식으로 나타낼 수 있다는 사실은 놀라울 것입니 다. 보통 일반 방정식에서 삼차원을 다룰 때는 x, y, z가 있는 복잡한 수식을 정의하므로 벡터방정식의 장점을 제대로 실감할 것입니다.

평면의 벡터방정식은 이 절에서 처음 설명합니다. 평면도형에서는 법선벡터와 수직이면 서 어떤 점 하나를 지나는 도형이 직선이었습니다. 그런데 공간의 개념에서는 해당 개념 을 만족하는 도형이 직선이 아닌 평면을 나타냅니다. 즉, 공간 안의 평면을 다룰 때 법선 벡터는 매우 중요한 매개변수입니다.

BUSINESS 삼차원 CAD 데이터를 이차원으로 만들기

최근에는 자동차, 비행기, 기차 등 교통수단이나 빌딩, 타워 등 건축물을 설계할 때 컴퓨 터를 사용합니다. 이 설계도를 그리는 소프트웨어를 CAD(Computer-Aided Design) 라고 하며, 최근에는 공간 데이터를 다룰 수 있는 3D CAD를 사용합니다. 3D CAD는 설계 데이터를 공간도형으로 다룹니다. 즉, 공간도형의 방정식(데이터)을 컴퓨터에 보관 하는 것입니다.

그런데 설계도를 출력하거나 고객에게 설명하는 자료를 만들 때는 이차원(평면) 데이터 가 필요한 경우가 있습니다. 이때는 다음 그림과 같이 삼차원 데이터를 잘 나타낼 수 있 는 위치를 정한 후 이를 잘라 평면으로 만듭니 다. 즉, 삼차원 데이터가 있으면 원하는 위치의 평면을 언제든 만들 수 있으므로 설계할 때 많 은 도움이 됩니다.

3D CAD를 잘 다루려면 공간도형에 대한 지식 과 감각이 필요합니다. 관련 실무에 일하는 사 람이라면 꼭 공간도형을 공부해 둡시다.

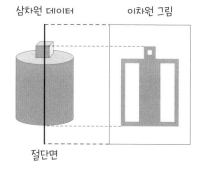

삼차원 데이터　　　　이차원 그림

절단면

08 벡터의 외적

전자기학이나 역학 등을 배우거나 활용하는 사람이 아니면 이 절에서 설명하는 내용 이외의 것은 기억하지 않아도 됩니다. 내적과 외적이 서로 다른 개념이라는 것만 알아도 충분합니다.

벡터의 외적을 계산한 결과는 스칼라가 아닌 벡터임

벡터의 외적

$\vec{a} \times \vec{b}$를 벡터의 '외적'이라고 함

- 벡터의 방향: $\vec{a} \times \vec{b}$는 $\vec{a}$와 $\vec{b}$에 수직이고, $\vec{a}$에서 $\vec{b}$쪽을 향해 오른손으로 감아 쥘 때의 방향임

- 벡터의 크기: $|\vec{a}||\vec{b}|\sin\theta$, 즉 $\vec{a}$, $\vec{b}$가 만드는 평행사변형의 넓이에 해당함

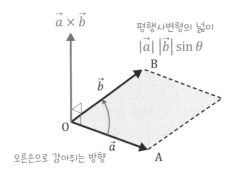

외적의 성분

$\vec{a} = (a_x, a_y, a_z)$, $\vec{b} = (b_x, b_y, b_z)$일 때,

$\vec{a} \times \vec{b} = (a_y b_z - a_z b_y, \ a_z b_x - a_x b_z, \ a_x b_y - a_y b_x)$

외적의 계산 결과는 벡터가 된다

벡터의 내적을 설명하면서 벡터의 곱셈은 한 가지로 정의할 수 없다고 했습니다. 하지만 실제로 자주 사용되는 것은 내적과 여기서 소개하는 외적 두 가지입니다.

벡터의 외적이 갖는 성질은 내적과 달리 계산 결과가 벡터라는 점입니다. 벡터의 크기는 $\vec{a}$ 와 $\vec{b}$가 만드는 평행사변형의 넓이, 즉 $|\vec{a}| |\vec{b}| \sin\theta$입니다.

또한, 벡터의 방향은 $\vec{a}$와 $\vec{b}$에 수직이고 $\vec{a}$에서 $\vec{b}$를 향해 오른손으로 감아쥘 때의 방향입니다. 그래서 $\vec{a} \times \vec{b}$와 $\vec{b} \times \vec{a}$는 벡터의 방향이 정반대, 즉 $\vec{a} \times \vec{b} = -\vec{b} \times \vec{a}$입니다. 한편 벡터의 외적이 갖는 방향은 서로 다른 두 벡터에 수직이므로 이차원(평면)으로 정의할 수 없습니다. 즉, 외적을 정의하려면 적어도 삼차원이어야 합니다.

외적은 이상한 정의처럼 느껴질 수도 있습니다. 하지만 나중에 설명하는 모터와 회전력 (회전시키는 힘)처럼 회전과 관련된 움직임에 활용되는 경우가 많습니다. 해당 분야에서 일하는 사람에게는 필수 지식입니다.

BUSINESS 모터를 돌리는 힘

전기의 힘을 움직이는 힘으로 바꾸는 모터는 로런츠 힘이라는 것을 이용합니다. 로런츠 힘은 자기장에 전류가 흐를 때 받는 힘입니다. 이 힘 $\vec{F}$는 자기장 벡터 $\vec{B}$, 전류 벡터 $\vec{I}$라고 할 때 $\vec{F} = \vec{I} \times \vec{B}$라는 식으로 나타냅니다.

모터가 회전하는 원리는 나타내는 그림을 살펴보죠. 다음 그림은 특정 시점의 모터 작동과 그때 작용하는 로런츠 힘을 나타냅니다.

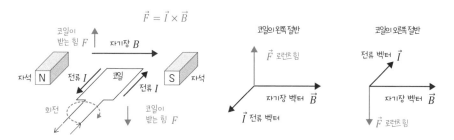

모터 안에는 전선을 감은 형태의 부품인 코일이 있습니다. 이 코일은 자기장 B가 있으며 코일에 전류가 흐를 때 왼쪽 절반과 오른쪽 절반에서 전류의 방향은 반대입니다. 코일의 왼쪽 및 오른쪽 절반에 받는 로런츠 힘의 방향도 반대입니다. 이 반대 방향으로 받는 힘은 코일을 회전시키는 힘이 되어 모터의 회전력(토크)을 만듭니다.

09 속도벡터와 가속도벡터

벡터를 미적분학에 활용하는 데 중요한 부분입니다. 수험생이라면 두 벡터를 통해 몇 가지 물리 법칙을 쉽게 이해할 것입니다.

벡터의 성분을 활용하면 미분할 수 있음

이차원 평면의 속도와 가속도

평면 위를 운동하는 점 P의 좌표를 $(x(t), y(t))$와 시간 t의 함수로 나타냈다면, 시간 t에 대한 P의 속도벡터 $\vec{v}$, 가속도벡터 $\vec{a}$는 다음 식과 같이 나타냄

$$\vec{v} = \left(\frac{dx(t)}{dt}, \frac{dy(t)}{dt} \right) = (x'(t), y'(t))$$

속도

$$|\vec{v}| = \sqrt{\{x'(t)\}^2 + \{y'(t)\}^2}$$

$$\vec{a} = \left(\frac{d^2x(t)}{dt^2}, \frac{d^2y(t)}{dt^2} \right) = (x''(t), y''(t))$$

가속도의 크기

$$|\vec{a}| = \sqrt{\{x''(t)\}^2 + \{y''(t)\}^2}$$

벡터로 평면 위의 움직임을 분석할 수 있다

6장 08에서 직선의 속도와 가속도를 살펴봤습니다. 이 절에서는 벡터를 사용하여 평면 위의 속도와 가속도를 살펴봅니다.

직선 운동과 평면 위 운동의 차이점은 방향입니다. 직선은 방향이 두 가지밖에 없고, 양 (+)과 음(−)으로 방향을 나타낼 수 있습니다. 하지만 평면은 360°에 해당하는 모든 방향을 나타낼 수 있습니다. 사실 벡터는 이러한 방향을 나타내는 수학적 방법입니다.

따라서 벡터는 방향이라는 부분을 빼면 직선의 속도와 가속도를 계산하는 개념과 큰 차이가 없습니다. Point처럼 위치벡터를 시간 t에 대한 식으로 나타낸 후, x와 y 각각에 대해 미분하는 것으로 속도벡터와 가속도벡터를 계산할 수 있습니다. 이때 계산한 속도와 가속도는 방향과는 무관하므로 절댓값으로 나타낸다는 점에 주의하세요.

이번에는 물리 문제에서 자주 나오는 등속 원운동을 설명합니다.

고등학교 물리에서는 미적분을 사용하지 않으므로 공식을 외워야 합니다. 그러나 이 절에서 설명한 속도벡터와 가속도벡터의 개념을 사용하면 의미를 명확하게 이해할 수 있습니다. 그림을 참고하면서 식을 살펴보기 바랍니다.

점 $(0, 0)$을 중심으로 반지름 r 위의 점을 같은 속도로 회전하는 움직이는 점 P를 생각해 봅시다. 이때 시간 t일 때의 P의 위치는 각속도가 ω일 때 $(r\cos\omega t, r\sin\omega t))$입니다. 각속도 ω는 단위 시간당 회전하는 각도인데, 이 경우에는 같은 속도로 회전하므로 일정한 값입니다.

또한, 시간 t에 대한 속도는 $\dfrac{dx}{dt} = -r\omega\sin\omega t$, $\dfrac{dy}{dt} = r\omega\cos\omega t$입니다. 그럼 속도벡터 $\vec{v}$와 해당 벡터의 크기 $|\vec{v}|$는 다음과 같이 계산합니다.

$$\vec{v} = (-r\omega\sin\omega t, r\omega\cos\omega t)$$
$$|\vec{v}| = \sqrt{(-r\omega\sin\omega t)^2 + (r\omega\cos\omega t)^2} = r\omega$$

※ $\sin^2\theta + \cos^2\theta = 1$을 사용해 계산함

마찬가지로 시간 t에 대한 가속도는 $\dfrac{d^2x}{dt^2} = -r\omega^2\cos\omega t$, $\dfrac{d^2y}{dt^2} = -r\omega^2\sin\omega t$입니다. 따라서 가속도벡터 $\vec{a}$와 해당 벡터의 크기 $|\vec{a}|$는 다음과 같이 계산합니다.

$$\vec{a} = (-r\omega^2\cos\omega t, -r\omega^2\sin\omega t)$$
$$|\vec{a}| = \sqrt{(-r\omega^2\cos\omega t)^2 + (-r\omega^2\sin\omega t)^2} = r\omega^2$$

각 벡터의 방향은 오른쪽 그림과 같습니다. 속도벡터 $\vec{v}$는 $\vec{p}$에 수직이며 회선 방향과 같은 방향의 벡터입니다. 그리고 가속도벡터 $\vec{a}$는 $\vec{p}$의 회전 방향과 반대입니다.

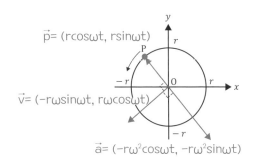

 교양 ★   실용 ★★★★   시험 ★

10 벡터의 기울기, 발산, 회전

고등학교 수학의 범위를 벗어나지만 전자기학이나 유체역학을 이해하고 활용하는 데 꼭 필요합니다. 이공계열로 대학교를 다니는 사람이라면 빨리 배웁시다.

Point

물리(응용)를 통해 배우는 것이 기억하기 쉬움

벡터의 기울기, 발산, 회전

벡터함수 $F = (f_x(x, y, z), f_y(x, y, z), f_z(x, y, z))$와 스칼라 함수 $g(x, y, z)$가 있을 때 기울기(grad), 발산(div), 회전(rot) 함수는 다음과 같이 정의함

기울기 (gradient, 스칼라를 벡터로 변환함)

$$\text{grad } g(x, y, z) = \left(\frac{\partial}{\partial x} g(x, y, z), \frac{\partial}{\partial y} g(x, y, z), \frac{\partial}{\partial z} g(x, y, z) \right)$$

발산 (divergence, 벡터를 스칼라로 변환함)

$$\text{div } F = \frac{\partial f_x}{\partial x} + \frac{\partial f_y}{\partial y} + \frac{\partial f_z}{\partial z}$$

회전 (rotation, 벡터를 벡터로 변환함)

$$\text{rot } F = \left(\frac{\partial f_z}{\partial y} - \frac{\partial f_y}{\partial z}, \frac{\partial f_x}{\partial z} - \frac{\partial f_z}{\partial x}, \frac{\partial f_y}{\partial x} - \frac{\partial _x}{\partial y} \right)$$

예) $g(x, y, z) = xy^2z^3$, $F = (xy^2z^3, x^2y^3z, x^3yz^2)$일 때

grad $g(x, y, z) = (y^2z^3, 2xyz^3, 3xy^2z^2)$

div $F = y^2z^3 + 3x^2y^2z + 2x^3yz$

rot $F = (x^3z^2 - x^2y^3, 3xy^2z^2 - 3x^2yz^2, 2xy^3z - 2xyz^3)$

※ 대학교부터는 벡터 $\vec{F}$와 같이 화살표를 붙이지 않고 F와 같이 굵은 문자(볼드)로 벡터를 나타내는 것이 일반적임

 시험 ★

벡터 미적분은 어렵지 않다

벡터의 미적분은 복잡한 기호 등의 이유로 제대로 이해하기 어렵다고 생각하기 쉽습니다. 그런데 이 장의 맨 앞에서 벡터를 의미가 있는 숫자 여러 개를 담은 상자라고 설명한 것을 기억하나요? 즉, 벡터 함수도 성분으로 나타내면 $(f_x(x, y, z), f_y(x, y, z), f_z(x, y, z))$와 같이 함수가 여러 개 담긴 상자입니다.

물론 함수와 변수 개수가 많으므로 계산이 복잡하지만 여기까지 이 장을 읽은 사람이라면 신중하게 식을 살펴보면 반드시 이해할 수 있습니다. 어려워하지 말고 공부하세요.

벡터의 미적분 중 가장 중요한 개념은 Point에서 소개한 기울기, 발산, 회전입니다. 그런데 수식(특히 회전)을 봐도 무슨 말인지 잘 모를 것입니다. 이 때문에 좀 더 쉽게 이해하는 방법으로 물리 법칙(전자기학)을 이용하겠습니다.

전자기학으로 벡터 미적분을 배울 때 기울기는 전위와 전기장의 관계, 발산은 가우스 법칙, 회전은 앙페르 법칙을 활용하면 좋습니다. 이처럼 때로는 응용 학문에서 기초를 배우는 것이 좋은 경우도 있습니다.

BUSINESS 맥스웰 방정식

물체의 운동을 뉴턴의 운동 방정식으로 나타낸 것처럼 전기, 자기, 전자파 현상의 기본 방정식이 있습니다. 다음에 나타낸 식 4개로 이루어진 맥스웰 방정식입니다.

맥스웰 방정식은 전기장과 사기장(사속밀도) 벡터의 회선과 발산으로 구성되어 있습니다. 전기장과 자기장은 벡터이므로 벡터 미적분을 꼭 이해해야 합니다.

$$\operatorname{div} \boldsymbol{E} = \frac{\rho}{\epsilon_0}, \ \ \operatorname{rot} \boldsymbol{E} = -\frac{\partial \boldsymbol{B}}{\partial t}, \ \ \operatorname{rot} \boldsymbol{B} = \mu_0 \left(\boldsymbol{j} + \epsilon_0 \frac{\partial \boldsymbol{E}}{\partial t} \right)$$

$\boldsymbol{E}$: 전기장벡터,　　$\boldsymbol{j}$: 전류밀도벡터,　ϵ_0: 진공 유전율(vacuum permittivity)

$\boldsymbol{B}$: 자속밀도벡터,　ρ: 전하밀도,　　　μ_0: 진공 투자율(vacuum permeability)

Column

수학적 추상화의 가치

이 장의 Introduction에서 벡터를 의미가 있는 숫자 여러 개를 상자 하나에 넣는 것으로 설명했습니다. 그리고 이유가 '다루기 편하기 때문'이라고 했습니다. 하지만 벡터가 중요한 이유가 또 있습니다. 수학의 '추상화'를 구현했기 때문입니다.

여기서 말하는 추상화는 상황에 따라 서로 다른 도형에 같은 방정식을 적용할 수 있다는 의미입니다. 이 장에서 소개한 이차원인 원과 삼차원 구가 좋은 예입니다. 원과 구는 중심에서 같은 거리에 있는 점의 집합이며 $|\vec{p} - \vec{c}| = r$라는 벡터방정식으로 나타냈습니다. 이는 원과 구를 같은 형태의 방정식으로 추상화한 결과입니다. 수학에서는 이러한 추상화를 중요하게 생각합니다. 가장 큰 이유는 '아름답다'라는 것입니다. 물론 실용적인 관점에서는 새로운 가치를 만들 수 있다는 점도 있습니다.

그러한 대표적인 예로 해석역학(analytical mechanics)이라는 분야가 있습니다. 이는 라그랑주와 해밀턴이라는 수학자를 중심으로 기존 좌표 방식으로 뉴턴의 운동 방정식을 해석하지 않도록 수학적으로 추상화(예: 직교좌표에서 극좌표를 사용하도록 변환)한 것입니다. 뉴턴이 고전역학(classical mechanics)의 체계를 정립한 후 일어난 일입니다.

이러한 추상화를 연구하게 된 계기는 순수한 관심이었다고 알려져 있습니다. 하지만 이 연구는 오늘날 양자역학을 비롯한 현대물리학이 발전하는 토대가 되었습니다. 누구나 할 수 있는 일은 아니긴 하지만, 수학의 추상화는 이와 같은 큰 힘이 있다고 생각합니다. 단순한 기호 연구가 아닌 것입니다.

다음 식은 라그랑주와 해밀턴이 유도한 운동 방정식입니다. 뉴턴의 운동 방정식과 비교하면 너무 추상적이어서 이해하기가 어렵습니다. 하지만 충분한 가치가 있는 방정식입니다.

$$\frac{d}{dt}\frac{\partial L}{\partial \dot{q}_i} - \frac{\partial L}{\partial q_i} = 0$$

오일러-라그랑주 방정식

$$\dot{q}_i = \frac{\partial H}{\partial p_i}, \ \dot{p}_i = -\frac{\partial H}{\partial q_i}$$

표준 방정식
(canonical equation, 해밀턴 방정식)

Chapter

12

행렬

Introduction

행렬은 벡터를 다른 벡터로 변환하는 계산이다

11장에서 벡터는 '의미 있는 숫자를 모은 것'이라고 했습니다. 이 장에서 설명하는 행렬 (matrix)도 의미 있는 숫자를 모은 것입니다.

그럼 벡터와 행렬의 차이점은 무엇일까요? 벡터는 가로 또는 세로로 한 행의 숫자로 구성되었는데, 행렬은 가로(행)와 세로(열)라는 이차원으로 숫자가 구성되었다는 것입니다. 이는 다음과 같은 식을 보면 바로 알 수 있습니다.

$$
\begin{bmatrix} 1 & 3 & 4 & 8 \end{bmatrix}
\begin{bmatrix} 1 \\ 8 \end{bmatrix}
\begin{bmatrix} 1 & 3 & 4 \end{bmatrix}
\qquad
\begin{bmatrix} 1 & 3 \\ 8 & 5 \end{bmatrix}
\begin{bmatrix} 1 & 3 & 7 \\ 8 & 5 & 4 \\ 2 & 6 & 9 \end{bmatrix}
\begin{bmatrix} 1 & 3 & 2 & 7 \\ 8 & 5 & 9 & 4 \end{bmatrix}
$$

벡터   행렬

그런데 형태라는 관점만으로 다르다고 하기에는 무언가 모자란 느낌이 있습니다. 행렬을 왜 사용하는지 아직 모르기 때문입니다. 사실 의미가 있는 숫자를 모은다는 관점으로는 벡터만으로도 충분합니다. 그런데도 행렬을 사용하는 이유는 벡터를 계산하는 수단이기 때문입니다.

예를 들어 (x, y)라는 벡터를 (x', y')로 변환하는 계산을 한다고 생각해 봅시다. 이때 x가 x'에 미치는 영향, x가 y'에 미치는 영향, y가 x'에 미치는 영향, y가 y'에 미치는 영향을 나타내는 숫자 4개가 필요합니다. 이를 효과적으로 나타내는 수단으로 벡터 대신 2×2 행렬을 사용하는 것입니다.

행렬을 이용해 구체적으로 어떤 계산을 하는지는 이 장의 각 절에서 자세히 설명할 것입니다. 여기에서는 행렬은 벡터를 다른 벡터로 변환하는 계산 수단이라는 점을 꼭 기억하세요.

행렬과 고등학교 수학의 관계

행렬은 벡터를 계산하는 방법이므로 11장에서 소개한 벡터와 매우 밀접한 관계가 있습니다. 이 책에서는 다루지 않지만, 대학교에서 배우는 선형대수학은 벡터와 행렬의 관계를 설명합니다. 참고로 선형대수학은 물리학, 통계학, 공학 전반에서 폭넓게 사용되는 중요한 과목입니다.

그런데 현재(2020년) 고등학교 수학 교육 과정에서는 행렬을 배우지 않습니다. 시험에 행렬 관련 문제가 나오면 많은 사람이 행렬에 익숙해지고 계산 실력을 키우는 기회를 갖는데 그 기회가 사라진 것입니다.

최근에 많은 사람이 관심을 갖는 인공지능의 발전에 행렬이 매우 중요한 역할을 합니다. 그래서 다음 교육 과정 개정 논의에서 행렬이 다시 고등학교 수학 교육 과정에 포함될지도 모릅니다. 이 책에서는 고등학교 수학 교육 과정에서 행렬을 공부한다고 가정하고 각 절의 '시험' 부분에 별 표시를 하겠습니다.

🍎 교양 독자가 알아 둘 점

행렬은 숫자를 행과 열로 나열한 것이고, 벡터 계산에 사용하는 것이라고 기억합시다. 그외 단위행렬, 역행렬 등의 용어 정도도 알아 두길 권합니다.

3×1 업무에 활용하는 독자가 알아 둘 점

2×2 행렬 정도는 직접 손으로 계산할 수 있어야 하고, 고윳값과 고유벡터를 이해해야 합니다. 또한, 2×2 이상의 행렬을 다룰 경우도 많을 텐데, 컴퓨터로 계산을 처리하더라도 계산 방법은 이해해야 합니다.

🎓 수험생이 알아 둘 점

행렬의 계산 방법은 다른 숫자 계산 방법과 다르므로 반복 학습으로 익숙해져야 합니다. 특히 역행렬의 계산은 많은 문제를 풀어보는 것이 좋습니다. 또한, 행렬의 일차변환 방법을 확실히 익혀 둡시다.

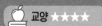  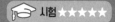

01 행렬의 기본 계산 방법

행렬의 덧셈과 뺄셈은 대응하는 성분끼리 더하거나 빼므로 간단하지만, 곱셈의 계산 방법은 조금 복잡하니 꼭 확인해 둡니다.

Point

행렬의 곱셈은 단순히 성분끼리 곱셈하는 것이 아님

행렬의 정의

오른쪽 그림과 같이 숫자를 $m \times n$ 형태로 늘어놓은 식을 '행렬'이라고 함. 벡터는 행 또는 열이 하나만 있는 행렬의 특수한 형태이며, 다음부터 2×2 행렬을 기준으로 여러 가지 계산 방법을 설명함

$$m\text{행} \left\{ \begin{bmatrix} a_{11} & a_{12} & \cdots & a_{1n} \\ a_{21} & a_{22} & \cdots & a_{2n} \\ \vdots & \vdots & \cdots & \vdots \\ a_{m1} & a_{m2} & \cdots & a_{mn} \end{bmatrix} \right.$$

n열 ↓

행렬의 합과 차

$$\begin{bmatrix} a & b \\ c & d \end{bmatrix} + \begin{bmatrix} e & f \\ g & h \end{bmatrix} = \begin{bmatrix} a+e & b+f \\ c+g & d+h \end{bmatrix}$$

행렬의 합

$$\begin{bmatrix} a & b \\ c & d \end{bmatrix} - \begin{bmatrix} e & f \\ g & h \end{bmatrix} = \begin{bmatrix} a-e & b-f \\ c-g & d-h \end{bmatrix}$$

행렬의 차

행렬의 곱

행렬 A, B가 있을 때 A의 열 수와 B의 행 수가 같아야 행렬의 곱 AB를 정의할 수 있음

$$\begin{bmatrix} a & b \\ c & d \end{bmatrix} \begin{bmatrix} p \\ q \end{bmatrix} = \begin{bmatrix} ap+bq \\ cp+dq \end{bmatrix}$$

2행 2열 × 2행 1열(벡터)

$$\begin{bmatrix} a & b \\ c & d \end{bmatrix} \begin{bmatrix} e & f \\ g & h \end{bmatrix} = \begin{bmatrix} ae+bg & af+bh \\ ce+dg & cf+dh \end{bmatrix}$$

2행 2열 × 2행 2열

다음 식과 같은 1행 2열(벡터) × 2행 1열(벡터)는 벡터의 내적을 나타냄

$$\begin{bmatrix} a & b \end{bmatrix} \begin{bmatrix} p \\ q \end{bmatrix} = ap+bq$$

행렬의 곱은 보통 교환법칙이 성립하지 않음. 즉, 행렬 AB와 BA는 같은 행렬이 아님

행렬은 곱셈 계산에 주의해야 한다

행렬은 숫자를 행과 열 기준으로 정렬한 것입니다. 그리고 덧셈과 뺄셈은 각각 같은 성분 끼리 더하거나 빼서 계산합니다. 이때 두 행렬의 행과 열 수가 같아야 정의할 수 있습니다. 또한, 행렬의 k배는 모든 성분에 k를 곱합니다. 그런데 행렬의 곱셈은 조금 생각할 부분이 있습니다. 단순히 같은 성분을 곱하는 것이 아니기 때문입니다.

먼저 1행 2열과 2행 1열의 행렬의 곱 계산을 살펴봅시다. 이는 벡터 $[a\ b]$와 $[p\ q]$의 내적과 같습니다. 그래서 결과는 스칼라입니다. 마찬가지로 행렬끼리의 곱셈 AB는 A의 1행 성분과 B의 1열 성분, A의 2행 성분과 B의 1열 성분, ……과 같이 행벡터와 열벡터 각각을 내적한 결과를 나열한 것입니다.

행렬의 곱은 일반적으로 교환법칙이 성립되지 않습니다. 즉, AB와 BA가 같지 않다는 것에 주의하세요. 특히 수험생이라면 행렬의 곱셈 계산에 익숙해질 때까지 손으로 직접 계산해 보기 바랍니다.

BUSINESS 프로그램의 행렬과 배열

행렬의 곱은 왜 성분끼리 곱하지 않고 복잡하게 계산할까요? 이는 나중에 소개할 일차방정식과 일차변환 등에 활용하려는 목적이 있기 때문입니다. 사실 사용하기 편하도록 규칙을 정했다고 생각해도 좋습니다.

실제로 프로그래밍할 때는 숫자를 나열할 경우가 많습니다. 그때 단순히 성분끼리 곱셈하고 싶을 때도 있습니다. 이렇게 곱셈하는 숫자의 나열은 '배열'이라고 따로 구분합니다. 배열의 곱은 다음 그림과 같이 성분끼리의 곱셈입니다(행렬과 구별되도록 배열은 숫자의 열을 □로 묶어 나타냅니다).

물론 숫자의 나열을 행렬로 정의하면 곱셈은 Point에 나타낸 것가 같이 계산합니다. 헷갈리지 않도록 주의하세요.

$$\begin{bmatrix} a & b \\ c & d \end{bmatrix} \begin{bmatrix} e & f \\ g & h \end{bmatrix} = \begin{bmatrix} ae & bf \\ cg & dh \end{bmatrix}$$

245

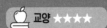  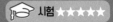

단위행렬, 역행렬, 행렬식

교양 독자라면 최소한 이 절까지의 행렬 관련 내용을 이해해둡니다. 실용 독자라면 손으로 직접 계산할 수 있어야 합니다.

 역행렬은 '역수'와 같은 개념임

단위행렬

다음과 같은 행렬 E를 '단위행렬'이라고 함

$$E = \begin{bmatrix} 1 & 0 \\ 0 & 1 \end{bmatrix}$$

단위행렬은 임의의 행렬 A에 대해 $AE = EA = A$일 때를 뜻함. 즉, A가 변하지 않는 행렬임

역행렬

정사각행렬 A에 대해 $AX = XA = E$인 행렬 X를 행렬 A의 '역행렬'이라고 하며 A^{-1}라고 나타냄. 즉, $A^{-1}A = AA^{-1} = E$

$$A = \begin{bmatrix} a & b \\ c & d \end{bmatrix} \text{일 때 } A^{-1} = \frac{1}{ad-bc} \begin{bmatrix} d & -b \\ -c & a \end{bmatrix} \text{임}$$

행렬식

앞 식은 $ad - bc \neq 0$일 때 성립하며 $ad - bc = 0$이면 A에 역행렬이 존재하지 않음. 참고로 $ad - bc$를 행렬 A의 '행렬식'이라고 하며 $\det A$ 또는 $|A|$로 나타냄. 즉, $\det A = |A| = ad - bc$

행렬의 나눗셈에는 역행렬을 사용한다

역행렬은 행렬의 나눗셈을 해결하려고 나온 개념입니다. 보통 숫자의 역수에 해당하는 개념이 역행렬입니다.

실수 a의 역수는 $\frac{1}{a}$입니다. 그리고 a로 나누는 것은 a의 역수인 $\frac{1}{a}$를 곱하는 것과 같습니다. 물론 $a \div a = 1$이므로 $a \times \left(\frac{1}{a}\right)$도 1입니다. 이 성질을 이용하여 행렬의 나눗셈을 계산합니다.

먼저 실수를 곱할 때 '1'에 해당하는 개념의 행렬이 있어야 합니다. 실수 1은 '$a \times 1 = a$', 즉 어떤 숫자를 곱하든 그 숫자 자체가 되는 성질이 있습니다. 여기에 해당하는 행렬로 임의의 행렬 A를 오른쪽이든 왼쪽이든 곱했을 때 자기 자신인 A가 되는 단위행렬 E를 Point에서 이미 살펴보았습니다.

이제 정사각행렬 A가 $AA^{-1} = A^{-1}A = E$가 되는 행렬 A^{-1}이 바로 역행렬입니다. 어떤 행렬 A를 행렬 B로 나누는 것은 B의 역행렬인 B^{-1}이 곱하는 것, 즉 AB^{-1}을 계산하는 것입니다(이때 B^{-1}을 오른쪽에서 곱하는지를 꼭 확인해야 합니다).

행렬식은 대학교에서 선형대수학을 배우게 되었을 때 더 깊게 이해해도 괜찮습니다. 여기에서는 역행렬이 존재하는지를 판단하는 식으로 기억하면 됩니다.

참고로 지금까지 소개한 세 가지 행렬 관련 개념은 정사각행렬(일반적으로 $n \times n$ 행렬)이어야 한다는 조건이 있습니다. 단, 행렬의 크기가 커지면(n이 커지면) 행렬식과 역행렬에 포함되는 성분이 많아져 계산하기가 굉장히 어려워집니다.

03 행렬과 연립방정식

연립방정식을 컴퓨터로 계산할 때 행렬을 사용하는 경우가 많습니다. 실용 독자라면 행렬과 연립방정식의 관계를 확인해 두세요.

방정식은 행렬을 사용하여 설명하고 계산할 수 있음

행렬을 이용해 연립방정식을 계산하는 방법

행렬을 사용하면 연립방정식을 다음 식과 같이 나타낼 수 있음

$$\begin{cases} ax + by = p \\ cx + dy = q \end{cases} \implies \begin{bmatrix} a & b \\ c & d \end{bmatrix} \begin{bmatrix} x \\ y \end{bmatrix} = \begin{bmatrix} p \\ q \end{bmatrix}$$

이때 $\begin{bmatrix} a & b \\ c & d \end{bmatrix}$의 역행렬이 존재하면, 즉 행렬식이 $ad - bc \neq 0$이면

$$\begin{bmatrix} x \\ y \end{bmatrix} = \begin{bmatrix} a & b \\ c & d \end{bmatrix}^{-1} \begin{bmatrix} p \\ q \end{bmatrix} = \frac{1}{ad - bc} \begin{bmatrix} d & -b \\ -c & a \end{bmatrix} \begin{bmatrix} p \\ q \end{bmatrix} \text{와 } x, y \text{를 계산할 수 있음}$$

행렬식 $ad - bc = 0$이면 해당 방정식은 아주 해가 많은 '부정' 또는 해가 없는 '불능'임

연립방정식은 행렬을 이용해 계산할 수 있다

행렬을 응용해 연립방정식을 나타낼 수 있습니다. 미지수가 2개인 연립일차방정식(변수가 2개, 식도 2개)은 Point와 같이 2×2 행렬로 나타냅니다. 그럼 역행렬을 사용해 방정식의 해를 계산할 수 있습니다.

단, Point의 예와 같이 변수가 2개일 때는 사실 행렬을 사용하는 장점이 크게 느껴지지 않습니다. 오히려 귀찮다고 느끼는 사람도 있습니다. 그러나 변수가 10개 이상의 연립방정식을 다룬다면 행렬을 사용할 때 큰 장점이 있다고 느낄 것입니다.

가우스 소거법을 이용한 연립방정식의 해 계산하기

연립방정식을 행렬로 나타내면, 역행렬을 사용하여 방정식의 해를 계산할 수 있습니다. 하지만 변수가 많은 방정식이면 행렬이 커집니다. 그럼 컴퓨터를 이용하더라도 역행렬을 계산하기가 쉽지 않습니다. 그래서 변수가 많은 방정식의 해를 계산할 때는 가우스 소거법 (Gaussian elimination)이라는 알고리즘을 사용합니다.

다음과 같이 변수 4개가 있는 연립방정식의 해를 계산해 보겠습니다.

$$\begin{cases} 2a+b-3c-2d=-4 \\ 2a-b-c+3d=1 \\ a-b-2c+2d=-3 \\ -a+b+3c-2d=5 \end{cases}$$

연립방정식을 행렬로 나타냄

$$\begin{bmatrix} 2 & 1 & -3 & -2 \\ 2 & -1 & -1 & 3 \\ 1 & -1 & -2 & 2 \\ -1 & 1 & 3 & -2 \end{bmatrix} \begin{bmatrix} a \\ b \\ c \\ d \end{bmatrix} = \begin{bmatrix} -4 \\ 1 \\ -3 \\ 5 \end{bmatrix}$$

$$\begin{bmatrix} 2 & 1 & -3 & -2 & -4 \\ 2 & -1 & -1 & 3 & 1 \\ 1 & -1 & -2 & 2 & -3 \\ -1 & 1 & 3 & -2 & 5 \end{bmatrix}$$

다음 세 가지 방법으로 행렬의 성분을 바꿈
① 행에 상수를 곱함
② 행을 치환함
③ 어떤 행을 다른 행에 더함
A, B, C, D는 연립방정식의 해

$$\begin{bmatrix} 1 & 0 & 0 & 0 & A \\ 0 & 1 & 0 & 0 & B \\ 0 & 0 & 1 & 0 & C \\ 0 & 0 & 0 & 1 & D \end{bmatrix}$$

먼저 연립방정식을 4행 5열인 행렬로 나타냅니다. 그리고 앞 그림의 세 가지의 계산 방법으로 다음 그림의 오른쪽과 같은 행렬을 만듭니다.

$$\begin{bmatrix} 1 & -1 & -2 & 2 & -3 \\ 2 & 1 & -3 & -2 & -4 \\ 2 & -1 & -1 & 3 & 1 \\ -1 & 1 & 3 & -2 & 5 \end{bmatrix} \begin{matrix} —① \\ —② \\ —③ \\ —④ \end{matrix}$$

$$\begin{matrix} ① \\ ②+④×2 \\ ③+④×2 \\ ④+① \end{matrix} \begin{bmatrix} 1 & -1 & -2 & 2 & -3 \\ 0 & 3 & 3 & -6 & 6 \\ 0 & 1 & 5 & -1 & 11 \\ 0 & 0 & 1 & 0 & 2 \end{bmatrix}$$

$$\begin{bmatrix} 1 & 0 & 0 & 0 & 1 \\ 0 & 1 & 0 & 0 & 2 \\ 0 & 0 & 1 & 0 & 2 \\ 0 & 0 & 0 & 1 & 1 \end{bmatrix}$$

따라서

$$\begin{bmatrix} a \\ b \\ c \\ d \end{bmatrix} = \begin{bmatrix} 1 \\ 2 \\ 2 \\ 1 \end{bmatrix}$$

마지막 열을 제외한 행렬의 성분이 단위행렬이 될 때까지 세 가지 계산 방법을 반복합니다. 그럼 마지막 열이 결과적으로 연립방정식의 해가 됩니다. 이는 미지수의 개수를 줄이는 가감법으로 방정식의 해를 계산하는 것과 같은 개념입니다. 단지 표현 방법의 차이입니다.

04 행렬과 일차변환

10장 05와 10장 06에서 소개한 도형의 대칭과 회전을 행렬로 나타내는 방법을 살펴봅니다. 행렬도 도형을 잘 나타낼 수 있다는 사실을 확인할 수 있습니다.

> **Point**
> ## 도형의 회전은 행렬을 사용하면 간결하게 나타낼 수 있음

일차변환

행렬을 사용하여 점 (x, y)를 점 (x', y')으로 이동하는 것을 '일차변환'이라고 하며, 행렬 A로 도형의 다양한 변환을 나타낼 수 있음

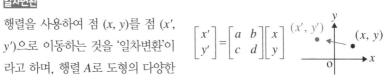

$$\begin{bmatrix} x' \\ y' \end{bmatrix} = \begin{bmatrix} a & b \\ c & d \end{bmatrix} \begin{bmatrix} x \\ y \end{bmatrix}$$

- 닮음(similarity)·확대(enlargement)

$$A = \begin{bmatrix} k & 0 \\ 0 & k \end{bmatrix}$$

- 대칭(symmetric)

x축 대칭: $A = \begin{bmatrix} 1 & 0 \\ 0 & -1 \end{bmatrix}$ y축 대칭: $A = \begin{bmatrix} -1 & 0 \\ 0 & 1 \end{bmatrix}$

원점 대칭: $A = \begin{bmatrix} -1 & 0 \\ 0 & -1 \end{bmatrix}$ y=x 대칭: $A = \begin{bmatrix} 0 & 1 \\ 1 & 0 \end{bmatrix}$

- 회전(rotation, 원점 중심)

$$A = \begin{bmatrix} \cos\theta & -\sin\theta \\ \sin\theta & \cos\theta \end{bmatrix}$$

단순하게 나타낼 수 있는 개념은 가치가 있다

이 절에서는 **10장 05**와 **10장 06**에서 소개한 좌표평면 위 도형의 이동을 행렬로 나타냅니다. 수학적으로 같은 개념입니다. 그런데 도형의 이동을 행렬로 나타내면 좌표평면 위보다 더 간단하고 쉽게 이해할 수 있으므로 가치가 있습니다.

특히 수학을 활용하는 사람이라면 정답을 계산했다고 만족하지 말고 수학적으로 단순하게 나타낼 수 있는 방법을 많이 고민하기 바랍니다. 프로그래밍 같은 분야의 효율을 높이는 데 도움이 됩니다.

BUSINESS 평행 이동을 나타내는 방법

행렬을 사용하는 일차변환은 좌표평면 위 점의 이동을 나타낸다고 했습니다. 그런데 Point에서는 평행 이동을 설명하지 않았습니다. 사실 **2×2** 행렬은 평면 위 점의 평행 이동을 나타낼 수 없기 때문입니다.

그러나 평행 이동과 같은 기본적인 도형의 이동을 나타낼 수 없으면 행렬을 사용할 이유가 줄어드는 셈입니다. 그래서 3×3 행렬을 사용하여 평면 위 도형의 이동을 나타내는 방법을 사용합니다.

$$\begin{bmatrix} a & b & 0 \\ c & d & 0 \\ 0 & 0 & 1 \end{bmatrix} \begin{bmatrix} x \\ y \\ 1 \end{bmatrix} = \begin{bmatrix} ax+by \\ cx+dy \\ 1 \end{bmatrix} \qquad \begin{bmatrix} 1 & 0 & p \\ 0 & 1 & q \\ 0 & 0 & 1 \end{bmatrix} \begin{bmatrix} x \\ y \\ 1 \end{bmatrix} = \begin{bmatrix} x+p \\ y+q \\ 1 \end{bmatrix}$$

더미 성분을 포함한 3×3의 행렬을 사용함 (p, q)의 평행 이동은 앞 식과 같이 나타냄

먼저 더미 성분을 포함한 3×3 행렬을 살펴보겠습니다. 3행 3열 성분만 1이고, 다른 3행과 3열의 성분은 0입니다. 계산 결과의 1행과 2행 성분만 꺼내면 2×2 행렬의 계산과 같습니다.

평행 이동을 나타낼 때는 3열의 1행과 2행 성분에 평행 이동의 양(여기에서는 x 방향에 p, y 방향에 q)을 넣습니다. 그럼 x, y 각각이 $x + q$, $y + q$로 변환되어 평행 이동을 나타낼 수 있습니다.

그래서 일차변환을 행렬로 나타낼 때 평면은 3×3 행렬, 공간은 4×4 행렬을 사용하는 것이 일반적입니다.

05 고윳값과 고유벡터

행렬은 고윳값과 고유벡터를 다루는 개념이라고 말하는 사람이 있을 정도로 자주 나
옵니다. 의미를 이해해 둡시다.

Point

고유벡터는 일차변환으로 방향이 바뀌지 않는 벡터임

고윳값과 고유벡터의 정의

행렬 $A = \begin{bmatrix} a & b \\ c & d \end{bmatrix}$에 대해 $\vec{0}$가 아닌 벡터 $\vec{x} = \begin{bmatrix} x_0 \\ y_0 \end{bmatrix}$이 있고, $A\vec{x} = \lambda\vec{x}$가 성립하는
실수 λ가 있다면 $\begin{bmatrix} a & b \\ c & d \end{bmatrix}\begin{bmatrix} x_0 \\ y_0 \end{bmatrix} = \lambda\begin{bmatrix} x_0 \\ y_0 \end{bmatrix}$이며, 이때 λ를 행렬 A의 '고윳값', $\vec{x}$를
A의 '고유벡터'라고 함

행렬 A의 고윳값 λ는 다음 이차방정식(고유방정식)의 해임

$$\lambda^2 - (a + d)\lambda + (ad - bc) = 0$$

예) $A = \begin{bmatrix} 3 & 1 \\ 2 & 2 \end{bmatrix}$의 고윳값과 고유벡터를 계산함

고윳값은 $\lambda^2 - (3 + 2)\lambda + (3 \times 2 - 1 \times 2) = 0$ 즉, $\lambda^2 - 5\lambda + 4 = 0$의 해이므
로 $\lambda = 1, 4$임

$\lambda = 1$에 대한 고유벡터가 (x_1, y_1)이면 $\begin{bmatrix} 3 & 1 \\ 2 & 2 \end{bmatrix}\begin{bmatrix} x_1 \\ y_1 \end{bmatrix} = \begin{bmatrix} x_1 \\ y_1 \end{bmatrix}$

따라서 $2x_1 + y_1 = 0$을 만족하는 모든 (x_1, y_1)(예: $(-1, 2)$)은 고유벡터이며,
마찬가지로 $\lambda = 4$의 고유벡터 (x_2, y_2)는 $x_2 - y_2 = 0$을 만족하는 모든 (x_2, y_2)
가 해당함(예: $(1, 1)$)

고윳값과 고유벡터를 직관적으로 이해하기

고윳값, 고유벡터의 수식 기반 정의는 Point에서 설명했습니다. 여기에서는 좌표평면을
기반으로 직관적으로 설명하겠습니다.

고유방정식은 λ의 이차방정식이므로 보통 해가 2개 있습니다. 먼저 행렬 A의 고윳값을 n과 m, 고유벡터 각각을 $\vec{u}$, $\vec{v}$라고 하겠습니다. 이제 오른쪽 그림과 같이 행렬 A로 나타내는 일차변환은 $\vec{u}$, $\vec{v}$라는 고유벡터에 대해 같은 방향으로 n, m배함을 볼 수 있습니다. 즉, 벡터의 방향은 바뀌지 않으며 크기만 커지는 셈입니다.

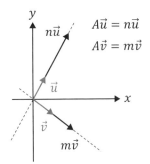

$$A\vec{u} = n\vec{u}$$
$$A\vec{v} = m\vec{v}$$

예를 들어 원점 주위를 θ만큼 회전시키는 일차변환은 방향이 바뀌어야 하므로 xy 평면 위에 존재하지 않음을 직관적으로 알 수 있습니다. 실제로 임의의 행렬을 원점 중심으로 회전시키는 회전변환행렬의 고유방정식은 실수해를 갖지 않으며, xy 평면 위에 고유벡터를 갖지 않습니다.

이와 같이 고윳값과 고유벡터는 좌표평면의 일차변환으로 살펴보면 수식보다 쉽게 이해될 것입니다.

BUSINESS 행렬을 대각행렬로 바꾸기

"행렬의 고윳값과 고유벡터는 어디에 도움이 될까?"라는 질문의 답 중 하나로 행렬을 대각행렬로 바꾸는 것이 있습니다. 고윳값과 고유벡터를 사용하여 행렬을 오른쪽 식과 같은 대각행렬로 바꾸는 것입니다.

$$\begin{bmatrix} 3 & 0 \\ 0 & 2 \end{bmatrix} \begin{bmatrix} 6 & 0 & 0 \\ 0 & 2 & 0 \\ 0 & 0 & 7 \end{bmatrix}$$

대각행렬은 계산이 쉬워서 물리학에서 자주 활용하는 행렬입니다. 특히 성분이 많은 행렬일 때 효과가 높습니다. 행렬을 활용할 때 먼저 대각행렬로 만들 수 있는지를 판단할 때도 있습니다.

$$\begin{bmatrix} 9 & 0 & 0 & 0 \\ 0 & 4 & 0 & 0 \\ 0 & 0 & 1 & 0 \\ 0 & 0 & 0 & 3 \end{bmatrix}$$

대각행렬
(n행 n열 성분 이외는 모두 0)

06 3×3 행렬

실용 독자라면 3×3 이상의 행렬을 다룰 경우가 있다고 생각합니다. 성분이 많은 행렬은 계산이 복잡하니 잘 살펴보세요.

행렬이 커지면 계산량이 급격하게 많아짐

3×3 행렬

3×3 행렬은 다음 소개하는 행렬 A, B와 같은 9개의 성분로 구성되며, AB의 행렬 곱셈은 다음처럼 나타나며, 단위행렬 E는 대각선 성분이 1인 행렬임

$$A = \begin{bmatrix} a_{11} & a_{12} & a_{13} \\ a_{21} & a_{22} & a_{23} \\ a_{31} & a_{32} & a_{33} \end{bmatrix}, \quad B = \begin{bmatrix} b_{11} & b_{12} & b_{13} \\ b_{21} & b_{22} & b_{23} \\ b_{31} & b_{32} & b_{33} \end{bmatrix}, \quad E = \begin{bmatrix} 1 & 0 & 0 \\ 0 & 1 & 0 \\ 0 & 0 & 1 \end{bmatrix}$$

$$AB = \begin{bmatrix} a_{11}b_{11} + a_{12}b_{21} + a_{13}b_{31} & a_{11}b_{12} + a_{12}b_{22} + a_{13}b_{32} & a_{11}b_{13} + a_{12}b_{23} + a_{13}b_{33} \\ a_{21}b_{11} + a_{22}b_{21} + a_{23}b_{31} & a_{21}b_{12} + a_{22}b_{22} + a_{23}b_{32} & a_{21}b_{13} + a_{22}b_{23} + a_{23}b_{33} \\ a_{31}b_{11} + a_{32}b_{21} + a_{33}b_{31} & a_{31}b_{12} + a_{32}b_{22} + a_{33}b_{32} & a_{31}b_{13} + a_{32}b_{23} + a_{33}b_{33} \end{bmatrix}$$

행렬 A의 행렬식 $\det A$는 다음과 같음

$$\det A = a_{11}a_{22}a_{33} + a_{12}a_{23}a_{31} + a_{13}a_{21}a_{32}$$
$$- a_{13}a_{22}a_{31} - a_{11}a_{23}a_{32} - a_{12}a_{21}a_{33}$$

역행렬 A^{-1}은 다음과 같음

$$A^{-1} = \frac{1}{\det A} \begin{bmatrix} a_{22}a_{33} - a_{23}a_{32} & -a_{12}a_{33} + a_{13}a_{32} & a_{12}a_{23} - a_{13}a_{22} \\ -a_{21}a_{33} + a_{23}a_{31} & a_{11}a_{33} - a_{13}a_{31} & -a_{11}a_{23} + a_{13}a_{21} \\ a_{21}a_{32} - a_{22}a_{31} & -a_{11}a_{32} + a_{12}a_{31} & a_{11}a_{22} - a_{12}a_{21} \end{bmatrix}$$

고윳값은 다음 방정식을 계산해 얻을 수 있음

$$\det(\lambda E - A) = 0$$

행렬의 크기가 커지면 계산이 복잡하다

이 장의 Introduction에서 행렬이 벡터를 계산하는 방법이라고 했었습니다. 지금까지 주로 다룬 2×2 행렬은 이차원 벡터를 다루는 방법입니다. 즉, 삼차원 벡터를 다루려면 3×3 행렬이 필요합니다.

3×3 행렬은 성분이 9개이므로 2×2 행렬과 비교했을 때 상당히 계산이 복잡해집니다. 행렬의 크기가 커지면 계산이 얼마나 복잡해지는지 확인할 수 있는 좋은 예입니다.

따라서 3×3 행렬 이상부터는 손으로 직접 계산하지 않고 컴퓨터에게 계산을 맡기는 편입니다. 하지만 컴퓨터에게 계산을 시키려면 공식을 이해해야 하므로 계산 식 자체는 꼭 이해해 두세요.

BUSINESS 가우스 소거법으로 역행렬 계산하기

행렬의 크기에 따라 역행렬을 계산할 때 컴퓨터를 사용합니다. 이때 **03**에서 설명한 가우스 소거법을 사용하여 역행렬을 계산합니다. 다음 식을 살펴보겠습니다.

다음과 같이 A와 E의 모든 성분을 함께 나열한 행렬을 만듭니다. 그리고 해당 행렬에 세 가지 계산(상수배하는 행, 교환하는 행, 상수배하여 다른 행에 추가하는 행)을 해 왼쪽 절반 성분을 단위행렬로 만듭니다. 그럼 오른쪽 절반의 행렬이 역행렬입니다.

이 계산 방법은 모든 $n×n$ 행렬에 적용할 수 있는 편리한 방법입니다.

$$A = \begin{bmatrix} 1 & 1 & -1 \\ -2 & -1 & 1 \\ -1 & -2 & 1 \end{bmatrix} \qquad E = \begin{bmatrix} 1 & 0 & 0 \\ 0 & 1 & 0 \\ 0 & 0 & 1 \end{bmatrix} \Rightarrow \begin{bmatrix} 1 & 1 & -1 & 1 & 0 & 0 \\ -2 & -1 & 1 & 0 & 1 & 0 \\ -1 & -2 & 1 & 0 & 0 & 1 \end{bmatrix}$$

$$\begin{bmatrix} 1 & 1 & -1 & 1 & 0 & 0 \\ 2 & 1 & 1 & 0 & 1 & 0 \\ -1 & -2 & 1 & 0 & 0 & 1 \end{bmatrix} \begin{matrix} ① \\ ② \\ ③ \end{matrix} \Rightarrow \begin{bmatrix} 1 & 1 & -1 & 1 & 0 & 0 \\ 0 & 1 & -1 & 2 & 1 & 0 \\ 0 & -1 & 0 & 1 & 0 & 1 \end{bmatrix} \begin{matrix} ① \\ ②+①×2 \\ ③+① \end{matrix}$$

$$\Rightarrow \Rightarrow \Rightarrow \begin{bmatrix} 1 & 0 & 0 & -1 & -1 & 0 \\ 0 & 1 & 0 & -1 & 0 & -1 \\ 0 & 0 & 1 & -3 & -1 & -1 \end{bmatrix} \qquad A^{-1} = \begin{bmatrix} -1 & -1 & 0 \\ -1 & 0 & -1 \\ -3 & -1 & -1 \end{bmatrix}$$

Column

고등학교 수학 과정에서 행렬을 가르쳐야 하는가?

2020년 기준 행렬은 고등학교 수학 과정에서 배우지 않습니다. 그런데 과거에는 행렬을 고등학교 수학 과정에서 배웠습니다. 즉, 행렬은 많은 사람이 널리 배워야 할지, 제한된 사람(주로 이과 계열 학생)만 대학에서 공부하는 것이 좋은지 명확한 결론이 나지 않은 개념입니다.

고등학교에서 배우는 행렬은 대학교에서 배우는 선형대수학과 비교했을 때 기초 수준이라고 생각합니다. 그래서 문과 계열 학생이라면 "고등학교에서 행렬을 배우지 말고 차라리 대학교에서 필요한 사람만 행렬을 제대로 배우자"라고 생각합니다. 하지만 적어도 이과 계열 학생이라면 고등학교에서 행렬을 배우는 것이 좋다고 생각합니다. 다음 두 가지 이유 때문입니다.

① 행렬의 계산은 일반 계산과는 다르므로 시험공부를 통해 미리 익숙해지는 것이 좋다

역행렬의 계산 등은 매우 복잡합니다. 고등학교에서 2x2 행렬의 계산을 충분히 연습해 두지 않으면 대학교에서 선형대수학을 배울 때 잘 이해하지 못할 것이라고 생각합니다.

② 행렬은 교환법칙이 성립하지 않는다

행렬은 보통 교환법칙이 성립되지 않습니다. 즉, $AB \neq BA$입니다. 고등학교에서 행렬을 접하지 못하면 이러한 사실을 알 수 없습니다. 교환법칙이 성립되지 않는 수학 개념이 있음을 고등학교 때 알아 두는 것은 의미가 있다고 생각합니다.

참고로 최근 많은 사람의 관심을 받는 딥러닝(deep learning)은 행렬을 제대로 알지 못한다면 개념을 이해하기 어렵다고 봐도 무방할 정도로 행렬을 많이 사용하기도 합니다.

그래서 최소한 이과 계열 학생에게라도 고등학교 수학 과정에 행렬을 가르쳤으면 합니다. 단, 행렬을 가르치는 대신 다른 수학 개념의 교육을 제외해야 할지도 모르므로 무작정 이 주장을 고집하고 싶지는 않습니다.

13

복소수

Introduction

허상과 실체를 결정하는 것은 사람이다

복소수(허수)는 2장 04 이차방정식에서 처음 소개했습니다. 그리고 "방정식의 해가 허수라면 해당 방정식은 풀리지 않았음을 뜻하며 허수해는 의미가 없다"라고 말했습니다. 이는 "정해진 시간에 얼마만큼 일할 수 있는가?"라는 질문에 "타임머신을 사용합니다"라고 의미 없는 답을 하는 상황과도 같습니다.

이 설명 때문에 "허수는 거짓 숫자라서 의미가 없다"라고 생각하는 분도 있을 것입니다. 하지만 그렇지는 않습니다. 복소수는 연구소나 회사에서 수학을 활용하는 사람들에게 복잡한 세계를 넓혀 주는 유용한 개념입니다.

사실 반도체 소자를 모델링하면서 파형을 나타낼 때 복소수를 일상적으로 사용합니다. 복소수의 크기(절댓값)에는 '진폭', 편각(복소수와 원점을 연결한 선과 x축이 이루는 사잇각)에는 '위상(각도)'이라는 명확한 의미(실체)를 부여하기 때문입니다. 이 복소수 없이는 작업할 수 없을 정도입니다.

거짓 숫자가 소자 모델링에 도움이 되다니 어찌된 일일까요? 이는 앞 예처럼 '숫자에 어떤 의미를 부여할 것인가?'라는 문제입니다. 좀 더 쉬운 예를 들어보겠습니다. '5'라는 숫자만 본다면 그 숫자에 어떤 의미가 부여되었는지 알 수 없습니다. 5명의 사람인지, 5ℓ의 물인지, 5km의 거리인지는 알 수 없다는 뜻입니다. 즉, '5'라는 숫자를 사용할 때는 사람이 어떤 의미를 부여했는지 파악하는 것이 중요한 것입니다.

복소수를 나타내는 식인 '$i^2 = -1$'은 단순한 수학의 규칙일 뿐입니다. 여기에 실체를 부여하는 것은 복소수를 사용하는 '사람'입니다.

왜 하필 복소평면을 사용할까요?

이 장에서는 복소수를 기하학적으로 나타내는 복소평면(complex plane)을 배웁니다. 사실 벡터와 행렬만 사용해도 기하학적인 표현을 나타내는 데는 충분합니다. 그런데 왜 복소평면을 사용하는 것일까요? 벡터와 행렬보다 '도형의 회전'을 간결하게 나타낼 수 있기 때문입니다.

예를 들어 복소평면 위 복소수에 'i'를 곱하는 계산은 평면에서 $90°$만큼 회전시키는 것에 해당합니다. 이 설명만으로도 회전변환행렬이나 벡터를 사용하는 것보다 훨씬 더 계산이 간단하다고 느낄 것입니다. 그래서 3D 동영상 등에는 복소수(구체적으로는 사원수*)가 사용됩니다.

📖 교양 독자가 알아 둘 점

'$i^2 = -1$'보다 한 단계 발전한 복소수의 개념을 이해해 둡니다. 복소수로 벡터와 같은 평면을 다룰 수 있다는 사실은 기억하세요. 또한 오일러의 공식은 매우 유명하므로 교양 독자도 알아 두면 좋습니다.

📇 업무에 활용하는 독자가 알아 둘 점

이 책에서 소개하는 복소수의 개념은 기초 지식이므로 확실히 알아 두어야 합니다. 또한, 컴퓨터 프로그램으로 복소수를 계산할 때나 복소수를 포함한 프로그래밍을 할 때는 복소수를 어떤 방식으로 다루는지 꼭 확인하세요. 소프트웨어나 프로그래밍 언어마다 복소수를 계산하는 함수의 사용법 등이 다를 수 있습니다.

🎓 수험생이 알아 둘 점

공식을 외워 시험 문제를 푸는 데 사용할 수 있습니다. 이때 벡터와 평면도형 등과 연계해서 공부하면 개념 이해가 깊어집니다. 조금은 힘든 일이겠지만 여러 개념과의 관계를 의식하면서 공부하세요.

---

* 옮긴이: 사차원 기반의 복소수로 만든 공간의 벡터를 뜻합니다. $a + bi + cj + dk$와 같은 식으로 정의하며 a는 실수 부분, $bi + cj + dk$는 허수 부분 혹은 벡터 부분이라고 합니다. 영어로는 quaternion이라고 합니다.

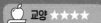

복소수의 기초

복소수의 정의입니다. 어렵지 않지만 절댓값의 정의는 제대로 살펴봅시다. 단순히 제곱해서 제곱근을 얻는 것이 아니기 때문입니다.

복소수의 계산은 i를 문자식처럼 다룸

허수단위

$i^2 = -1$을 만족하는 i를 $i = \sqrt{-1}$로 나타내며, 이때 i를 '허수단위'라고 함(전기 분야에서는 j로 나타낼 때도 있음)

복소수

실수 a, b를 사용하여 $a + bi$의 형태로 나타내는 수를 '복소수'라고 하며, 이때 a를 실수 부분, b를 허수 부분이라고 함
복소수는 i를 문자식과 같이 다뤄 계산할 수 있음(**2장 05** 참고). 단, i^2은 -1로 대체함

켤레복소수와 복소수의 절댓값

복소수 $z = a + bi$에 대해 허수 부분의 부호를 바꾼 수 $\bar{z} = a - bi$를 '켤레복소수'라고 하며 '$\bar{z}$'라고 나타냄. 또한, $\sqrt{a^2 + b^2}$를 z의 절댓값이라고 하며 '$|z|$' 또는 '$\sqrt{z\bar{z}}$'라고 나타낼 수 있음

복소수는 절댓값을 다루는 데 주의한다

복소수의 계산은 '$i^2 = -1$'라는 규칙이 있는 문자식을 계산한다고 생각하면 좋습니다. 단, 켤레복소수와 복소수의 절댓값의 정의는 제대로 살펴봐야 합니다.

복소수는 오른쪽 그림과 같이 실수축과 허수축을 평면(복소평면)에 나타납니다. 그럼 절댓값은 원점에서 z까지의 거리, 켤레복소수는 z의 실수축과 대칭인 점이 됩니다.

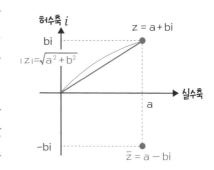

빛이나 교류 전압 등의 파동이 다른 물질과 만날 때 경계면에서 반사파가 발생합니다. 예를 들어 빛이 유리의 표면과 만나면 일정량은 반대 방향으로 반사되고(반사파), 일정량은 그대로 유리 안에 들어갑니다(입사파). 이러한 입사파와 반사파의 진폭은 다릅니다(투과되는 부분이 있으므로 반사파는 입사파보다 진폭이 작습니다).

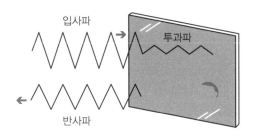

파동이 반사되는 정보를 나타내는 데는 진폭 정보만으로 충분하지 않습니다. 위상을 생각해야 합니다.

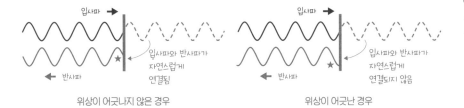

위상이 어긋나지 않은 경우   위상이 어긋난 경우

위상은 주기적으로 바뀌는 파동이 주기의 어느 지점에 있는지 나타내는 숫자입니다. 앞 그림의 ★ 부분을 잘 살펴보면, 파동이 반사될 때 위상이 어긋나지 않으면 반사파와 입사파가 연속해서 연결됩니다. 하지만 위상이 어긋나면 입사파와 반사파에 차이가 생겨 연속해서 연결되지 않습니다. 이것이 '위상의 어긋남'입니다.

보통 파동의 반사에는 위상의 어긋남이 있습니다. 그래서 반사 현상을 나타내는 반사계수는 진폭과 위상 두 정보를 처리하려고 복소수를 사용합니다.

 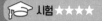
02 복소평면과 극형식

복소평면은 극형식으로 나타냈을 때 흥미로운 결과를 얻습니다. 복소평면에서 복소수와 회전의 관계를 이해해 봅니다.

 Point

복소평면에서는 i를 곱하면 90° 회전을 의미함

복소평면과 극형식

오른쪽 그림과 같이 복소수 $z = a + bi$가 복소평면에 대응하는 점이 A일 때 $|z| = r = \sqrt{a^2 + b^2}$, 선 OA와 실수축의 양수 부분이 이루는 사잇각을 θ라고 하면 $z = a + bi = r(\cos\theta + i\sin\theta)$로 나타낼 수 있음.

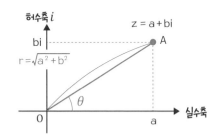

이때 θ를 '편각'이라고 하고, 복소수 z의 편각을 $\arg(z)$라고 함. 즉, $\arg(z) = \theta$

극형식의 곱셈과 나눗셈

복소수 z_1와 z_2의 극형식이 $z_1 = r_1(\cos\theta_1 + i\sin\theta_1)$, $z_2 = r_2(\cos\theta_2 + i\sin\theta_2)$일 때 z_1와 z_2의 곱셈과 나눗셈은 다음과 같음

$$z_1 z_2 = r_1 r_2 \{\cos(\theta_1 + \theta_2) + i\sin(\theta_1 + \theta_2)\}$$

$$\frac{z_1}{z_2} = r_1 r_2 \{\cos(\theta_1 - \theta_2) + i\sin(\theta_1 - \theta_2)\}$$

드무아브르의 공식

$z = (\cos\theta + i\sin\theta)$의 제곱 z^n에 대해 $z^n = (\cos\theta + i\sin\theta)^n = \cos n\theta + i\sin n\theta$가 성립함

복소수는 도형의 회전과 궁합이 좋다

복소평면을 사용하는 이유 중 도형의 회전을 나타내기 쉽다라는 점이 있습니다. 여기에서는 복소수와 도형의 회전이 왜 좋은 궁합인지 소개합니다.

극형식은 **10장 08**에서 설명한 '극좌표'와 같은 개념입니다. 즉, $z = a + bi$는 직교좌표와 같은 개념이 아니라 원점에서의 거리와 실수축의 양의 방향이 만드는 사잇각으로 복소수를 나타내는 것입니다.

이때 복소수 z_1과 z_2의 곱셈과 나눗셈에 흥미로운 성질이 있습니다. 그림으로 나타내면 다음과 같습니다.

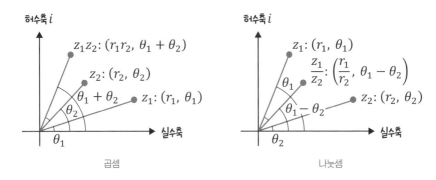

곱셈의 절댓값은 z_1과 z_2의 절댓값을 곱한 것이고, 편각은 z_1과 z_2의 편각을 더한 것입니다. 한편 나눗셈의 절댓값은 z_1의 절댓값을 z_2의 절댓값으로 나눈 것이고, 편각은 z_1의 편각에서 z_2의 편각을 뺀 것입니다. 예를 들어 절댓값 4, 편각이 60°인 z_1을 절댓값이 2, 편각이 30°인 z_2로 나누면 절댓값이 2, 편각이 30°임을 쉽게 계산할 수 있습니다.

극형식을 배웠다면 i를 곱하면 90°만큼 회전한 것, −1을 곱하면 180°만큼 회전한 것이라는 알아 둡니다. 즉, 극형식 식에서 $r = 1$, $\theta = 90°$이면 $z = i$가 되고 $r = 1$, $\theta = 180°$이면 $z = -1$입니다.

드무아브르의 공식은 절댓값이 1, 편각이 θ인 복소수 θ를 n제곱했을 때 편각이 $n\theta$된다는 극형식의 곱셈에서 유도된 것입니다.

이렇게 복소평면을 사용하면 행렬보다 도형의 회전을 간결하게 나타내며 계산도 쉬움을 이해하면 좋겠습니다.

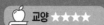  

03 오일러의 공식

아주 유명한 공식이므로 교양 독자도 잘 알아둡시다. 세계에서 가장 아름다운 등식이라고도 합니다.

오일러의 공식은 지수함수를 사용하여 삼각함수를 나타내는 것임

오일러의 공식

허수단위 i와 자연로그의 밑 e가 있을 때 다음 식이 성립함

$$e^{ix} = \cos x + i \sin x$$

앞 식에서 특히 $x = \pi$일 때 다음 식을 얻음

$$e^{i\pi} + 1 = 0$$

지수함수와 삼각함수를 연결하는 식

오일러의 공식은 삼각함수와 지수함수를 연결하는 식으로 알려져 있습니다. 또한 이 공식에 $x = \pi$를 대입한 $e^{i\pi} + 1 = 0$는 세계에서 가장 아름다운 등식이라고도 합니다.

단, 공식만 주어졌다고 사용하기는 어려우니 증명을 하나 소개합니다. 증명 방법은 여러 가지가 있는데 여기에서는 직관적으로 알기 쉬운 매클로린 급수를 사용합니다.

먼저 e^x, $\cos x$, $\sin x$를 매클로린 급수로 전개합니다.

$$e^x = \sum_{k=0}^{\infty} \frac{x^k}{k!} = 1 + x + \frac{x^2}{2!} + \frac{x^3}{3!} + \frac{x^4}{4!} - \cdots\cdots$$

$$\cos x = \sum_{k=0}^{\infty} (-1)^k \frac{x^{2k}}{(2k)!} = 1 - \frac{x^2}{2!} + \frac{x^4}{4!} - \frac{x^6}{6!} + \cdots\cdots$$

$$\sin x = \sum_{k=0}^{\infty} (-1)^k \frac{x^{2k+1}}{(2k+1)!} = x - \frac{x^3}{3!} + \frac{x^5}{5!} - \frac{x^7}{7!} + \cdots\cdots$$

여기서 e^x의 x를 ix로 바꾸면 $i^2 = -1$이므로

$$e^{ix} = 1 + ix - \frac{x^2}{2!} - \frac{ix^3}{3!} + \frac{x^4}{4!} + \cdots\cdots$$

$$= \left(1 - \frac{x^2}{2!} + \frac{x^4}{4!} - \cdots\cdots\right) + i\left(x - \frac{x^3}{3!} + \frac{x^5}{5!} - \cdots\cdots\right)$$

$$= \cos x + i\sin x$$

이렇게 오일러의 공식이 성립함을 증명 과정과 함께 살펴봤습니다.

BUSINESS 교류회로의 복소수 표현

오일러의 공식은 지수함수와 삼각함수를 연결하는 식이라고 했습니다. 삼각함수는 파형 표현에 사용하는데 계산이 복잡합니다. 이때 오일러의 공식을 사용하면 삼각함수를 지수함수로 나타낼 수 있어 계산이 쉬워집니다.

실생활에서 오일러의 공식을 활용하는 가장 좋은 예는 주기적으로 크기와 방향이 변하는 전류인 교류의 복소수 표현입니다. 교류는 +와 −가 주기적으로 바뀝니다. 이때 전류를 $I = I_0 \sin\omega t$와 같은 삼각함수로 나타냅니다.

다음 그림은 이 교류를 다루는 RC 직렬회로에서 삼각함수를 그대로 다룰 때의 계산 결과와 복소수의 지수함수로 다룰 때의 계산 결과를 나타냅니다.

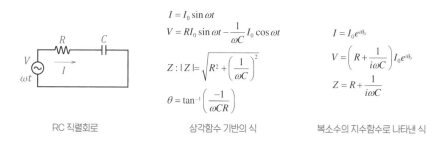

RC 직렬회로   삼각함수 기반의 식   복소수의 지수함수로 나타낸 식

전압 V는 삼각함수로 나타내면 sin과 cos이 들어간 식이 되어 삼각함수의 합성 공식으로 계산해야 합니다. 또한, RC 직렬회로의 전체 저항 성분인 임피던스 Z는 절댓값과 편각을 별도로 계산해야 합니다. 전체적으로 계산이 복잡합니다.

한편 복소수 표현은 $e^{i\theta}$를 미분이나 적분하더라도 $e^{i\theta}$이므로 계산이 쉽습니다. 또한 Z를 복소수를 이용해 계산하면 크기와 각도 정보를 모두 포함하므로 삼각함수보다 훨씬 간단합니다. 그래서 오일러의 공식을 활용하면 파형을 편하게 다룰 수 있습니다.

04 푸리에 변환

여러 분야에서 등장하므로 실용 독자에게 중요한 개념입니다. 교양 독자도 푸리에 변환이 주파수 영역과 관련된 변환이라는 점은 알아 두세요.

> **Point**
>
> ## 푸리에 급수와 푸리에 변환의 개념은 같음
>
> **푸리에 변환**
>
> 함수 $f(t)$에 대해 다음 식으로 $F(\omega)$를 계산하는 것을 '푸리에 변환'이라고 함
>
> $$F(\omega) = \int_{-\infty}^{\infty} f(t)e^{-i\omega t}dt$$
>
> 함수 $F(\omega)$를 $f(t)$로 되돌리는 다음 식을 '푸리에 역변환(역정리)'이라고 함
>
> $$f(t) = \frac{1}{2\pi}\int_{-\infty}^{\infty} F(t)e^{i\omega t}d\omega$$
>
> **함수의 내적**
>
> 함수 $f(x)$, $g(x)$에 대해 다음과 같이 계산되는 $f(x)\cdot g(x)$를 함수의 '내적'이라고 함
>
> $$f(x)\cdot g(x) = <f(x), g(x)> = \int_{-\infty}^{\infty} f(x)g(x)dx$$
>
> 특히 $f(x)$와 $g(x)$의 내적이 0일 때 $f(x)$와 $g(x)$는 '직교'한다고 하며, 예를 들어 $f(x) = \sin x$와 $g(x) = \sin 2x$는 직교함. 보통 $f(x) = \sin nx$와 $f(x) = \sin mx$(n, m는 정수이며 $n \neq m$)는 직교하는 성질이 있음

푸리에 변환의 개념

푸리에 변환의 개념은 기본적으로 **4장 06**에서 소개한 푸리에 급수와 같습니다. 즉, 소리와 빛 등의 파형을 주파수로 분해해 분석하는 데 사용합니다.

푸리에 급수는 함수를 사인과 코사인의 합으로 나타내며, 계수 a_n과 b_n을 계산했습니다. 푸리에 변환은 함수 $f(t)$를 $F(\omega)$로 바꾸는 것입니다. 또한, 푸리에 역변환은 $F(\omega)$를 원래의 함수 $f(t)$로 변환하는 식입니다. 이때 주파수 함수 $F(\omega)$는 푸리에 급수의 a_n과 b_n에 해당하는 함수입니다.

푸리에 급수와 푸리에 변환은 어떤 파형(함수)을 주파수의 함수로 바꾼다는 점에서 목표가 같습니다. 그럼 왜 푸리에 급수 대신 복소함수(함수의 변수가 모두 복소수인 함수)나 ∞(무한대)까지의 적분을 사용하는 푸리에 변환을 도입할까요? 크게 두 가지 이유가 있습니다.

첫 번째는 계산이 쉽다는 것입니다. 삼각함수의 미적분은 복잡하지만 오일러의 공식을 사용하여 지수함수로 바꾸면 계산이 편해집니다. 또한 푸리에 급수는 삼각함수 그대로이므로 a_n, b_n을 각각 계산해야 하지만, 복소수(푸리에 변환)로 바꾸면 $F(\omega)$이라는 함수 하나만 계산하면 된다는 장점도 있습니다.

두 번째는 주기함수가 아닌 함수, 즉 파형이 아닌 함수에도 적용할 수 있다라는 것입니다. 푸리에 급수는 파형을 나타내는 함수를 삼각함수로 분해하는 것이므로 파형을 나타내지 않는 함수에 적용할 수 없습니다. 그러나 푸리에 변환은 파형이 아닌 함수도 '주기가 무한인 파형'으로 간주해 주파수 영역으로 바꿀 수 있습니다. 이 무한의 성질은 푸리에 변환식에 ±∞라는 적분 범위로 반영되어 있습니다.

함수의 내적과 직교

푸리에 변환식에는 함수의 내적과 직교라는 중요한 개념이 포함되어 있습니다. 여기에서는 이 두 가지 개념을 설명합니다.

Point처럼 함수 $f(x)$와 $g(x)$의 내적은 $f(x)$와 $g(x)$의 곱을 적분한 식으로 정의합니다. 그럼 $\cos nx$와 $\cos mx(n \neq m)$, $\sin x$와 $\cos x$ 등은 내적이 0이 되어 직교함을 볼 수 있습니다.

이 개념은 푸리에 변환을 벡터와 같이 생각할 수 있게 합니다. 다음 식을 살펴보겠습니다.

벡터의 경우

$$f(x) = A\sin x + B\sin 2x + C\sin 3x + \cdots\cdots$$
$$<f(x), \sin x> \quad <f(x), \sin 2x> \quad <f(x), \sin 3x>$$

함수(푸리에 급수)의 경우

벡터 $\vec{a}$는 $\vec{e_x}$, $\vec{e_y}$, $\vec{e_z}$와 서로 수직인 벡터의 합으로 나타내며, 계수는 $\vec{a}$와 $\vec{e_x}$, $\vec{e_y}$, $\vec{e_z}$의 내적입니다.

한편 함수(푸리에 변환) $f(x)$는 $\sin x$, $\sin 2x$, $\sin 3x$, ……와 서로 직교하는 함수의 합으로 나타내며, 계수는 $f(x)$와 $\sin x$, $\sin 2x$, $\sin 3x$, ……의 내적입니다. 이때 직교하는 삼각함수는 무한히 존재합니다.

BUSINESS 무선통신 기술과 푸리에 변환

푸리에 변환은 실생활에서 접하는 여러 기술에 폭넓게 활용됩니다. 여기에서는 스마트폰이나 와이파이(Wi-Fi) 등에 사용하는 무선통신 기술의 활용하는 예를 소개합니다.

다음 그림은 무선통신 기술의 송신 부분과 수신 부분을 나타낸 것입니다.

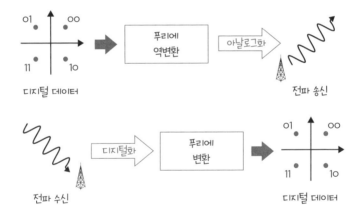

무선 기기는 수신받은 데이터를 보내려고 '01'과 같은 디지털 데이터를 푸리에 역변환하여 파형 정보로 만듭니다. 그리고 이 정보를 전파로 만들어 보냅니다.

수신기는 반대 작업을 수행합니다. 전파를 수신한 후 그 정보를 푸리에 변환하여 주파수 영역의 정보로 만듭니다. 이 정보에 보내고 싶은 디지털 데이터가 포함되어 있습니다.

여기에서 하는 푸리에 변환은 고속 푸리에 변환(FFT)이라는 방법입니다. 이 절에서 소개한 식을 그대로 계산해서는 전송 시간이 오래 걸려 빠른 통신을 할 수 없습니다. 그런데 수학이 발전하면서 고속 푸리에 변환 알고리즘이 개발되었습니다. 그 덕분에 지금처럼 스마트폰에서 빠른 인터넷 속도를 낼 수 있는 것입니다.

한편 다양한 사람이 통신할 때는 데이터가 정확하게 전송 및 수신되어야 하므로 서로 약속된 주파수 범위를 정해서 사용합니다. 이를 실현하는 기술을 '주파수 분할 다중화(FDM)'라고 합니다. 이 기술의 한 종류로 직교 주파수 분할 다중화(OFDM)라는 기술이 있습니다. '직교'라는 단어가 포함된 이유는 이 절에서 소개한 함수의 직교라는 개념을 이용해 통신하기 때문입니다.

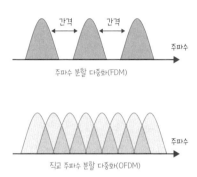

FDM 기술은 다음 그림과 같이 보통 사용하는 주파수끼리 어느 정도 간격이 있어야 합니다. 그렇지 않으면 다른 사람의 전파와 간섭 현상이 생겨 문제가 됩니다.

그러나 OFDM 기술은 이 간격을 두지 않습니다. 그냥 일부 주파수를 겹치게 해서 데이터를 주고받습니다. 원래는 간섭 현상이 생겨야 정상이지만 OFDM의 직교 함수를 사용하면 간섭 현상 때문에 발생하는 문제를 해결할 수 있습니다. 예를 들어 $\sin x$와 $\sin 2x$라는 함수는 직교하므로 두 함수에 넣은 데이터가 섞여 있더라도 깨끗하게 나눌 수 있습니다. 그래서 전파의 주파수 이용 효율이 높고 노이즈 등에 내성이 강한 고속 통신을 제공하는 것입니다.

스마트폰은 많은 사람이 사용하는 필수품입니다. 이 필수품의 기반이 되는 기술이 삼각함수와 복소함수의 힘에 의지하는 것입니다.

05 사원수

CG 엔지니어 등 극히 일부의 사람에게만 필요한 개념입니다. 하지만 복소수를 제대로 이해하는 데 도움이 되므로 알아 두세요.

Point

복소수는 4개의 실수가 있는 사원수로도 정의할 수 있음

사원수의 정의

i, j, k라는 허수단위 3개가 있을 때 사원수 q는 $q = a + bi + cj + dk$로 나타내며, 이때 허수단위 i, j, k는 다음을 만족함

$i_2 = j_2 = k_2 = ijk = -1$

$ij = -ji = k$, $jk = -kj = i$, $ki = -ik = j$

(단, 사원수의 곱셈은 교환법칙이 성립하지 않음)

사원수의 켤레, 사원수의 절댓값, 사원수의 역수

q의 사원수 $\overline{q}$는 $\overline{q} = q = a - bi - cj - dk$라고 정의함

q의 절댓값은 $|q| = \sqrt{a^2 + b^2 + c^2 + d^2}$로 정의하며, $|q|^2 = q\overline{q}$로도 나타냄

q의 역수 q^{-1}은 $q^{-1} = \dfrac{\overline{q}}{|q|^2}$로 정의하며, 이때 $qq^{-1} = 1$임

사원수를 이용한 삼차원 좌표의 회전

① 삼차원 좌표 (x, y, z)를 사원수 $p = xi + yj + zk$로 만듦

② 회전축 $r(r_x, r_y, r_z)(|r| = 1)$에 각도 θ만큼 회전하는 사원수 q를 다음 공식으로 계산함

$$q = \cos\frac{\theta}{2} + ir_x\sin\frac{\theta}{2} + jr_y\sin\frac{\theta}{2} + kr_z\sin\frac{\theta}{2}$$

③ 회전 후의 좌표를 나타내는 사원수 $p' = qp\overline{q}$를 계산함

④ $p' = x'i + y'j + z'k$에서 회전 후 삼차원 좌표인 (x', y', z')로 바꿈

사원수로 복소수의 이해도를 높인다

사원수는 매우 전문적인 개념입니다. 그런데도 굳이 소개한 이유는 사원수를 배우면 복소수를 더 잘 이해할 수 있기 때문입니다.

복소수는 벡터와 같이 여러 개 숫자(실수 부분과 허수 부분)를 하나의 숫자로 다루는 것입니다. 그럼 벡터가 이차원, 삼차원으로 확장되는 것처럼 복소수도 더욱더 많은 숫자를 포함하도록 확장할 수 있을 것으로 생각하는 것이 자연스럽습니다. 여기서 소개하는 사원수는 복소수의 확장에 답이 되는 개념입니다. 또한, 팔원수, 십육원수로 수학의 복소수는 더욱 확장되고 있습니다.

복소수와 비교하면 사원수는 교환법칙이 성립하지 않는다는 성질이 있습니다. 즉, $q_1q_2 \neq q_2q_1$입니다. 하지만 절댓값, 켤레복소수, 역수의 정의 등은 실수가 2개 있는 복소수와 같습니다.

한편 "사원수가 있으면 '삼원수'도 있지 않을까?"라는 의문이 생길 수 있습니다. 결론부터 말하면 삼원수는 없습니다. 왜냐하면 모순을 일으키지 않는 수학의 이론 체계를 만들 수 없기 때문입니다. 이처럼 수학으로도 어쩔 수 없는 현상이 분명 있습니다.

BUSINESS CG나 로켓을 회전시키기

사원수는 잘 알려지지 않았지만 기술 분야에서 널리 사용됩니다. 물체의 회전을 쉽게 계산할 수 있기 때문입니다. 계산이 쉬우면 처리 속도도 '빠르기' 때문에 3D 그래픽 가속에 도움이 됩니다. 게임과 VR(Virtual Reality), 영화 등 실생활에는 3D 동영상이 아주 많습니다. 특히 게임을 좋아하는 사람은 분명 사원수를 활용한 게임을 즐긴 경험이 있을 것입니다.

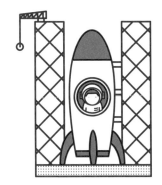

로켓이나 위성을 제어하는 데도 사원수가 사용됩니다. 로켓을 발사할 때는 로켓의 발사각을 맞추는 것이 굉장히 중요한데, 이를 빠르게 처리하는 데 사원수를 활용합니다.

Column

허수 기반의 시간이란 무엇인가?

블랙홀과 관련된 중요한 이론을 증명한 스티븐 호킹 박사는 2018년에 사망했습니다. 근위 축성 측색경화증(ALS)이라는 난치병을 앓으면서도 70년 이상 살면서 위대한 업적을 남겨 많은 사람에게 용기를 준 것으로도 유명합니다.

그런데 호킹 박사의 성과에 우주의 탄생에 관한 이론이 있습니다. 심지어 "우주는 허수의 시간에서 태어났다"라고 주장했습니다. 이런 주장을 바로 이해할 사람은 굉장히 드물 것입니다. 그런데도 이 이론을 소개하는 이유는 물리적으로 실체하는 존재가 있음을 알려 주기 때문입니다.

그럼 허수의 시간이라는 것을 어떻게 설명해야 할까요? 저는 '차원의 증가'라고 설명하고 싶습니다. 물론 우리가 사는 세계의 시간은 과거에서 미래로 흐르는 한 방향의 완전한 일차원입니다. 하지만 우주가 탄생했을 당시의 시간에는 지금과 다른 차원과 그에 맞는 시간이 있었다고 합니다. 즉, 예를 들어 일차원이 아닌 이차원인 시간을 갖는 세계가 있었고 이를 허수 시간이라고 하는 것입니다. 이러한 시간의 개념을 증명하는 데는 복소수를 사용하여 이차원인 평면 혹은 삼차원인 공간을 나타낼 수 있다는 점이 중요한 역할을 했습니다. 이제 "제곱하면 -1이 되는 시간에 어떤 의미가 있는가?"라든지 "허수는 거짓 숫자이므로 존재하지 않는 것이다"라고 생각하지 않기 바랍니다.

허수 시간을 갖는 세계는 사실 사람이 상상하기가 어렵습니다. 어쩌면 신만이 아는 세계라고 말해도 무방하다고 봅니다. 그런데 이런 세계가 있다는 사실을 증명하는 데도 수학을 사용합니다. 수학의 무한한 힘을 느낄 수 있기를 바랍니다.

Chapter

14

확률

Introduction

확률은 문장이 전달하는 뉘앙스를 정확하게 이해하는 것이 핵심이다

확률은 여러 수학 개념 중에서도 독특한 분야로 알려져 있습니다. 수학의 다른 개념은 잘 아는데 확률만 서투른 학생이 있거나, 반대로 확률만큼은 자신 있는 학생이 있기도 합니다.

이러한 상황이 생기는 이유 중 하나로 문장이 전달하는 뉘앙스를 이해하는 정도를 들 수 있습니다. 예를 들어 '또는', '동시에', '~일 때(조건)' 같은 문장의 뉘앙스를 결정하는 문구는 확률에서 굉장히 중요합니다. 또한 '같은 확률', '배반사건', '독립' 등 독특한 확률의 용어도 제대로 이해해야 문제를 풀 수 있습니다.

수식은 그 자체로 수학적인 엄격함을 갖추지만, 일반적인 단어는 수학적으로 엄격하지 않습니다. 따라서 확률을 배울 때는 수식뿐만 아니라 설명하는 여러 용어를 정확하게 이해해야 합니다.

한편 확률은 공식에 대입하는 계산 문제보다 실수하기 쉽습니다. 검산도 어려우니 수험생은 특히 꼼꼼하게 계산하는 습관을 들여야 합니다.

현실의 확률과 수학의 확률

학교에서 배우는 확률은 주사위의 숫자, 동전의 앞뒷면, 제비뽑기 같은 사례를 많이 듭니다. 한편 비즈니스나 기술 개발에 수학을 활용하는 사람은 어떻게 하면 돈을 벌지, 어떻게 하면 불량률을 낮출지 등 실용적인 문제에 적용하고 싶을 것입니다.

그런데 이는 어려운 일입니다. 실생활에서 접하는 문제는 수학 이론을 적용할 때 필요한 전제가 명확하게 성립하지 않기 때문입니다. 주사위나 동전 등은 전제가 명확해서 이 장에서 소개하는 확률을 명확하게 계산할 수 있습니다. 이를 수학적 확률이라고 합니다.

한편 실생활의 문제인 '같은 확률'이나 '독립' 등이 성립하는지는 확인하기 쉽지 않습니다. 대부분 성립하지 않을 때가 많습니다. 가위바위보에서 "그 사람은 주먹을 자주 낸다"라든지 "가위를 계속 냈으니까 이번에는 보를 낼 거야" 등 '같은 확률'이라는 개념이 성립하지 않습니다. 그래서 실생활의 확률은 데이터를 쌓은 후 분석할 수밖에 없습니다. 이를 통계적 확률이라고 합니다.

가볍게 생각하면 통계적 확률이 수학적 확률보다 더 유용하다고 생각합니다. 그런데 통계적 확률만으로는 미래를 예측하고 응용하는 데 충분하지 않습니다. 통계적 확률을 분석하여 유용한 결론을 얻으려면 수학적 확률도 반드시 이해해야 합니다.

🍎 교양 독자가 알아 둘 점

실제 확률 계산을 할 필요가 없더라도 기본적인 용어의 뜻을 확실히 기억하세요. 예를 들어 '순열', '조합', '확률', '같은 확률', '배반사건', '독립', '조건부확률' 등은 꼭 기억해 두세요.

🗓 업무에 활용하는 독자가 알아 둘 점

확률을 직접 사용하는 일은 적을지도 모릅니다. 그러나 확률 다음에 배울 통계는 확률의 기초 지식 없이는 이해할 수 없습니다. 통계의 기초 알아야 한다는 마음가짐으로 확률을 제대로 배우세요. 조건부확률은 베이즈 통계학의 기초이므로 데이터를 다루는 사람은 중심을 두고 공부합니다.

🎓 수험생이 알아 둘 점

조건이 빠지거나 계산을 깜박 실수하기 쉽습니다. 반복해서 문제를 풀면서 패턴을 정리해 둡니다. 호불호가 큰 개념이지만 익숙해지면 시험 점수를 올리는 데 큰 도움이 될 것입니다.

01 경우의 수

수험생과 실용 독자는 제대로 계산할 수 있어야 합니다. 실수하지 않도록 집중하여 문제를 반복해서 풀어 보세요.

점과 선으로만 연결된 수형도로 이해해볼 수 있음

경우의 수

- 합의 법칙

  사건 A, B가 동시에 일어나지 않고, 각각 a, b라는 경우의 수를 갖는다면, A 또는 B가 일어날 경우의 수는 $a + b$임

  예) 트럼프 카드 52장 중 1장을 뽑을 때 5 또는 6일 경우의 수

  → 트럼프 카드 1장을 뽑았을 때 적힌 숫자가 5이면서 6인 상황은 동시에 발생하지 않으므로 5의 카드 4장과 6의 카드 4장을 합하면 됨. 즉, 경우의 수는 $4 + 4 = 8$임

- 곱의 법칙

  사건 A의 경우의 수가 n이고, 사건 B의 경우의 수가 m일 때, A에 이어서 B가 일어날 경우의 수는 $n \times m$임

  예) 주사위 2개를 던졌을 때 주사위 숫자의 합이 짝수가 될 경우의 수

  → 주사위 하나는 홀수가 나오든 짝수가 나오든 상관없으므로 경우의 수는 6임. 다른 주사위는 앞 주사위가 짝수일 때는 짝수, 홀수일 때는 홀수여야 주사위 2개의 숫자 합이 짝수이므로 경우의 수는 3임. 즉, 경우의 수는 $6 \times 3 = 18$임

수형도

사물을 순서대로 내보낼 때 경우의 수를 세는 방법임

예) A, B C라는 카드 3장을 1장씩 꺼낼 때 발생할 경우의 수는 오른쪽 수형도를 참고하면 6임을 알 수 있음

$$
A \left\langle \begin{array}{l} B - C \\ C - B \end{array} \right.
$$

$$
B \left\langle \begin{array}{l} A - C \\ C - A \end{array} \right.
$$

$$
C \left\langle \begin{array}{l} A - B \\ B - A \end{array} \right.
$$

경우의 수는 발생하는 일을 빠짐과 중복 없이 세는 것이 중요하다

확률에서 가장 처음 배우는 개념은 경우의 수입니다. 나중에 다시 설명하겠지만 확률은 경우의 수의 비율입니다. 그러므로 확률을 논의하기 전에 중요한 건 어떤 현상을 정확하게 세는 것입니다. 이때 핵심은 발생하는 일을 빠짐과 중복 없이 세기입니다.

빠짐과 중복 없이 발생하는 일을 세는 효과적인 방법의 하나로 수형도가 있습니다. 이는 사전처럼 일정한 규칙을 정해 모든 경우를 정확하게 나열하는 것입니다. 실제로 경우의 수가 너무 많아서 수형도로 나타내기 어려우면 그중 일부만 수형도로 만들어 살펴봐도 됩니다. 문제 해결의 실마리를 잡을 수 있습니다.

더할 것인가? 곱할 것인가?

합의 법칙과 곱의 법칙은 경우의 수를 셀 때 더할지나 곱할지를 판단하는 것입니다. 예를 들어 남자 5명과 여자 4명의 그룹이 있다고 합시다. 이때 대표 2명을 뽑는다면 두 가지 경우를 생각해 볼 수 있습니다.

첫 번째는 대표의 성별이 같을 때가 좋다고 생각해 남자 2명 또는 여자 2명으로 대표를 뽑는 경우입니다. 이때 남자 2명을 뽑는 경우의 수는 10, 여자 2명을 뽑는 경우의 수는 6입니다. 여기서 '또는'이라고 했으니까 대표 2명이 남자 2명이거나 여자 2명만 될 것입니다. 경우의 수에서 서로 중복될 상황이 없습니다. 그래서 10 + 6 = 16이라는 합의 법칙으로 계산할 수 있습니다.

두 번째는 남녀 1명씩을 대표로 뽑는 경우입니다. 이때 남자 1명을 뽑는 경우의 수는 5, 여자 1명을 뽑는 경우의 수는 4입니다. 그리고 남자 1명과 여자 1명은 동시에 선택해야 하는 상황입니다. 그래서 5 × 4 = 20이라는 곱의 법칙으로 계산할 수 있습니다.

'또는'인가, '동시에'인가. 경우의 수를 더하거나 곱해야 하는 상황이 헷갈린다면 설명을 잘 읽고 서로 각각 벌어지는 경우인지 동시에 발생하는 경우인지를 잘 파악하기 바랍니다.

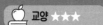 
02 순열

순열은 개념이 간단하지만 뒤이어 설명할 조합과 헷갈리기 쉽습니다. 또한 일반적인 순열과 조금 다른 중복순열이나 같은 것이 있는 순열 같은 개념도 있습니다. 순열을 어떤 상황에서 사용해야 하는지 잘 확인해 둡시다.

순서가 있고 중복을 허용하지 않는다면 순열을 사용함

순열의 정의와 공식

서로 다른 n개가 있을 때 r개를 중복 없이 선택해 나열하는 것(n개 중 r개를 중복없이 선택하는 것)을 '순열'이라고 하며, $_n\mathrm{P}_r$로 나타냄

$$_n\mathrm{P}_r = n(n-1)(n-2)\cdots\cdots(n-r+1) = \frac{n!}{(n-r)!}$$

계승

양의 정수 n이 있을 때 1에서 n까지의 곱을 $n!$로 나타냄

즉, $n! = \displaystyle\prod_{k=1}^{n} k = n(n-1)(n-2)\cdots\cdots 2\cdot 1$

특히 $0! = 1$이라고 정의함

예) $5! = 1 \times 2 \times 3 \times 4 \times 5 = 120$

$$_5\mathrm{P}_2 = \frac{5!}{3!} = \frac{120}{6} = 20$$

나열에 순서가 있을 때는 순열을 사용한다

순열은 어떤 순서를 매겨 중복 없이 나열하는 것을 뜻합니다. Point에서 소개한 것과 같이 $_n\mathrm{P}_r$로 나타냅니다. P를 사용하는 이유는 순열의 영어 표현인 permutation의 맨 앞 글자이기 때문입니다. 예를 들어 참가자가 6명인 마라톤 대회에서 1위, 2위, 3위가 나올 경우의 수가 바로 순열입니다. 답은 $_6\mathrm{P}_3 = 6 \times 5 \times 4 = 120$으로 쉽게 계산할 수 있습니다.

순열은 순서가 있고 중복을 허용하지 않을 때 사용합니다. 방금 마라톤 선수 6명의 예에서 '3위까지 결승에 진출할 때 결승에 가는 사람의 경우의 수'라는 문제를 풀 때는 1~3위의 순서가 의미가 없으므로 순열을 사용할 수 없습니다. 또한 '대회를 3회 진행하는 동안 1위

를 하는 경우의 수도 같은 사람이 여러 번 1위를 할 수 있으므로 역시 순열을 사용할 수 없습니다. 이렇게 순서 없이 중복을 허용할 때는 다음 절에서 설명할 조합을 사용합니다.

참고로 순열이긴 한데 중복을 허용하는 중복순열이 있습니다. 방금 마라톤 선수 6명의 예라면 대회를 3회 진행했을 때 모두 같은 선수가 1위일 수도 있는 상황입니다. 즉, n개 중 순서가 있지만 중복을 허락해 r개를 뽑는 것입니다. 이때 순열은 n^r로 계산합니다.

계승은 $n!$로 나타내며 1부터 n까지의 모든 자연수를 곱하는 것입니다. 확률 분야에서 굉장히 중요한 역할을 하므로 익숙해집시다.

또한 '같은 것이 있는 순열(중복집합 순열)'이라는 개념도 있습니다. 이는 n개 중 서로 같은 것(서로 같은 것을 모은 집합)이 $p, q, \cdots\cdots, r$개$(n = p + q + \cdots\cdots + r)$ 있을 때의 n개를 나열하는 방법입니다. 이때 순열은 $\dfrac{n!}{p!q!\cdots r!}$로 계산합니다.

🖥️BUSINESS 최단 경로 문제

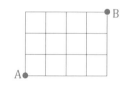

순열을 활용하는 문제 중 하나로 최단 경로 문제가 있습니다. 이는 오른쪽 그림과 같은 격자형 도로가 있을 때 점 A에서 점 B로 가는 최단 경로가 몇 가지인지 찾는 것입니다.

앞 그림에서 위 방향으로 이동하는 것을 ↑, 오른쪽으로 이동하는 것을 →라고 나타내면 최단 경로 문제는 3개의 ↑와 4개의 →를 나열하는 순열 문제입니다. 따라서 순열의 식은 $_7P_7 = 7!$입니다. 이때 3개의 ↑와 4개의 →는 순서를 구분하지 않으므로 같은 것입니다. 즉, 같은 것이 있는 순열이라는 뜻이므로 7!을 3!과 4!의 곱으로 나눕니다. 그럼 같은 것이 있는 순열은 $\dfrac{7!}{3!4!} = 35$입니다.

참고로 최단 경로 문제는 기차의 경로 탐색에도 사용합니다. 이때 실제 경로의 격자 형상은 방금 설명한 직사각형보다 복잡하고 격자의 면마다 서로 다른 가중치를 줍니다. 즉, 어떤 역에서 B역까지 이동하는 데 10분, B역에서 C역으로 이동하는 데 8분과 같은 방식으로 이동 시간(가중치)이 서로 다른 것입니다. 이러한 최단 경로 문제를 해결하는 알고리즘 중 하나로 데이크스트라 알고리즘(Dijkstra algorithm)이 있습니다. 내비게이션 등의 최단 경로 탐색에 사용됩니다.

03 조합

조합은 순열에서 '순서'의 요소를 없앤 것입니다. 순열과 함께 자주 사용하므로 정의를 확인해 둡니다.

 조합은 순서가 상관없는 순열임

조합의 정의와 공식

서로 다른 n개가 있을 때 순서와 상관없이 r개를 선택하는 것을 '조합'이라고 하며, $_n\mathrm{C}_r$로 나타냄

$$_n\mathrm{C}_r = \frac{_n\mathrm{P}_r}{r!} = \frac{n(n-1)(n-2)\cdots\cdots(n-r+1)}{r!}$$

또한, $_n\mathrm{C}_n = 1$, $_n\mathrm{C}_0 = 1$

예) $_5\mathrm{C}_3 = \dfrac{_5\mathrm{P}_3}{3!} = \dfrac{5\times4\times3}{3\times2\times1} = 10$

순서가 없는 경우에는 조합을 사용한다

조합은 여러 개 중 특정 개수를 선택한 경우의 수입니다. 예를 들어 참가자가 6명인 마라톤 대회에서 상위 3명이 결승에 진출한다면 결승 진출자의 경우의 수입니다. Point와 같이 $_n\mathrm{C}_r$로 나타냅니다. C를 사용하는 이유는 조합의 영어 표현인 combination의 맨 앞 글자이기 때문입니다. 예를 들어 방금 마라톤 문제의 답은 $_6\mathrm{C}_3 = \dfrac{6\times5\times4}{3!} = 20$이라고 계산할 수 있습니다.

조합의 공식은 순열의 공식을 $r!$로 나눈 형태입니다. 앞 절 순열에서는 '마라톤 대회에 참가한 6명이 1~3위를 할 경우의 수'라고 했습니다. 그런데 조합은 1~3위로 순위를 나누지 않습니다. 즉, A, B, C라는 사람이 결승에 진출한다면 ABC, ACB, CBA, ……라는 순서를 따지지 않는다는 뜻입니다.

결승 진출자 3명을 순서가 있는 상태로 나열하면 $_3P_3 = 3! = 6$입니다. 그래서 $_6P_3 = 720$을 3! = 6으로 나눈 숫자가 조합입니다. 보통 순열 $_nP_r$을 선택하려는 수 r의 계승 $r!$로 나눈 것, 즉 $\dfrac{_nP_r}{r!}$이 조합의 공식을 전개한 결과입니다.

다음으로 중복을 허용하는 중복조합을 살펴봅니다. 예를 들어 귤, 포도, 사과 중에서 과일 5개를 살 때를 생각해 보죠. 같은 과일을 몇 개 사도 상관없다면 귤만 5개, 귤 2개와 포도 1개와 사과 2개를 사도 괜찮습니다.

혹은 다음 그림처럼 동그라미(○) 5개와 막대기 2개를 일렬로 늘어놓는 방법이라고 생각해도 좋습니다. 이때 막대기는 동그라미를 구분하는 역할입니다.

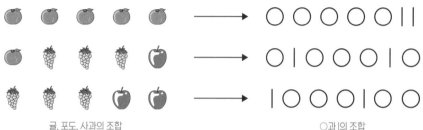

귤, 포도, 사과의 조합   ○과 | 의 조합

귤을 5개 샀다면 ○ 5개와 | 2개입니다. 귤 1개, 포도 3개, 사과 1개를 샀다면 ○ 1개, 막대기, ○ 3개, 막대기, ○ 1개입니다. 그리고 포도 3개, 사과 2개를 샀다면 막대기, ○ 3개, 막대기, ○ 2개입니다. 이렇게 귤, 포도, 사과를 사는 개수 및 ○와 | 조합이 1대1로 대응합니다.

그리고 이 ○와 | 조합은 7개의 공간 중 ○ 공간 5개를 선택하는 경우의 수와 같습니다. 따라서 $_7C_5 = \dfrac{7 \times 6 \times 5 \times 4 \times 3}{5!} = 21$이라고 계산합니다.

보통 서로 다른 n개 중 중복을 허용하면서 r개를 선택하는 중복조합은 $_nH_r$로 나타내며 $_nH_r = {}_{n+r-1}C_r$입니다.

순열과 조합을 한꺼번에 정리하기

지금까지 순열과 조합(순서가 있는지 여부), 중복순열과 중복조합까지 설명했습니다. 그럼 순열과 조합을 한꺼번에 정리해 보겠습니다. 예를 들어 A, B, C 세 글자 중 2개를 선택하는 경우를 정리한 다음 표를 살펴봅니다.

	순서를 생각하는 경우	순서를 생각하지 않는 경우
중복을 허용하지 않음	$A \Big\langle {B \atop C} \quad C \Big\langle {A \atop B}$ $B \Big\langle {A \atop C} \qquad {}_3P_2 = 6$	$A \Big\langle {B \atop C}$ $B \text{ --- } C \qquad {}_3C_2 = 3$
중복을 허용함	$A \Big\langle {A \atop {B \atop C}} \quad C \Big\langle {A \atop {B \atop C}}$ $B \Big\langle {A \atop {B \atop C}} \qquad 3^2 = 9$	$A \Big\langle {A \atop {B \atop C}} \quad C \text{ --- } C$ $B \Big\langle {B \atop C} \qquad {}_3H_2 = 6$

실생활 문제에 순열이나 조합을 적용할 때는 순서가 있는지와 중복을 허락할지를 결정하는 것이 아주 중요합니다. 원순열과 염주순열 등의 예외가 있지만, 순열과 조합을 적용하는 기본은 이 두 가지를 고려하는 것입니다. 순서와 중복 여부는 특히 주의하세요.

📋 BUSINESS 파스칼의 삼각형에서 유도하는 이항정리

순열의 활용 예로 이항정리가 있습니다. 이항정리는 $(x + y)$ 등의 이항(등식 또는 부등식의 한 변에 있는 항을 부호를 바꿔 다른 변으로 옮기는 것)의 합을 제곱, 세제곱, 네제곱, …… 한 전개식의 계수가 어떻게 되는지를 나타낸 것입니다.

예를 들어 $(x + y)^2 = x^2 + 2xy + y^2$이므로 제곱일 때의 계수는 '1, 2, 1', $(x + y)^3 = x^3 + 3x^2y + 3xy^2 + y^3$이므로 세제곱일 때의 계수는 '1, 3, 3, 1', $(x + y)^4 = x^4 + 4x^3y + 6x^2y^2 + 4xy^3 + y^4$이므로 네제곱일 때의 계수는 '1, 4, 6, 4, 1'입니다.

이러한 계수를 중심으로 식을 살펴보면 다음 그림과 같이 **파스칼의 삼각형**이라는 삼각형의 수열을 볼 수 있습니다. 파스칼의 삼각형은 각 점에 해당하는 숫자는 1, 나머지 숫자는 앞의 두 숫자를 더한 숫자입니다.

이러한 파스칼의 삼각형은 $_0C_0$을 정점으로 시작해 $_1C_x$, $_2C_x$, $_3C_x$를 늘어놓은 것과 같습니다. 이 개념이 이항정리의 기초입니다.

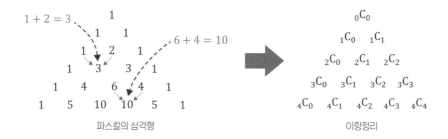

파스칼의 삼각형   이항정리

일반적으로 이항정리는 다음과 같이 나타냅니다.

이항정리

n이 정수일 때,

$$(x + y)^n = {}_nC_n x^n + {}_nC_{n-1} x^{n-1} y + \cdots\cdots + {}_nC_{nr} x^{n-r} y^r + \cdots\cdots + {}_nC_0 y^n$$

왜 다항식의 계수를 조합의 숫자로 나타내는지 간략하게 설명하겠습니다. 제곱일 때와 세제곱일 때 이항정리의 전개식은 다음과 같습니다.

$$(x + y)^2 = (x + y)(x + y) = xx + xy + yx + yy$$
$$(x + y)^3 = (x + y)(x + y)(x + y) = xxx + xxy + xyx + xyy + yxx + yxy + yyx + yyy$$

n제곱식의 계수는 x 또는 y를 총 n개 선택한 개수입니다. 그래서 $x^{n-r} y^r$항의 계수는 $_nC_{n-r}$입니다.

04 확률의 정의

"확률이 도대체 무엇인가?"라고 생각이 든다면 이 절을 꼭 읽어보세요. 또한 '같은 확률'이 어떤 의미인지 이해해 둡시다.

 Point

확률은 단어의 의미를 어떻게 이해하는지가 중요함

확률의 정의

모든 사건이 일어날 수 있다고 가정할 때, N을 일어날 수 있는 모든 경우의 수, a는 사건 A가 일어날 경우의 수임. 이때 A가 일어날 확률 $P(A)$는 $P(A) = \dfrac{a}{N}$로 나타냄($0 \leq P(A) \leq 1$)

예) 주사위 2개를 던져서 나온 눈의 합이 12가 될 확률을 계산함

주사위 2개를 던져서 나오는 눈의 모든 경우의 수는 $6^2 = 36$임. 그중에서 합이 12일 때는 주사위 2개의 눈이 모두 6인 경우 한 가지뿐이므로 확률 $P = \dfrac{1}{36}$이라고 계산함

여사건

사건 A가 있을 때 'A가 일어나지 않을 사건'을 A의 '여사건'이라고 하고 $\overline{A}$로 나타내며, 이때 사건 A, $\overline{A}$가 일어날 확률이 각각 $P(A)$, $P(\overline{A})$라면 $P(A) = 1 - P(\overline{A})$가 성립함

예) 동전 5개를 동시에 던질 때 적어도 하나가 뒷면이 나올 확률

적어도 동전 하나가 뒷면이 나올 사건의 여사건은 동전 5개 모두가 앞면이 나올 확률이므로 여사건의 확률은 $\dfrac{1}{2^5} = \dfrac{1}{32}$임. 따라서 적어도 동전 하나가 뒷면이 나올 확률은 $1 - \dfrac{1}{32} = \dfrac{31}{32}$로 계산함

확률 관련 용어

- 시행: 같은 조건으로 반복했을 때 결과가 우연에 따라 결정되는 실험이나 관찰
- 사건: 시행했을 때 일어나는 결과

'같은 확률'에서 주의해야 할 점

확률은 어떤 사건의 경우의 수를 전체 경우의 수로 나눈 것입니다. 따라서 확률은 0에서 1 사이의 숫자입니다. 정의는 간단하지만, 한 가지 주의해야 할 점이 있습니다. 일어나는 사건이 '같은 확률'이라는 조건이 성립해야 한다는 것입니다.

예를 들어 주사위를 1개 던졌을 때 나오는 숫자는 1~6의 여섯 가지이므로 1이 나올 확률은 $\frac{1}{6}$입니다. 그런데 문제를 조금 바꿔 보죠. 주사위 2개 던졌을 때 나올 숫자의 합은 2~12의 11가지입니다. 이때 숫자의 합이 2가 될 확률은 $\frac{2}{11}$가 아닙니다. 왜냐하면 합이 2가 되는 경우는 주사위 2개가 모두 1이 나왔을 때지만 합이 3이 되는 경우는 1과 2, 2과 1이라는 두 가지 경우가 있습니다. 즉, 합이 2와 3이 될 확률은 다르므로 '같은 확률'이라고 생각하면 안 됩니다.

앞 예는 확률 문제를 풀 때 하기 쉬운 '같은 확률'이 아닌 것을 '같은 확률'이라고 생각하는 경우입니다. 확률 문제를 풀 때는 정말로 '같은 확률'이라고 생각해도 될지 꼭 확인하세요.

BUSINESS 수학적 확률과 통계적 확률

방금 소개한 확률의 개념은 수학적 확률입니다. 하지만 실생활에서 확률을 활용할 때는 "정말로 같은 확률인가?"를 실제로 확인해야 합니다.

예를 들어 수학 문제에서 가위바위보 할 때는 가위, 바위, 보가 모두 '같은 확률'입니다. 그러나 실생활에서 가위바위보 할 때는 "이 사람은 주먹을 자주 낸다"와 같은 버릇이 있어 수학적 확률이 적용될지 알 수 없습니다.

비가 올 확률도 비슷한 부분이 있습니다. 실제로 비가 올 것 같은 날 중 비가 온 날도 있고 오지 않은 날도 있습니다. 그래서 실제 비 올 확률은 비가 온 날과 실제 비가 올 것 같은 날 전체를 나눠 계산합니다. 결국 실생활의 확률은 시행을 반복하여 확률을 계산할 수밖에 없습니다.

보통 수학 문제와 같이 '같은 확률'을 전제로 계산하는 확률을 수학적 확률이라고 하며, 시행을 기반으로 계산하는 확률을 통계적 확률이라고 합니다.

05 확률의 덧셈법칙

배반사건, 확률의 덧셈, 확률의 곱셈 등이 무엇인지 이해하세요. 복잡한 확률을 계산하는 기반이 됩니다.

A와 B가 배반사건이면 $P(A \cap B) = 0$

확률의 덧셈법칙

사건 A와 B가 배반사건이면,

$$P(A \cup B) = P(A) + P(B)$$

보통 배반사건이 아니면 다음과 같은 관계가 성립함

$$P(A \cup B) = P(A) + P(B) - P(A \cap B)$$

확률의 덧셈법칙 관련 용어

- 배반사건: 사건 하나가 일어나면 다른 사건 하나는 일어나지 않음을 의미함
- $P(A \cup B)$: 사건 A, B의 확률을 더할(A 또는 B) 확률
- $P(A \cap B)$: 사건 A, B의 확률을 곱할(A 동시에 B) 확률

배반사건

배반사건이 아님

$A \cup B$(A 또는 B)

$A \cap B$(A 동시에 B)

예) 조커를 제외한 트럼프 카드 52장 중 1장을 뽑을 때 숫자가 5 또는 6일 확률을 계산함

뽑은 트럼프 카드가 5일 때와 6일 때는 배반사건임. 그리고 트럼프 카드에서 5나 6인 숫자를 뽑을 확률 각각은 $\frac{4}{52} = \frac{1}{13}$이므로 5 또는 6일 숫자를 뽑을 확률은 $\frac{1}{13} + \frac{1}{13} = \frac{2}{13}$임

배반사건은 경우의 수에 공통부분이 없다는 뜻이다

이 절에서 가장 중요한 것은 확률의 '배반사건'이 무엇인지 제대로 이해하는 것입니다. 배반사건은 동시에 일어날 수 없는 사건입니다. 예를 들어 52장의 트럼프 카드 1장을 뽑을 때 숫자가 5임과 동시에 6일 수는 없으므로 둘은 배반사건입니다. 그래서 확률의 덧셈법칙은 '$P(A \cup B) = P(A) + P(B)$'가 성립합니다. 그래서 '52장의 트럼프 카드 1장을 뽑을 때 5 또는 6일 확률'은 5를 뽑을 확률 $\frac{4}{52}$과 6을 뽑을 확률 $\frac{4}{52}$를 더해 $\frac{8}{52} = \frac{2}{13}$로 계산합니다.

한편 배반사건이 아닌 것은 어떤 경우일까요? 방금 트럼프 카드의 예라면 하트임과 동시에 숫자가 2인 카드를 뽑는 것은 배반사건이 아닙니다. 왜냐하면 하트이면서 숫자가 2인 카드는 동시에 일어날 수 있는 사건이기 때문입니다. 즉, '$P(A \cup B) = P(A) + P(B)$'는 성립하지 않으므로, '하트 또는 2를 뽑을 확률'을 계산할 때는 '$P(A \cup B) = P(A) + P(B) - P(A \cap B)$'라는 식을 사용해야 합니다. 52장의 카드 중 1장을 뽑을 경우 하트일 확률은 $\frac{13}{52}$, 2를 뽑을 확률은 $\frac{4}{52}$, 하트 2를 뽑을 확률은 $\frac{1}{52}$입니다. 따라서 '하트 또는 2를 뽑을 확률' 은 $\frac{13}{52} + \frac{4}{52} - \frac{1}{52} = \frac{16}{52} = \frac{4}{13}$입니다.

참고로 3개 이상의 확률의 합에도 확률의 덧셈법칙이 성립합니다. 예를 들어 트럼프 카드 문제에서 2, 4, 6을 뽑는 사건 각각은 배반사건이므로 단순하게 확률을 더해도 괜찮습니다. 그러나 J, Q, K를 뽑을 사건, 하트인 카드를 뽑을 사건, 짝수를 뽑을 사건은 동시에 일어날 수 있는 사건이므로 단순한 확률의 덧셈으로 계산할 수 없습니다. 즉, 배반사건이 아닌 경우가 많을수록 확률 계산이 점점 복잡해집니다.

확률의 덧셈법칙을 활용할 때는 꼭 해당 사건이 배반사건인지를 확인하세요.

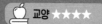

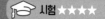

06 독립시행

확률에서 '독립'이 어떤 의미가 있는지는 중요하므로 정확히 이해합니다. 특히 '배반사 건'과 헷갈리기 쉬우므로 주의하세요.

확률에서 독립이란 서로 영향을 주지 않는 것임

독립

사건 A와 B 서로 전혀 영향을 미치지 않는 시행을 '독립'이라고 함

독립시행

사건 A와 B 독립일 때 $A \cap B$(A 동시에 B)가 일어날 확률은 다음과 같음

$$P(A \cap B) = P(A)P(B)$$

독립은 독립이 아닌 경우와 함께 배우면 이해하기 쉽다

이 절에서는 확률에서 '독립'이 무엇인지 살펴봅니다. 독립은 두 사건이 서로 다른 결과에 영향을 미치지 않는 것입니다. 예를 들어 동전 던지기를 2번 시행한 경우, 첫 번째에 앞면 혹은 뒷면이 나왔는지는 두 번째 동전을 던졌을 때의 앞면 혹은 뒷면이 나올 결과에 영향을 주지 않습니다. 이러한 시행을 독립이라고 합니다.

시행이 독립이라면 사건 A와 B가 동시에 일어날 확률 $P(A \cap B)$는 $P(A)P(B)$라는 확률의 곱 형태로 계산할 수 있습니다. 예를 들어 동전을 첫 번째 던졌을 때는 앞면이 나오고 두 번째 던졌을 때 뒷면이 나올 확률은 $\frac{1}{2} \times \frac{1}{2} = \frac{1}{4}$입니다.

또한, 52장의 트럼프 카드 중 1장을 뽑았을 때 다이아몬드가 나올 확률을 생각해 보겠습니다. 처음 카드를 뽑았을 때 다이아몬드가 확률은 $\frac{13}{52}$입니다. 그리고 첫 번째로 뽑은 카드를 다시 카드 모음에 넣고 새로 카드를 뽑으면 확률은 역시 $\frac{13}{52}$입니다. 그러므로 첫 번째와 두 번째 시행은 독립입니다.

그러나 첫 번째 뽑은 카드를 다시 넣지 않고 두 번째 카드를 뽑을 때는 상황이 다릅니다. 첫 번째 카드를 뽑았을 때 다이아몬드가 나왔다면, 두 번째 카드를 뽑았을 때 다이아몬드가 나올 확률은 $\frac{12}{51}$(다이아몬드 카드가 하나 줄었기 때문)입니다. 또한, 첫 번째 카드를 뽑았을 때 다이아몬드가 나오지 않았다면, 두 번째 카드를 뽑았을 때 다이아몬드가 나올 확률은 $\frac{13}{51}$(다이아몬드 이외의 카드 하나만 줄었기 때문)입니다. 이때, 첫 번째 시행이 두 번째 시행에 영향을 주는 것이므로 첫 번째와 두 번째 시도는 독립이 아닙니다.

또 다른 예도 살펴봅니다. 어떤 사람 1명을 선택할 때 남성일 확률과 혈액형이 A형일 확률은 독립입니다(성별 차이가 혈액형에 영향을 주지 않는 것으로 알려져 있기 때문입니다). 하지만 남성일 확률과 키가 170cm 이상일 확률은 독립이 아닙니다. 보통 남자의 키가 여자보다는 큰 경향이 있기 때문입니다.

이와 같이 확률의 독립을 배울 때는 독립인 경우만 살펴보는 것이 아니라 독립이 아닌 경우, 즉 반대의 경우를 함께 배우면 더 잘 이해할 수 있습니다.

BUSINESS 기저귀를 살 확률과 맥주를 살 확률

여기에서는 이상적인 독립일 때를 생각했습니다. 그러나 실생활 문제에 확률을 적용할 때는 해당 사건이 독립인지 확신할 수는 없습니다. 즉, 무엇이 독립이고 무엇이 독립이 아닌지 검토해야 합니다.

예를 들어 편의점의 손님 1명이 기저귀를 살 확률 $P(A)$와 맥주를 살 확률 $P(B)$를 생각해 봅시다. 사실 두 사건은 수학적 확률로는 독립입니다. 하지만 실제로 $P(A)$가 높으면 $P(B)$도 높습니다. 즉 함께 사는 경우가 많다는 데이터를 얻었다고 합니다.

참고로 통계 분야에서는 어떤 사건 A와 B가 확률적으로 독립이면 통계적으로는 A와 B가 '상관관계'가 없다고 합니다.

07 반복시행

독립시행을 반복할 때의 확률을 계산하는 방법입니다. 독립시행과 조합을 이해한다면 간단합니다. 이항분포의 기초이기도 합니다.

반복시행에는 조합을 사용함

반복시행

독립시행을 반복하는 것을 '반복시행'이라고 함. 어떤 시행에서 사건 A가 일어날 확률이 $P(A) = p$라고 하면, n번 반복시행했을 때 A가 k번($k \leq n$) 일어날 확률 P는 $P = {}_n\mathrm{C}_k p^k(1 - p)^{n-k}$임

예) 동전을 여섯 번 던져 앞면이 두 번 나올 확률을 계산함

이는 독립시행의 반복이므로 반복시행이며, $n = 6$, $k = 2$, $p = \dfrac{1}{2}$이므로

$$P = {}_6\mathrm{C}_2\left(\frac{1}{2}\right)^2\left(\frac{1}{2}\right)^4 = \frac{15}{64}$$

반복시행은 조합을 사용한다

반복시행은 독립시행의 반복입니다. 독립시행을 반복하는 것이므로 어떤 사건의 조합, 예를 들어 $A \to B \to B \to A$가 일어날 확률은 확률 각각의 곱인 $P(A)P(B)P(B)P(A)$입니다. 이는 Point에서 소개한 식의 $p^k(1 - p)^{n-k}$에 해당합니다.

여기에서 사건 A를 n번 반복했을 때 k번 일어날 확률을 계산한다면 n번 중 k번을 선택하는 조합은 ${}_n\mathrm{C}_k$입니다. 그래서 확률 $p^k(1 - p)^{n-k}$에 ${}_n\mathrm{C}_k$를 곱하는 것입니다.

예를 들어 주사위를 여섯 번 던져 숫자가 3이 나올 횟수가 두 번일 확률을 계산해 보겠습니다. 3이 나올 확률은 $\dfrac{1}{6}$이고, 3 이외의 숫자가 나올 확률은 $\dfrac{5}{6}$입니다. 그리고 시행 한 번은 독립이므로 두 번째와 여섯 번째에 3이 나올 확률은 $\left(\dfrac{1}{6}\right)^2\left(\dfrac{5}{6}\right)^4$입니다.

여기에서 계산하려는 확률은 3이라는 숫자가 두 번 나올 확률이므로, 두 번째나 여섯 번째 시행으로 한정되지 않습니다. 즉, 첫 번째와 두 번째, 혹은 세 번째와 다섯 번째여도 괜찮습니다. 여섯 번의 시행 중 두 번을 선택하는 조합은 $_6C_2$이므로 계산할 확률은 $_6C_2\left(\dfrac{1}{6}\right)^2\left(\dfrac{5}{6}\right)^4$입니다.

시행 횟수	1	2	3	4	5	6
확률	$\dfrac{5}{6}$	$\dfrac{1}{6}$	$\dfrac{5}{6}$	$\dfrac{5}{6}$	$\dfrac{5}{6}$	$\dfrac{1}{6}$
조합	$_6C_2$					

$$P = {}_6C_2\left(\frac{1}{6}\right)^2\left(\frac{5}{6}\right)^4$$

BUSINESS 위험 관리에 사용되는 푸아송분포

반복시행은 통계에서 중요하게 다루는 이항분포와 푸아송분포의 기초입니다. 푸아송분포는 19세기 독일에서 말에 차여 사망하는 병사 수를 분석하는 데 처음 사용한 것으로 알려져 있습니다. 즉, 확률이 낮으면서 무작위로 일어나는 현상을 예측합니다.

또한 천재지변, 사고, 질병 등의 예측에 대비한 보험과 위험 관리 등에 푸아송분포를 이용합니다.

08 조건부확률과 확률의 곱셈법칙

조건부확률은 조금 까다로운 개념이지만 베이즈 통계학을 이해하는 데 필요하므로 개념을 확실히 기억합시다.

$P(A \cap B)$와 $P_A(B)$의 차이를 제대로 이해해야 함

조건부확률

사건 A가 일어난 조건 아래에서 사건 B가 일어날 확률을 '조건부확률'이라고 하며, $P_A(B)$ 또는 $P(B \mid A)$로 나타냄

특히 A와 B가 독립이면 $P_A(B) = P(B)$

확률의 곱셈법칙

사건 A와 B에 대해 다음 식이 성립함

$$P(A \cap B) = P(A) \times P_A(B)$$

조건부확률은 분모가 바뀐다

조건부확률은 이해하기가 어려운 항목입니다. $P(A \cap B)$와 $P_A(B)$를 구분하기 어렵기 때문으로 생각합니다. 정의를 살펴봐도 'A와 B가 동시에 일어날 확률'과 'A가 일어난다는 조건에서 B가 일어날 확률'입니다. 둘 다 동시에 일어난다고 이해할 수 있으므로 헷갈릴 만한 표현입니다.

예를 들어 이해해 보겠습니다. 어떤 동아리에 24명의 회원이 있고, 지역 A와 지역 B의 사람이 속해 있습니다. 지역 A는 지역 B와 비교했을 때 상대적으로 동아리

	자동차 있음	자동차 없음
지역 A	10명	2명
지역 B	5명	7명

모임 장소와 거리가 멀어 자동차 소유 비율이 높습니다. 이때 지역 A와 지역 B의 자동차 소유 비율은 다음 표와 같습니다.

동아리 회원 중 1명을 선택했을 때 자동차가 있을 가능성이 $P(\text{차})$이라면 $P(\text{차}) = \dfrac{10}{24} + \dfrac{5}{24} = \dfrac{15}{24} = \dfrac{5}{8}$입니다. 또한 지역 A에 살 확률은 $P(A) = \dfrac{10}{24} + \dfrac{2}{24} = \dfrac{1}{2}$, 지역 A에 사는 동시에 차

가 있을 확률은 $P(A \cap 차) = \dfrac{10}{24} = \dfrac{5}{12}$입니다. 여기까지는 쉽게 이해할 것입니다.

이때 '지역 A에 산다는 조건을 만족하면서 차가 있을' 조건부확률 $P_A(차)$는 어떻게 될까요? 먼저 다음 그림처럼 분모가 바뀝니다.

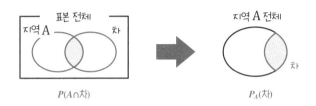

지금까지 동아리 회원 24명이 분모였다면, 이번에는 지역 A에 사는 사람 12명이 분모가 됩니다. 즉, $P_A(차) = \dfrac{10}{12} = \dfrac{5}{6}$입니다. 마찬가지로 '차가 있다는 조건을 만족하면서 지역 B에 살' 조건부확률 $P_차(B)$는 $P_차(B) = \dfrac{5}{10+5} = \dfrac{1}{3}$입니다.

또한, 지역 A, B별 자동차 보유 비율이 오른쪽 표와 같다고 생각해 봅시다.

	자동차 있음	자동차 없음
지역 A	10명	2명
지역 B	5명	1명

표에서는 지역 A와 지역 B의 차 보유 비율이 같습니다.
이때 $P_A(차) = P_B(차) = P(차)$이고, 자동차 보유 여부는 사는 지역과 연관이 없습니다. 이 상태를 조건부확률의 개념에서는 '독립'이라고 합니다.

결론적으로 조건부확률은 분모, 즉 확률의 대상이 되는 모집단(수학에서는 표본공간이라고 합니다)이 바뀝니다.

조건부확률을 계산할 때는 공식을 사용하면 좋습니다. 사건 A와 B에서 $P(A \cap B) = P(A) \times P_A(B)$라는 곱셈법칙을 반대로 바꾸면 $P_A(B) = \dfrac{P(A \cap B)}{P(A)}$라는 식을 얻어 조건부확률을 계산할 수 있습니다.

09 베이즈 정리

머신러닝을 이해하는 데 필요한 베이즈 통계학의 기초입니다. 특히 머신러닝을 실제로 활용하는 사람에게는 굉장히 중요한 개념입니다.

베이즈 정리에서 '경험을 쌓는' 베이즈 이론이 탄생함

베이즈 정리

조건부확률에 다음 식이 성립하면 '베이즈 정리'라고 함

$$P_A(B) = \frac{P_B(A)P(B)}{P(A)}$$

조건부확률을 이해했다면 베이즈 정리도 쉽게 이해할 수 있다

베이즈 정리는 머신러닝 분야를 중심으로 널리 사용되는 베이즈 이론의 기본 원리입니다. 앞 절의 조건부확률과 확률의 곱셈법칙을 이해하면 쉽게 이해할 수 있습니다.

확률의 곱셈법칙은 $P(A \cap B) = P(A) \times P_A(B)$이라고 했습니다. 우변은 사건 A가 일어날 확률 $P(A)$를 사용했는데, 사건 B에 관한 식인 $P(A \cap B) = P(B) \times P_B(A)$라고 나타낼 수도 있습니다. 그럼 $P(A) \times P_A(B) = P(B) \times P_B(A)$이며, $P_A(B)$에 대해 식을 정리하면 베이즈 정리 식을 유도할 수 있습니다.

BUSINESS 스팸 메일 필터에 베이즈 정리 사용하기

베이즈 정리는 18세기 영국의 수학자 토머스 베이즈가 최초로 제안한 것입니다. 이 베이즈 정리를 기반에 둔 베이즈 이론은 인공지능과 머신러닝이 발전하면서 더욱더 주목받는 중이기도 합니다.

베이즈 이론의 가장 큰 특징은 경험을 쌓는 이론이라는 점입니다. 즉, 새로운 경험을 추가하면서 해당 이론의 정밀도를 높이므로 계속된 학습으로 결과의 정밀도를 높이는 머신러닝에 적합한 이론입니다. 여기에서는 베이즈 정리를 활용하는 대표적인 예인 스팸 메일 필터를 소개합니다.

스팸 메일 필터에는 베이즈 정리를 다음 식과 같이 적용합니다.

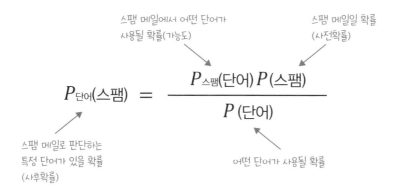

먼저 사건 A는 이메일에 포함된 어떤 단어, 사건 B는 스팸 메일입니다.

이때 스팸 메일로 판단하는 특정 단어가 있을 확률을 $P_{단어}(스팸) = P_A(B)$로 나타내겠습니다. 이 확률이 높으면 그 단어가 포함된 메일을 스팸이라고 판단할 수 있습니다. 베이즈 이론에서는 이를 사후확률이라고 합니다.

$P_{스팸}(단어) = P_B(A)$는 스팸 메일에서 어떤 단어가 사용될 확률을 나타냅니다. 이를 '가능도'라고 합니다. $P(스팸) = P(B)$는 스팸 메일일 확률로 사전확률이라고 합니다. 분모 $P(단어) = P(A)$는 단어가 사용될 확률이지만, 여기에서는 의미가 작으므로 무시해도 괜찮습니다. 일단 가능도에 사전확률을 곱한 것이 사후확률이라는 것을 기억하기 바랍니다.

가능도는 스팸 메일 중에서 어떤 단어가 사용될 확률이므로 실제 데이터에서 계산할 수 있습니다. 즉, 스팸 메일 필터는 스팸 메일일 사전확률 $P(스팸)$을 데이터(가능도: $P_{스팸}(단어)$)에 따라 사후확률($P_{단어}(스팸)$)로 업데이트하는 것이기도 합니다.

스팸 메일 필터는 처음에 정확도가 낮더라도 데이터가 쌓이면 정확도가 높아집니다. 또한, 데이터 양이 적은 초기에 '무언가' 결과를 낼 수 있다는 장점도 있습니다.

Column

몬테카를로 방법

확률을 설명하면서 주사위를 예로 들 때가 많습니다. 그렇지만 실생활에 확률을 적용하는 사람이라면 주사위는 교과서 예제일 뿐이라고 생각할 것입니다. 그런데 정말로 주사위를 던지는 것과 같이 시뮬레이션을 수행하는 방법이 있습니다. 여기에서 소개하는 몬테카를로 방법입니다.

몬테카를로 방법은 난수를 생성(주사위를 던짐)한 후 해당 난수를 바탕으로 시뮬레이션하는 방법입니다. '몬테카를로'라는 이름은 카지노로 유명한 모나코의 지명에서 유래했습니다. 주사위를 던지는 것이 도박과 비슷하다고 생각하여 몬테카를로라는 이름이 붙은 것입니다.

사실 "난수로 시뮬레이션한다"라는 말이 잘 이해되지 않을 것입니다. 여기에서는 원의 넓이를 계산하는 데 몬테카를로 방법을 이용한 예를 소개합니다.

다음 그림과 같이 변의 길이가 1인 정사각형에 내접하는 원을 그렸다고 생각해 봅시다.

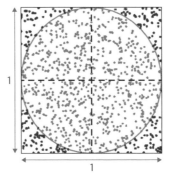

몬테카를로 방법으로 원의 넓이를 계산

정사각형 안에 난수를 사용하여 임의의 점을 찍고 그 점이 원 안에 있는지 밖에 있는지 확인합니다. 이 작업을 무수하게 반복하면 정사각형의 면적은 1이므로 원 안에 점이 있는 확률이 원의 넓이와 같을 것입니다.

간단하지만 세련되지 않은 방법이라고 느낄지도 모릅니다. 그러나 실생활의 복잡한 문제를 해결하는 데 몬테카를로 방법이 유용한 때가 많습니다.

Chapter

15

기초 통계

Introduction

평균과 표준편차로 통계의 절반을 알 수 있다

통계 초보자에게 중요한 항목은 평균(기댓값)과 편차입니다. 이 중 평균은 열심히 공부해야 할 정도로 어렵지만, 쉽게 접할 수 있는 개념이므로 위화감은 없을 것입니다. 따라서 먼저 공부하면 좋은 개념은 '편차'입니다.

'편차'를 나타내는 통계 개념을 표준편차라고 합니다. 먼저 표준편차를 이해하는 것이 중요합니다. "왜 제곱해서 더하는 것인가?"라던가 "표준편차가 크다는 것은 무엇을 의미하는가?"라는 개념을 이해하기 바랍니다.

통계를 배울 때는 이론도 중요하지만, 어느 정도 계산에도 익숙해져야 합니다. 보통 실생활의 통계 계산은 손으로 직접 하지 않고 컴퓨터를 사용합니다. 따라서 엑셀이나 구글 스프레드시트 등의 소프트웨어를 사용하여 데이터 분석을 해도 이해하는 수준이 달라집니다.

정규분포는 통계학에서 가장 큰 발견이다

편차(표준편차)를 이해한 후에는 정규분포를 배웁니다. 정규분포의 매개변수(변수)는 평균과 표준편차(편차) 두 가지가 있습니다. 아쉽게도 표준편차를 이해하기 전에 정규분포를 이해할 수가 없습니다. 이 부분만은 순서대로 배우기 바랍니다.

정규분포는 가우스분포라고도 하며 좌우가 대칭인 확률분포입니다. 다양한 확률분포 중에서 정규분포는 가장 중요합니다. 왜냐하면 무작위수를 다루면서 생기는 오차 등의 분포가 정규분포를 따르기 때문입니다. 많은 통계 이론은 대부분 정규분포를 기반에 둡니다.

정규분포는 비교적 복잡한 수식으로 나타내지만, 의미는 어렵지 않습니다. 전체를 적분하면 1이 된다는 것을 기억하고, 평균과 표준편차가 정규분포에 어떻게 포함되었는지 그래프로 나타내는 방법을 배우면 됩니다.

통계가 성립되는 전제 조건

통계는 강력한 도구이지만 잘못 사용하면 잘못된 결론으로 이어질 수 있습니다. 통계가 성립되는 전제 조건은 무작위일 것과 시행 횟수가 충분히 클 것입니다.

예를 들어 주식은 무작위로 움직이는 것 같지만 대공황이 일어났을 때와 같은 상황이면 주식을 하는 사람들이 무작위가 아닌 일정한 움직임을 보입니다. 그러므로 확률로는 예측할 수 없는 가격 변동이 자주 발생합니다.

또한 보험은 보통 기댓값이 투자액보다 작습니다. 그러나 개인별로 따져보면 드물게 일어나는 재해나 사고가 있으므로 통계가 성립하지 않습니다(시행 횟수가 크지 않다는 뜻입니다). 그래서 보험은 합리적입니다.

🍎 교양 독자가 알아 둘 점

'평균'과 '표준편차'의 의미를 제대로 이해하는 것이 중요합니다. 이들을 제대로 이해하지 못했다면 이후의 통계 개념을 공부해도 큰 의미가 없습니다. 한 번쯤은 통계의 주요 계산을 손으로 직접 해 보는 것도 좋습니다. 또한, 정규분포를 살펴보고 여유가 있으면 '상관계수'도 알아 둡니다.

📇 업무에 활용하는 독자가 알아 둘 점

먼저 '평균', '표준편차', '상관계수'를 제대로 공부해 이해합니다. 이때 엑셀 등을 이용하여 직장에서 사용하는 데이터를 분석하면서 이해도를 높이기 바랍니다. 정규분포는 고급 통계학의 기초이므로 이 책에서 소개하는 개념은 이해하기 바랍니다.

🎓 수험생이 알아 둘 점

통계는 시험 문제로 자주 출제되지 않습니다. 그러나 대학이나 사회에 나와서 필요한 지식임이 분명하므로 공부해 두세요. 확률을 더 깊이 이해하는 데도 도움을 줍니다.

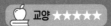

01 평균

초등학교 수준이라고 생각하는 분도 있을 것입니다. 하지만 평균은 통계의 기초이며 생각보다 깊은 이해가 필요합니다. 확실히 복습해 둡니다.

> ### Point 평균과 중앙값을 구분하는 것이 중요함
>
> **평균의 종류**
>
> - 산술평균(일반적인 평균)
>
> $$X = (x_1 + x_2 + x_3 + \cdots\cdots + x_{n-1} + x_n) \div n$$
>
> - 중앙값(median)
>   요소의 중앙값(요소가 $2n + 1$개 있을 때 n번째 값임)
>
> - 기하평균
>
> $$X = \sqrt[n]{x_1 x_2 x_3 \cdots\cdots x_{n-1} x_n}$$
>
> 예) 다음 A, B의 산술평균, 중앙값, 기하
> 평균을 각각 계산함
> A) 1, 2, 3, 4, 5
> B) 10, 100, 1000, 10000, 100000

	산술평균	중앙값	기하평균
A	3	3	2.6
B	22222	1000	1000

왜 평균을 계산하는가?

평균을 복습할 때는 왜 평균을 계산하는 것인가?를 생각해야 합니다. 사실 평균은 초등학교에서 배우는 산술평균(요소를 더해 요소 개수로 나눔)만 있지 않습니다. 여러 종류의 평균이 있습니다. 이는 목적에 따라 다르게 사용합니다.

평균을 계산하는 이유는 '보통'에 해당하는 값이 무엇인지 알고 싶기 때문입니다. 이때는 산술평균을 사용하며, Point의 예 A와 같이 숫자 1~5의 평균이 3이라는 결과를 A의 대 푯값이라고 합니다.

그러나 B와 같이 자릿수가 다른 숫자라면 산술평균인 22222는 이해하기 어렵습니다. 네 번째(두 번째로 큰) 숫자인 10000의 2배 이상이기 때문입니다. 이럴 때는 중앙값인 1000

이 대푯값으로 적절합니다. 즉, 데이터를 해석할 때는 산술평균과 중앙값을 적절하게 사용할 수 있어야 합니다.

기하평균은 비율을 계산할 때 사용합니다. 예를 들어 3개월의 매출 성장률이 2%, 5%, 3%이라면 산술평균을 계산했을 때 성장률은 3.333%입니다. 그러나 3개월 동안의 매출 성장률을 한꺼번에 계산한다고 가정하면 3.333%가 아닙니다. 이때는 기하평균을 사용합니다. 3개월 동안의 정확한 매출 성장률인 3.326%를 계산할 수 있습니다.

BUSINESS 소득분포 분석하기

다음은 정부가 만든 가구별 소득 데이터 예입니다. 산술평균을 계산하면 5,600만 원 정도인데 실생활에서 모든 가구가 5,600만 원의 연봉을 받는다고 말한다면 아니라고 말할 사람이 많습니다. 산술평균은 소득이 높은 사람이 평균을 크게 높이기 때문입니다.

이때는 산술평균보다 중앙값인 평균 4,420만 원이 일반적인 가구별 소득에 가깝습니다. 또한, 최빈값(데이터가 가장 많이 분포된 곳)인 '3,000~4,000만 원' 구간을 대푯값으로 사용하는 경우도 있습니다.

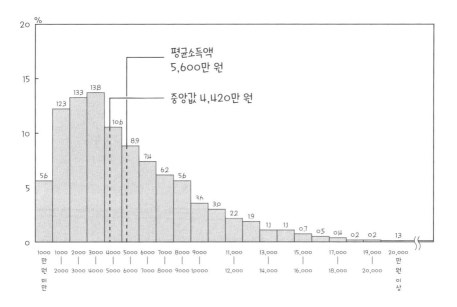

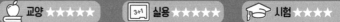

02 분산과 표준편차

분산과 표준편차는 데이터의 편차를 나타내는 지표입니다. 두 개념을 제대로 이해하지 못하면 통계를 더 배울 수 없을 정도로 중요합니다.

표준편차는 (데이터 – 평균)을 제곱한 합의 제곱근임

분산

x_1, x_2, x_3, $\cdots\cdots$, x_{n-1}, x_n과 n개의 데이터가 있을 때 '분산' V는 다음 식과 같이 정의하며, 이때 $\overline{x}$는 이 데이터들의 평균값임

$$V = \{(x_1 - \overline{x})^2 + (x_2 - \overline{x})^2 + (x_3 - \overline{x})^2 + \cdots\cdots$$
$$+(x_{n-1} - \overline{x})^2 + (x_n - \overline{x})^2\} \div n = \frac{1}{n}\sum_{k=1}^{n}(x_k - \overline{x})^2$$

표준편차

분산 V의 양의 제곱근을 '표준편차'라고 하며, 표준편차 σ는 다음 식으로 나타냄

$$\sigma = \sqrt{\frac{1}{n}\sum_{k=1}^{n}(x_k - \overline{x})^2}$$

예) 학생 6명이 있는 교실에서 시험을 쳐 다음과 같은 결과가 나왔을 때 평균 점수(산술평균), 표준편차, 분산을 계산함

출석 번호	점수
1	73
2	97
3	46
4	80
5	69
6	55

평균: $X = \dfrac{1}{6}(73 + 97 + 46 + 80 + 69 + 55) = 70$

분산: $V = \dfrac{1}{6}\{(73 - 70)^2 + (97 - 70)^2 + (46 - 70)^2$
$+ (80 - 70)^2 + (69 - 70)^2 + (55 - 70)^2\}$
$= \dfrac{1640}{6} \fallingdotseq 273.3$

표준편차: $\sigma = \sqrt{V} \fallingdotseq 16.5$

표준편차는 편차를 나타내는 지표

표준편차는 데이터의 편차를 나타내는 지표입니다. 먼저 왜 데이터의 편차를 중요하게 다뤄야 하는지 설명합니다.

예를 들어 어떤 교실에 있는 학생 대상으로 수학과 국어 시험을 쳐 결과가 나왔다고 생각해 보겠습니다. 평균 점수(산술평균)는 수학과 국어 모두 60점이었습니다. 그리고 점수의 분포는 다음 그림과 같았습니다.

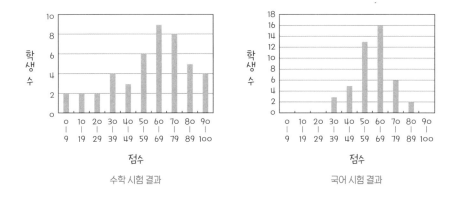

수학 시험 결과   국어 시험 결과

이때 학생 A가 수학도 국어도 75점이었다고 하죠. 모두 평균 점수보다 15점 높습니다. 이때 수학 75점과 국어 75점의 가치가 같을까요?

앞 그림의 분포 그래프를 살펴보면 평균 점수가 같은 60점이라도 수학과 국어 점수의 분포가 상당히 다름을 알 수 있습니다. 학생 A는 수학도 국어도 75점이지만 수학은 12등, 국어는 5등으로 순위가 다릅니다. 이 분포까지 고려하면 국어 75점이 가치가 더 높다고 생각할 것입니다.

이런 상황에서 표준편차를 사용할 수 있습니다. 수학과 국어 시험 성적의 표준편차를 계산하면 각각 24점과 12점입니다. 이는 수학 시험의 평균 점수 +24점인 84점, 국어 시험의 평균 점수 +12점인 72점이 같은 순위라는 뜻입니다. 학생 A의 경우라면 같은 점수를 받았더라도 수학보다 국어가 더 좋은 성적을 거뒀다는 뜻입니다.

편차는 방금 소개한 점수와 순위의 관계를 바탕으로 계산하는 것입니다. 편차에서는 평균 점수를 받았을 때 50이고, 표준편차만큼 더 높은 점수를 받으면 10이 증가합니다. 즉, 편차 60은 '평균 점수 + 표준편차', 편차 70은 '평균 점수 + 2 × 표준편차'에 해당합니다. 반대로 평균 점수 이하인 편차 30은 '평균 점수 − 2 × 표준편차'에 해당합니다. 시험은 매번 난이도가 다르므로 평균 점수와 표준편차가 변합니다. 이때 편차를 비교하면 같은 지표로 우수함을 판단할 수 있습니다.

왜 제곱을 하는가?

표준편차를 계산할 때 "왜 편차를 제곱하는가?"라는 의문을 품는 사람이 많습니다. 수학적으로는 "왜 분산(편차를 제곱해서 모두 더한 후 전체 개수로 나눈 값)을 계산한 후 제곱근 하는 귀찮은 일을 하는가?"라고 해석할 수 있습니다.

그 이유 중 하나로 편차는 제곱하지 않으면 더한 것이 0이다라는 것이 있습니다. Point에서 소개한 시험 점수의 예(73, 97, 46, 80, 69, 55점)에서 학생 6명의 평균 점수는 70점입니다. 이때 각 학생의 점수에서 평균 점수를 뺀 결과를 더하면 다음과 같습니다.

$$(73 - 70) + (97 - 70) + (46 - 70) + (80 - 70) + (69 - 70) + (55 - 70) = 0$$

더한 결과는 0입니다. 그런데 편차의 합은 언제나 0이므로 서로 다른 평균 점수가 나온 상황을 비교할 수 없습니다. 따라서 편차를 제곱하여 더한 후 제곱근 하는 것입니다.

또 다른 이유로 편차를 제곱한 값에 의미가 있다는 수학의 본질과 연관되는 것이 있습니다. 예를 들어 평균 점수가 60점인 시험 결과와 70점인 시험 결과가 있을 때 전체 평균 점수는 130점입니다. 단순히 평균끼리 더한 점수는 점수의 분포를 고려하지 않으므로 상황을 비교할 때 잘못된 관점을 낳기 쉽습니다.

하지만 편차를 계산한 후 분산을 계산해 더하는 것은 의미가 있습니다. 분산은 이미 점수의 분포를 고려하는 값이기 때문입니다. 평균 점수가 60점인 시험 결과의 분산이 100(표준편차는 10점)이고 평균 점수가 70점인 시험 결과의 분산이 225(표준편차는 15점)라고 가정해 봅시다. 이때 두 시험 결과에 상관관계가 없으면, 전체 시험 점수의 분산은 100 + 225 = 325입니다. 또한, 이 분산을 제곱근 한 표준편차인 $\sqrt{10^2 + 15^2} \fallingdotseq 18.0$은 실제 시험 점수나 평균과 비교할 수 있는 값이므로 시험 결과의 의미를 나타내기 좋습니다.

편차는 수학적으로는 오차와 같습니다. 그러나 오차를 제곱한 값만으로는 어떤 대상을 비슷한 숫자 단위로 비교하기 어렵습니다. 그래서 분산을 제곱근 한 표준편차를 사용합니다.

컴퓨터에서 분산과 표준편차를 계산할 때 주의할 점

표준편차는 손으로 계산하기 귀찮으므로 컴퓨터에서 계산하는 편입니다. 이때 표준편차와 분산을 계산하는 함수가 프로그램마다 다르다는 점에 주의해야 합니다.

보통 표준편차와 분산을 계산하는 함수는 두 가지가 있습니다. 예를 들어 엑셀에서 표준 편차를 계산할 때는 'STDEV.P'와 'STDEV.S'라는 두 가지 함수가 있습니다. 여기에서는 두 가지 함수를 구분해서 사용하는 방법을 살펴보겠습니다.

해당 함수를 설명하는 문서를 보면 'STDEV.P'는 모집단의 표준편차고, 'STDEV.S'는 표 본의 표준편차라고 설명합니다. 'STDEV.P'는 어떤 중학생 50명의 시험 점수 표준편차를 계산하려고 50명의 시험 점수를 기반에 둡니다. 하지만 'STDEV.S'는 우리나라 모든 중학 생의 시험 점수 표준편차를 계산하려고 500명의 표본을 추출해 기반에 둡니다.

실제 계산 식을 살펴보면 'STDEV.S'는 오차의 제곱을 더한 후 표본 크기를 n이 아닌 $n - 1$로 나눠서 제곱근 합니다. 실제로 n이 큰 수라면 실제 계산값의 차이는 매우 작습니다. 하지만 이 차이는 전체 표본(n)인지 표본에서 일부를 추출($n - 1$)했는지를 구분한다는 통 계적 의미가 있습니다. 따라서 두 함수를 사용할 때는 이 차이를 제대로 파악해서 사용하 기 바랍니다.

📋 BUSINESS 공정능력지수

어떤 공장에서 특정 길이의 나사를 만들고 있다고 생각해 봅시다. 우수한 제품을 생성하 는 공장이라면 나사 길이의 차이가 작고, 그렇지 않은 공장이라면 나사 길이의 차이가 클 것입니다.

이러한 차이에 대한 지표를 공정능력지수라고 하며, 제조 공정이 얼마나 우수한지를 판단 하는 지표로 삼습니다. 예를 들어 Cp라는 지수는 표준규격의 길이를 M, 표준편차를 σ라 고 했을 때 $Cp = \dfrac{M}{6\sigma}$ 라고 계산합니다. 즉, 표준규격의 길이가 9.0~11.0mm(2.0mm 오 차 허용)고, 표준편차가 0.2mm라면 $Cp = \dfrac{2.0}{6 \times 0.2} ≒ 1.67$입니다.

실제로 공정능력지수는 '이 공정은 Cp 1.33 이상이어야 함' 등과 같이 제조 공정이 갖춰 야 할 기준을 제시할 때도 사용됩니다.

03 상관계수

평균이나 기댓값보다 알려져 있지 않지만 매우 중요한 개념입니다. 수학적으로 상관관계를 어떻게 다루는지 이해해 둡시다.

상관계수는 '선형적인' 상관관계의 영향력을 나타내는 지표임

상관계수

숫자쌍 (x, y)가 N개 있을 때, 상관의 정도를 나타내는 지표를 '상관계수'라고 하며 다음과 같이 정의함. 이때 $\overline{x}$와 $\overline{y}$는 각각 x와 y의 평균이고, σ_x, σ_y는 x와 y 표준편차임

$$r = \frac{1}{\sigma_x \sigma_y} \cdot \frac{1}{N} \sum_{k=1}^{N} (x_k - \overline{x})(y_k - \overline{y})$$

$$= \frac{(x_1 - \overline{x})(y_1 - \overline{y}) + (x_2 - \overline{x})(y_2 - \overline{y}) + \cdots\cdots + (x_n - \overline{x})(y_n - \overline{y})}{\sqrt{(x_1 - \overline{x})^2 + \cdots\cdots + (x_n - \overline{x})^2} \cdot \sqrt{(y_1 - \overline{y})^2 + \cdots\cdots + (y_n - \overline{y})^2}}$$

상관계수 r과 상관관계에는 다음이 성립함

$r > 0$: 양의 상관관계, $r < 0$: 음의 상관관계, $r = 0$: 상관관계 없음

$|r|$이 1에 가까울수록 상관관계가 강함

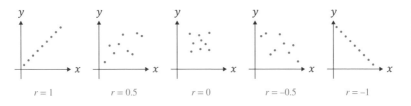

$r = 1$ $r = 0.5$ $r = 0$ $r = -0.5$ $r = -1$

상관계수는 두 숫자의 상관관계 영향력을 나타낸다

지금까지 '키'끼리 혹은 '체중'끼리와 같이 한 종류의 데이터를 다루는 통계 계산 방법을 설명했습니다. 이 절에서 소개하는 '상관계수'는 키와 체중 같은 두 가지 데이터의 상관관계를 나타내는 숫자입니다.

예를 들어 아기의 키가 크면 체중도 나가는 경향이 있을 것입니다. 이때 키와 체중은 Point에서 소개한 그림의 $r = 0.5$와 같은 분포이며 양의 상관관계가 있다고 합니다. 혹은 기온이 낮으면 난방 연료의 매출이 늘 것입니다. 이때 기온과 연료 매출 역시 Point에서 소개한 그림의 $r = -0.5$와 같은 분포이며 음의 상관관계가 있다고 합니다.

주사위를 던져서 나온 숫자의 100배만큼 돈을 받는다면 주사위를 던졌을 때 나오는 숫자와 받는 돈은 완전한 상관관계입니다 Point의 $r = 1$과 같은 분포입니다. 한편 주사위를 두 번 던졌을 때 첫 번째 나오는 숫자와 두 번째 나오는 숫자는 전혀 관계가 없습니다(독립사건). 그래서 Point의 $r = 0$과 같은 분포(상관관계 없음)입니다.

보통 상관계수의 절댓값이 0.7 이상이면 상관관계가 강하다고 하며, 0.4~0.7 사이면 상관관계가 있다고 말합니다.

참고로 상관계수는 직선 형태의 상관관계만 다룰 수 있습니다. 즉, 변수 2개가 포물선과 같은 곡선이라면 상관관계를 알 수 없습니다. 따라서 상관계수에만 의존해서는 안 됩니다. 우선 변수 2개의 산점도를 그려 그래프에서 관계를 확인한 후 상관계수를 계산하세요.

🖥 BUSINESS 투자 포트폴리오 만들기

투자 기관에서 주식이나 채권에 투자할 때는 보통 손실이 발생할 위험을 나누려고 여러 금융 자산을 일정 비율로 조합(포트폴리오 만들기)합니다. 이때 가급적 위험을 없애는 조합을 구성합니다.

보통 실생활에서는 원화 환율이 오르면 수입 중심 기업의 주가는 오르고 수출 중심 기업의 주가는 떨어집니다. 혹은 기름값이 오르면 물류 유통이나 제조업 등의 기업 주가는 떨어지지만 자원 관련 기업의 주가는 오릅니다.

따라서 포트폴리오를 만들 때는 각 기업 주가의 상관계수를 계산해 음의 상관관계에 있는 회사의 주식을 함께 사도록 합니다. 그럼 가격 변화가 커질 때의 위험을 줄일 수 있습니다.

교양 ★★★★　　실용 ★★★★★　　시험 ★★★

04 확률분포와 기댓값

확률분포는 구체적인 확률분포 사례를 접하면 익숙해질 것입니다. 기댓값의 개념은 매우 중요하니 꼭 기억하세요.

확률분포의 기댓값과 분산의 계산 방법을 알아야 함

확률분포

'확률분포'는 모집단(분석 대상 전체)을 수학적으로 나타낸 것으로, 확률변수 X가 특정한 값일 확률 p를 나타내는 함수이기도 함

다음과 같이 확률분포를 나타내는 표를 '확률분포표'라고 함

확률변수 X	X_1 X_2 ⋯⋯⋯⋯⋯ X_n	합계
확률 p	p_1 p_2 ⋯⋯⋯⋯⋯ p_n	1

$p_1 \geqq 0, p_2 \geqq 0, \cdots\cdots, p_n \geqq 0, p_1 + p_2 + \cdots\cdots + p_n = 1$

확률분포의 기댓값과 분산

확률변수 X가 앞 표의 분포를 따를 때 기댓값 $E(X)$, 분산 $V(X)$, 표준편차 $\sigma(X)$를 다음과 같이 정의함

- 기댓값: $E(X) = X_1 p_1 + X_2 p_2 + \cdots\cdots + X_n p_n$

$$= \sum_{k=1}^{n} X_k p_k$$

- 분산: $V(X) = (X_1 - E(X))^2 p_1 + (X_2 - E(X))^2 p_2 +$

$$\cdots\cdots + (X_n - E(X))^2 p_n = \sum_{k=1}^{n} (X_k - E(X))^2 p_k$$

$$= E(X^2) - \{E(X)\}^2 : (X^2의\ 기댓값) - (X의\ 기댓값)^2$$

- 표준편차: $\sigma(X) = \sqrt{V(X)}$

확률분포는 배운다는 느낌보다 익숙해진다는 느낌이다

교과서에서 설명하는 확률분포의 정의는 어렵습니다. 처음 확률분포를 배우면서 바로 이해하는 사람은 적습니다. 그러나 구체적인 예와 함께 확률분포가 무엇인지를 살펴보면 점점 익숙해질 것이니 겁먹지 않아도 됩니다.

여기에서는 주사위 던지기 예와 함께 기댓값과 표준편차를 계산하는 방법을 소개합니다.

주사위 던지기의 확률분포는 다음 확률분포표를 참고합니다.

기댓값: $E(X) = \dfrac{7}{2}$ 분산: $V(X) = \dfrac{35}{12}$

표준편차: $\sigma(X) = \sqrt{\dfrac{35}{12}} \fallingdotseq 1.71$

X	1	2	3	4	5	6
p	$\dfrac{1}{6}$	$\dfrac{1}{6}$	$\dfrac{1}{6}$	$\dfrac{1}{6}$	$\dfrac{1}{6}$	$\dfrac{1}{6}$

앞 표는 주사위 던지기의 모든 확률을 나타냅니다. 여기서 중요한 점은 모든입니다. 이는 확률의 합인 1임을 뜻하기 때문입니다. 확률의 합이 1 아니면 기댓값, 분산, 표준편차를 계산할 수 없습니다.

지금까지 평균, 분산, 표준편차는 제시한 데이터를 통해 계산했습니다. 이 데이터를 수학적 확률에서 계산하는 사고방식이 확률분포입니다.

BUSINESS 도박의 기댓값

기댓값은 도박과 같이 어떤 상황을 가정해 수익을 계산하는 데 사용됩니다.

예를 들어 손해만 본다고 알려진 복권의 기댓값은 구입액의 50% 정도입니다. 예를 들어 3,000원의 복권을 샀을 때 평균 1,500원 정도만 돌려받을 수 있습니다.

그런데 경마, 경륜, 경정 등은 기댓값이 75% 정도이므로 10,000원을 썼을 때 7,500원 정도를 돌려받을 수 있습니다. 손해라는 점은 변하지 않지만, 복권과 비교했을 때 돌려받는 돈이 더 많습니다.

어떤 사업에 투자할 때도 기댓값이라는 개념을 사용합니다. 투자 기관은 다양한 데이터를 분석해 나름대로 확률분포를 만듭니다. 그리고 해당 분포에서 얻은 기댓값이 일정 금액 이상이면 투자해도 된다고 판단합니다.

05 이항분포와 푸아송분포

이항분포와 푸아송분포는 동전의 앞뒷면과 같이 두 종류만 있는 시행의 확률분포를
나타내는 점을 이해합시다.

Point

이항분포와 푸아송분포가 되는 현상을 구분해야 함

성공과 실패와 같이 결과가 두 종류만 있는 시행을 '베르누이 시행'이라고 함

이항분포 (기댓값: np, 분산: $np(1-p)$)

베르누이 시행을 n번 해서 성공할 확률이 p라면 성공 횟수가 k일 확률은 다음
식으로 나타냄

$$P(k) = {}_nC_k p^k (1-p)^{n-k}$$

푸아송분포 (기댓값: λ, 분산: λ)

이항분포에서 n이 크고(시행 횟수가 많음) p가 작은(발생 확률이 낮음) 경우 푸
아송분포를 사용하며, λ가 성공할 기댓값(np)이라면 k번 성공할 확률은 다음 식
으로 나타냄

$$P(k) = e^{-\lambda} \frac{\lambda^k}{k!}$$

예) 이항분포와 푸아송분포의 예를 다음 그림과 같이 나타냄

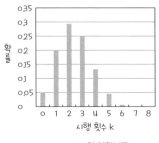

$n = 8, p = 0.3$인 이항분포

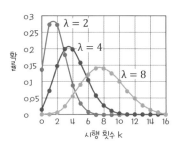

푸아송분포

이항분포와 푸아송분포는 베르누이 시행의 확률분포로 사용합니다. 베르누이 시행은 (발생·미발생), (앞면·뒷면), (성공·실패)처럼 시행 결과가 두 가지뿐입니다. 예를 들어 주사위 던지기는 여섯 가지 경우의 수가 있으므로 해당하지 않습니다. 하지만 '3 이상의 숫자가 나올 경우의 수'라면 (발생·미발생)에 해당하므로 베르누이 시행입니다.

베르누이 시행의 확률분포는 이항분포를 사용하여 정확하게 나타낼 수 있습니다. 보통 n이 작을 때는 큰 문제가 없습니다. 그러나 n이 크면 계산이 너무 복잡합니다. 예를 들어 $n = 2000$이면 $P(k) = {}_{2000}C_k p^k (1 - p)^{2000-k}$입니다. 컴퓨터를 사용해도 제법 어려운 계산입니다. 이런 경우에는 다른 확률분포에 근사하는 방법을 생각합니다.

n이 큰 수고 이항분포의 분산 '$np(1 - p)$'가 25보다 크면 **06**에서 설명할 정규분포로 근사할 수 있습니다. 그런데 n이 큰 수여도 확률 p가 작으면 분산 '$np(1 - p)$'가 크지 않을 수 있습니다(실제로 이런 사례는 많습니다). 이때는 이항분포를 푸아송분포로 근사합니다. 이것이 이항분포와 푸아송분포의 관계입니다.

푸아송분포는 '단위시간당 평균 λ번 발생하는 현상이 단위시간 동안 k번 일어날 확률분포'라고 설명할 수도 있습니다.

Chapter 15

기초 통계

BUSINESS 안타를 칠 횟수와 불량품 개수를 확인하기

Point에서 $n = 8$, $p = 0.3$인 이항분포의 그래프를 살펴봤습니다. 이는 타율이 3할인 타자가 8회에 타석에 섰을 때 안타를 칠 횟수의 확률분포입니다. 그래프를 보면 8타석 연속 무안타, 즉 $p = 0$도 5% 정도의 확률로 발생하는 것을 알 수 있습니다.

혹은 공장에서 하루 만 개의 제품을 만든다고 생각해 봅시다. 이때 불량품을 만들 확률이 0.02%, 0.04%, 0.08%라면 하루에 나오는 불량품 개수가 $\lambda = 2$, 4, 8의 푸아송분포에 대응합니다.

이 외에도 단위시간에 콜 센터에 걸려 오는 전화 수 등을 계산할 때 푸아송분포를 활용합니다.

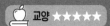
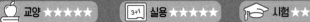

06 정규분포

정규분포는 통계학의 역사에서 가장 중요한 발견이라고 합니다. 함수의 그래프 모양과 기댓값, 분산의 관계를 이해합시다.

Point

정규분포는 표준편차가 클수록 폭이 넓은 분포가 됨

정규분포

다음 식과 같은 확률밀도함수로 나타내는 확률분포를 '정규분포'라고 함

$$f(x) = \frac{1}{\sqrt{2\pi\sigma^2}} \exp\left(-\frac{(x-\mu)^2}{2\sigma^2}\right)$$

기댓값: μ

분산: σ^2(표준편차 σ)

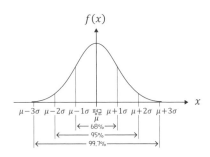

표준정규분포

기댓값이 μ, 분산이 σ^2인 확률변수 x를 $z = \dfrac{x-\mu}{\sigma}$ 로 정규화(normalization)하면 z의 기댓값은 0, 분산은 1이며, 이때 z의 확률분포를 '표준정규분포'라고 하며 다음 식으로 나타냄

$$f(z) = \frac{1}{\sqrt{2\pi}} \exp\left(-\frac{z^2}{2}\right)$$

정규분포가 왜 통계학에서 가장 중요한 개념인가?

정규분포는 통계학에서 가장 중요한 확률분포입니다. '실생활에서 정규분포를 따르는 확률분포를 많이 볼 수 있다'라는 점과 '수학적으로 다루기 편해서 통계 이론의 대부분이 정규분포를 전제로 만들어져 있다'라는 점이 있기 때문입니다.

정규분포에서 중요한 것은 그래프의 모양(좌우대칭의 종 모양)과 매개변수(평균 μ, 표준편차 σ)입니다. 공식은 복잡하지만 기억하지 않아도 괜찮습니다. 단, 그래프의 모양은 꼭 기억하세요.

정규분포의 가로축은 데이터 값, 세로축은 확률입니다. 그러나 정규분포의 확률밀도함수(확률변수의 분포를 나타내는 함수)는 연속함수로 나타나므로 확률은 넓이(적분 값)입니다.

예를 들어 다음과 같은 그래프 2개를 살펴보겠습니다.

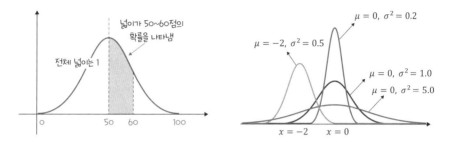

왼쪽 그림과 같이 정규분포로 시험 점수를 나타냈을 때 50~60점 사이의 넓이는 50~60점의 확률에 대응합니다. 이때 모든 영역($-\infty$에서 ∞)까지의 넓이(적분 값)는 1입니다.

정규분포의 모양을 결정하는 매개변수는 σ(표준편차)와 μ(평균) 두 가지입니다. 이 매개변수를 바꾸면 분포는 그림의 오른쪽과 같이 바뀝니다. 표준편차가 커지면 편차가 커지므로 정규분포의 폭이 넓어집니다. Point의 그림과 같이 $\mu \pm \sigma$ 영역에 68%, $\mu \pm 2\sigma$ 영역에 95%, $\mu \pm 3\sigma$ 영역에는 99.7%로 대부분의 데이터가 포함됩니다.

표준정규분포는 변수를 z로 바꿔 표준편차가 1이고 평균이 0인 분포로 변경(정규화)한 것입니다. 함수를 직접 적분해 확률을 계산하는 것은 번거롭습니다. 그러나 정규화하면 표준정규분포표라는 적분 결과 표를 사용하여 쉽게 확률을 계산할 수 있습니다.

> BUSINESS **정규분포의 한계**

실제 데이터의 분포와 정규분포가 다른 예가 많습니다. 특히 주식 등 유가 증권을 통계학으로 다룰 때는 정규분포로 기대되는 확률보다 큰 가격 변화가 일어날 확률이 높습니다. '주가 대폭락' 같은 상황이 일어나는 이유는 통계 이론의 대부분이 정규분포를 따른다고 가정하기 때문입니다. 실생활에서는 정규분포와 실제 데이터의 차이가 발생하며 이는 통계 예측 값의 오차라는 점에 주의하세요.

07 비대칭도, 첨도, 정규확률그림

비대칭도와 첨도는 정규분포와 실제 분포가 얼마나 차이가 나는지를 나타내는 지표입니다. 또한, 통계 자료에는 정규확률그림이 나오므로 이를 보는 방법도 알아 둡니다.

정규확률그림이 직선에 가까울수록 오차가 작은 정규분포임

데이터의 분포가 정규분포와 일치하는지 확인하는 지표로 비대칭도, 첨도가 있음

비대칭도

분포가 좌우대칭인지 혹은 좌우 어느 쪽에 치우쳐 있는지와 같이 분포의 차이를 나타내는 지표를 '비대칭도'라고 하며 다음 식으로 나타냄

$$Sw = \frac{1}{n}\sum_{i=1}^{n}\left(\frac{x_i - \overline{x}}{s}\right)^3 = \frac{1}{n}\left\{\left(\frac{x_1 - \overline{x}}{s}\right)^3 + \left(\frac{x_2 - \overline{x}}{s}\right)^3 + \cdots\cdots + \left(\frac{x_n - \overline{x}}{s}\right)^3\right\}$$

첨도

분포의 뾰족한 정도를 나타내는 지표를 '첨도'라고 하며 다음 식으로 나타냄

$$Sk = \frac{1}{n}\sum_{i=1}^{n}\left(\frac{x_i - \overline{x}}{s}\right)^4 - 3 = \frac{1}{n}\left\{\left(\frac{x_1 - \overline{x}}{s}\right)^4 + \left(\frac{x_2 - \overline{x}}{s}\right)^4 + \cdots\cdots + \left(\frac{x_n - \overline{x}}{s}\right)^4\right\} - 3$$

정규확률그림

세로축에 데이터 값, 가로축에 기대되는 정규분포를 나타낸 산점도임. 정규분포는 직선으로 나타내므로 데이터의 분포와 정규분포가 얼마나 일치하는지를 시각화하며, (정규) Q-Q 플롯이라고도 함

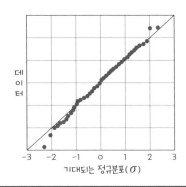

정규분포와 실제 분포의 차이를 파악한다

'실생활에서 정규분포를 따르는 확률분포를 많이 볼 수 있다'라고 했지만, 실제 데이터를 살펴보면 정규분포를 벗어나는 경우가 종종 있습니다. 이때 정규분포의 차이를 정량적으로 나타내는 지표가 비대칭도와 첨도입니다.

정규분포는 정확한 좌우대칭의 종 모양 분포인데, 실제 분포는 좌우 어느 한쪽에 치우칠 수 있습니다. 이 분포 두 가지를 비교해 차이를 나타내는 것이 비대칭도입니다. 정규분포의 비대칭은 0에서 왼쪽으로 기울면 양수이고 오른쪽으로 기울면 음수입니다.

첨도는 분포의 뾰족한 정도를 나타내는 지표입니다. 정규분포(첨도 0)보다 뾰족하면 첨도는 양수입니다. 정규분포보다 뾰족하지 않으면 첨도는 음수입니다.

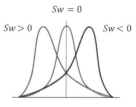

비대칭도(Sw)는 확률분포와
실제 분포의 관계가
$Sw = 0$인 정규분포

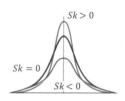

첨도(Sk)는 확률분포와
실제 분포의 관계가
$Sk = 0$인 정규분포

BUSINESS 정규확률그림 사용하기

통계 데이터와 관련된 자료를 읽다 보면 정규확률그림이라는 그래프를 볼 수 있습니다. 이 그래프는 이해하기 조금 어렵지만 꼭 알리고 싶은 것은 개념이므로 소개합니다. 다음 그림과 함께 살펴보겠습니다. 위 그래프는 데이터의 확률분포를 나타내며, 아래 그래프는 데이터의 분포 그 자체를 나타냅니다. 데이터가 정규분포면 데이터를 깔끔한 직선으로 나타낼 수 있는데, 정규분포에서 벗어나면 직선으로 나타나지 않습니다.

참고로 이 그래프는 (정규) Q-Q 플롯이라고 하며 세로축과 가로축이 반대로 나타낼 때도 있습니다. 그래도 데이터의 분포와 정규분포의 일치 여부를 데이터와 직선의 상태로 판단하는 개념은 같습니다.

데이터 분포
가로축 데이터
세로축 확률(도수)

정규확률그림
가로축 정규분포 위의 점
세로축 데이터 위의 점

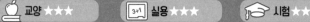
08 큰 수의 법칙과 중심극한정리

통계와 확률을 사용하는 전제가 되는 개념입니다. 통계의 '충분히 크다'가 무엇인지 이해해 두세요.

통계에서 '충분히 크다'는 확률이 낮을수록 시행 횟수가 많아진다는 뜻임

큰 수의 법칙

- 시행이 많으면 경험적 확률도 이론적 확률에 가까워짐
- 시행 횟수(샘플 크기)가 많을수록 표본평균은 모집단의 평균에 가까워짐

중심극한정리

모집단에서 크기가 n인 표본을 추출했을 때 표본평균이 X라면 표본 수 n이 충분히 클 때(30 이상이 기준) 모집단의 분포와 관계없이 X는 정규분포임

'충분히 크다'는 어느 정도의 크기일까?

큰 수의 법칙은 '많이 시행하면 실제 시행 결과도 수학의 이론적 결과에 가까워진다'라는 것입니다.

예를 들어 주사위 던지기를 생각해 봅시다. 주사위를 던졌을 때 숫자 6이 나올 확률은 $\frac{1}{6}$입니다. 또한 주사위를 열 번 던져서 숫자 1이 나오지 않을 확률은 16% 정도입니다.

그러나 주사위를 100번 던져서 숫자 1이 나오지 않을 확률은 무시할 수준으로 작습니다. 하지만 주사위를 1,000번 던졌다면 숫자 1이 나올 확률은 이론적인 확률인 $\frac{1}{6}$과 거의 같습니다. 이것이 큰 수의 법칙입니다.

그런데 1~60이 적힌 카드 중에서 하나를 선택할 때라면 이야기가 다릅니다. 100번 시행에 1이라는 카드를 선택하지 않을 확률은 19% 정도이며 1,000번 시행도 '충분히 크다'라고 말할 수 없습니다. 이론적인 확률인 $\frac{1}{60}$과 거의 같아지려면 약 1만 번 이상의 시행이 있어야 합니다. 확률의 크기에 따라 '충분히 크다'의 기준은 변하는 것입니다.

큰 수의 법칙으로 이익을 내는 업계로 보험이 있습니다. 보험은 기댓값을 계산하면 마이너스입니다. 회원이 낸 돈으로 보험금을 지급하고도 회사가 이익을 내기 때문에 분명한 사실입니다. 예를 들어 10,000시간에 한 번 일어나는 사고의 피해를 보상하는 보험을 판다고 생각해 봅시다. 이때 계약 한 건당 사고가 일어날 확률은 0.0024입니다. 이 숫자는 충분히 작은 값입니다. 그러나 보험 회사가 5,000건의 계약을 맺었다면 평균 12건의 사고가 발생하며, 이는 통계적으로 관리할 수 있는 숫자입니다.

즉, 확률은 낮지만 손해가 큰 위험을 피하려는 고객을 통계적으로 관리할 수 있는 숫자까지 찾아서 이익을 내는 것이 보험 회사의 사업인 것입니다.

중심극한정리에서 정규분포는 '표본의 평균'을 의미한다

중심극한정리는 "원래 분포가 무엇이든 표본 수가 크면 표본평균의 분포는 정규분포한다"라는 개념입니다.

여기서 오해하면 안 되는 부분은 표본의 평균이 정규분포라는 것입니다. 다음 그림과 함께 살펴보겠습니다.

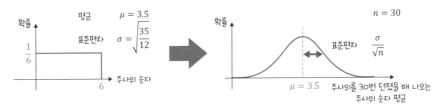

주사위를 던졌을 때 나오는 숫자   주사위를 30번 던졌을 때 나오는 주사위 숫자 평균의 분포

주사위 던지기는 앞 그림과 같이 확률이 $\frac{1}{6}$인 균일한 분포입니다. 그러나 '주사위를 30번 던졌을 때 나오는 주사위 숫자의 평균', 즉 30번의 시행을 반복했을 때의 평균은 정규분포가 됩니다. 균일한 분포가 정규분포로 바뀌는 것이 아니라 '여러 번 시행했을 때의 평균'이라는 조건이 있음에 주의해야 합니다.

참고로 '평균의 분포'에서 나타나는 차이를 표준오차라고 합니다. 원래 분포의 표준편차를 시행 횟수의 제곱근으로 나눈 것입니다.

Column

데이터는 통계의 영혼이다

최근 통계가 주목받고 있습니다. 그래서 이 책에서도 통계 관련 여러 개념을 소개했습니다. 그런데 최근에 통계가 주목받는 이유는 무엇일까요? 다행히도 명확한 답이 있습니다. 좋은 데이터를 얻게 되었다는 점입니다.

IT가 발달하지 않은 시대에는 슈퍼마켓의 재고와 주문 관리를 수동으로 했습니다. 그리고 컴퓨터가 아니라 종이를 사용하여 관리했습니다. 이때 제조사는 상품을 유통한 후의 재고량을 정확히 알 수 없습니다. 그래서 상품이 잘 팔리고 있다고 착각해 필요 이상으로 생산하거나, 실제로 잘 팔리는 상품을 추가로 유통하지 못하는 등 매우 비효율적으로 재고를 관리했습니다.

그러나 재고 관리를 IT와 접목하면서 전체 재고량을 파악하기 쉬워졌습니다. 그 결과로 상품 생산의 비효율성도 개선되었습니다.

지금은 인터넷 쇼핑이나 전자화폐 등이 발달해 상품 구매 정보뿐만 아니라 소비자의 특성(성별, 연령, 구매 내역 등)도 알 수 있습니다. 이 데이터를 사용하면 특정 고객이 선호하는 상품을 만들고, 구매를 권하는 등 효과적인 마케팅이 가능합니다. 그래서 데이터를 분석하는 일이 과거보다 더 중요해졌고, 통계학이 새롭게 주목받기 시작한 것입니다.

단, 통계는 어디까지나 데이터를 처리하는 방법입니다. 이 책에서는 다루지 않지만 '어떻게 양질의 데이터를 확보하는가?'라는 점도 현재 굉장히 중요한 부분입니다. 양질의 데이터 확보에 성공해서 업계의 리더가 된 회사들이 아마존닷컴, 구글, 페이스북 등의 IT 회사입니다.

통계를 비즈니스에 활용하려는 사람이라면 먼저 양질의 데이터를 확보하는 데 집중하기 바랍니다.

Chapter

16

고급 통계

Introduction

컴퓨터에게 계산을 통째로 맡길 수는 없다

이 장에서는 고등학교에서 배우지 않는 통계학 중 통계적 추론(신뢰구간 추정, 가설검정 등)과 다변량분석(회귀분석, 주성분분석 등)을 설명합니다.

이러한 개념은 계산이 매우 복잡하므로 직접 손으로 계산할 일은 거의 없습니다. 컴퓨터 프로그램을 사용합니다. 극단적으로 데이터를 넣고 버튼만 누르면 결과를 얻는 경우도 있습니다. 특히 최신 프로그램은 진화를 거듭하고 있으므로 계산의 상당 부분을 프로그램 안에서 해결해 분석을 진행합니다. 그래서 기초 수학 지식이 없는 사람도 일정한 성과를 얻습니다.

하지만 기초 수학 지식이 없으면 의도하지 않은 결과가 나왔을 때 원인을 알 수 없습니다. 특히 엔지니어는 문제가 발생했을 때 어떻게 해결하는지에 따라 현재 어느 정도 수준에 이르렀는지 평가받을 때가 많습니다. 따라서 이 장에서 설명하는 통계 지식은 꼭 알아야 합니다.

통계적 추론은 표본에서 모집단을 추정한다

데이터를 분석할 때 충분한 데이터가 확보된 경우는 거의 없습니다. 검사나 조사에 돈과 시간을 사용하므로 보통 표본이 되는 데이터를 검사하거나 조사합니다. 그리고 이 한정된 표본 데이터에서 결론을 끌어내야 합니다.

그래서 통계적 추론이라는 개념이 발전했습니다. 모집단에서 추출한 표본에서 얻은 정보로 모집단을 추정하고 'ㅇㅇ는 신뢰구간이 90%'라는 표현 등으로 정량적인 결론을 제시합니다.

단, 이러한 결론은 여러 분석 의견 중 하나일 뿐입니다. 예를 들어 의미 있는 결론을 내고 싶어서 몇 번이나 표본을 다시 추출하면 원하는 데이터를 얻을 수도 있습니다. 또한, 신뢰구간 95%에서 올바른 데이터라도 남은 5%에서 잘못될 수 있다는 점은 "정말 적절한 데이터가 모이고 있는가?"라는 본질적인 문제를 고려해야 한다는 뜻이기도 합니다.

통계적 추론은 어디까지나 판단을 정량화하기 위한 도구일 뿐입니다. 원하는 숫자(p 값 등)를 계산하려고 너무 집착하지 마세요.

회귀분석은 미래를 예측하는 것이다

다변량분석은 여러 종류의 변수 사이 관계를 파악하는 분석 방법입니다.

예를 들어 상품의 판매량을 결정하는 데는 상품 가격, 고객 수, 시간, 날씨, 기온, 홍보 등 다양한 요소가 있습니다. 이때 판매량(변수 하나)을 다른 요소(변수)로 나타내는 식으로 바꿔 미래를 예측하는 분석이 회귀분석입니다. 또한, '날씨 + 온도 = 기후'라는 관계로 여러 변수를 그룹화하여 현상을 단순화하는 주성분분석과 인자분석도 있습니다.

사실 다변량분석에는 이 책에서 소개한 벡터, 행렬, 미적분 등 상당한 고급 수학 개념이 활용되므로 꽤 어렵습니다. 따라서 이 장은 단순회귀분석을 빼고는 수학적 배경을 언급하지 않습니다.

다변량분석을 계산하는 방법은 대부분의 사람이 배울 필요가 없다고 생각합니다. 여기에서는 각 개념을 먼저 파악해 둡니다.

🍎 교양 독자가 알아 둘 점

용어의 뜻을 제대로 이해합니다. 신뢰구간, 가설검정, 귀무가설, p 값 회귀분석, 결정계수, 주성분분석, 인자분석 등을 이해한다면 앞으로 전문적인 통계 관련 자료를 살펴볼 때 큰 어려움이 없을 것입니다.

📧 업무에 활용하는 독자가 알아 둘 점

용어를 이해하면서 수학적 모델도 어느 정도는 이해해야 합니다. 특히 다변량분석은 실제로 계산하지 않더라도 컴퓨터 안에서 어떤 계산을 하는지 떠올릴 수 있는 수준까지 이해해야 합니다.

🎓 수험생이 알아 둘 점

이 장의 내용은 대학교에 입학한 후 혹은 취직한 후 필요할 때 배워도 됩니다. 지금은 기초적인 통계학을 공부하는 데 집중한 후 시간이 남을 때 읽어도 괜찮습니다.

 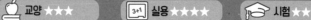

01 모평균의 구간 추정

표본평균에서 모집단의 평균을 추정하는 방법입니다. 신뢰구간을 계산하는 논리를 기억하세요.

표본평균이 정규분포가 되는 과정을 이용해 신뢰구간을 추정함

모집단에서 충분히 큰 n개(약 30 이상)의 표본 $(x_1, x_2, \cdots\cdots, x_{n-1}, x_n)$을 추출할 때 모평균(모집단 평균) μ의 신뢰도 95%인 신뢰구간(실제 값이 존재하는 범위)은 다음과 같음

$$\bar{x} - 1.96 \times \sqrt{\frac{s^2}{n}} \leqq \mu \leqq \bar{x} + 1.96 \times \sqrt{\frac{s^2}{n}}$$

앞 식은 신뢰도 95%의 경우이지만, 계수 1.96을 1.64로 바꾸면 90%, 2.58로 바꾸면 99%의 신뢰도가 됨. 이때 $\bar{x}$는 표본평균, s^2는 다음 식으로 나타내는 비편향분산임

$$\bar{x} = \frac{1}{n} \sum_{i=1}^{n} x_i, \quad s^2 = \frac{1}{n-1} \sum_{i=1}^{n} (x_i - \bar{x})^2$$

표본의 통계 값에서 모집단의 평균을 추정한다

여기에서는 모집단 중에서 무작위로 뽑은 표본을 사용하여 모집단의 평균을 추정하는 방법을 소개합니다. 예를 들어 '무작위로 선정한 성인 남성 100명의 키에서 성인 남성 전체의 키를 추정한다'라는 문제가 해당합니다.

이 문제에서 주의해야 할 점은 비편향성입니다. **15장 08**의 중심극한정리에 설명한 것처럼 모평균과 표본평균은 같습니다. 그러나 보통 편차를 계산하면 표본의 분산은 모집단 분산보다 작습니다. 이를 조정하려고 표본의 분산은 n이 아니라 $n-1$로 나누어 모집단 분산에 접근합니다. 이를 비편향분산(unbiased variance)이라고 합니다.

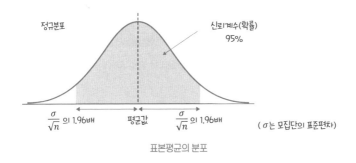

표본평균의 분포

15장 08과 같이 모평균을 μ, 모집단의 표준편차가 σ라면 표본평균은 평균이 μ, 표준편차 $\frac{\sigma}{\sqrt{n}}$인 정규분포를 따릅니다. 그리고 정규분포는 $\mu \pm 1.96 \times \frac{\sigma}{\sqrt{n}}$인 95% 신뢰구간에 해당합니다. 그래서 모평균 μ는 표본평균 x를 사용하여 $x \pm 1.96 \times \frac{\sigma}{\sqrt{n}}$인 신뢰구간에 95%의 확률로 존재한다고 말할 수 있습니다.

앞 식을 자세히 살펴보면 Point에서 소개한 식과 차이점이 있습니다. 앞 식은 모집단의 표준편차를 σ를 사용하는데, Point에서 소개한 식에서는 표본의 비편향 표준편차 s를 사용합니다. 이는 원래 σ를 사용해야 하는데 n이 많으면(30 정도) $\sigma \doteqdot s$이므로 s로 대체한 것입니다. n이 적으면 Point에서 소개한 식을 사용했을 때 좁은 범위의 신뢰구간을 추정하므로 t분포를 사용해야 합니다. t분포는 이 책에서는 설명하지 않으므로 더 자세한 내용은 다른 통계 관련 자료를 참고하기 바랍니다.

BUSINESS 성인 남자의 평균 키 추정하기

성인 남자 100명을 무작위로 추출해 표본으로 삼았을 때 해당 표본 남성의 평균 키가 171cm, 비편향분산이 49였다고 생각해 보죠. 이때 성인 남자 전체의 평균 키를 추정해 보겠습니다.

비편향분산이 49라면 비편향분산을 표본 수 n으로 나눠 제곱근 한 결과는 $\sqrt{\frac{s^2}{n}} = 0.7$입니다. 따라서 95%의 신뢰구간은 169.6~172.4cm입니다. 즉, 성인 남자 전체의 평균 키는 95%의 확률로 169.6~172.4cm 범위에 있다고 추정할 수 있습니다.

02 모비율의 구간 추정

TV 시청률이나 여론 조사 등 실생활에서 자주 사용되는 추정 방법입니다. 개념 자체는 모평균과 아주 비슷합니다.

모평균의 추정 σ를 $\sqrt{p(1-p)}$로 대체하는 것이 모비율임

모집단에서 충분히 큰 n(약 100 이상)이라는 표본의 표본 비율이 p일 때 '모비율' P는 신뢰도 95%의 구간에서 다음과 같이 추정할 수 있음

$$p - 1.96\sqrt{\frac{p(1-p)}{n}} \leqq P \leqq p + 1.96\sqrt{\frac{p(1-p)}{n}}$$

앞 식은 신뢰도 95%의 경우이지만, 계수 1.96을 1.64로 바꾸면 90%, 2.58로 바꾸면 99%의 신뢰도가 됨

표본의 통계 값에서 모집단의 평균을 추정하는 또다른 방법이다

보통 정부의 지지율은 표본 수의 조사 결과에서 계산합니다. 이때 확실한 결과를 얻도록 표본 수를 계산하는 바탕이 이 절에서 소개하는 모비율의 구간 추정입니다.

이 개념은 동전의 앞면이 나올 확률이 p인 베르누이 분포(동전을 한 번 던졌을 때 앞뒷면 중 무엇인지 관측하는 확률분포)로 나타낼 수 있습니다. 베르누이 분포의 표준편차는 $\sqrt{p(1-p)}$이므로 앞 절에서 설명한 모평균의 구간 추정 식에서 $\sigma = \sqrt{p(1-p)}$라고 바꾸면 Point에서 소개한 식과 같습니다.

표본 비율의 분포는 다음 그림과 같습니다.

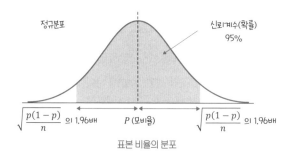

표본 비율의 분포

여기서 신뢰구간은 모비율 P를 사용하여 설명합니다. 원래 신뢰구간을 계산하려면 P가 필요하지만, n이 충분히 큰(약 100 정도) 상태라면 표본 비율 p는 충분히 모비율 P에 가깝게 근사할 수 있습니다. 따라서 Point에서 소개한 식으로 나타낼 수 있습니다.

BUSINESS TV 시청률 추정하기

TV 시청률을 계산할 때는 표본 세대 수의 시청률을 이용합니다. 예를 들어 중산층의 표본 세대 수는 약 900세대로 알려져 있습니다. 중산층은 약 1,500만 세대 이상이 있으므로 1/10000 이하의 세대 수를 조사해서 시청률을 계산하는 것입니다.

아마 너무 작은 숫자라고 느낄 것이다. 그럼 1,500만 세대의 모집단에서 900세대의 데이터로 시청률을 추정했을 때의 오차를 계산해 봅시다.

$p = 0.2$(시청률 20%), $p = 0.1$(시청률 10%), $p = 0.01$(시청률 1%)이고, $n = 900$일 때의 신뢰도 95% 구간을 계산하면 다음과 같습니다.

$p = 0.2$(시청률 20%): $20 \pm 2.61\%$
$p = 0.1$(시청률 10%): $10 \pm 1.96\%$
$p = 0.01$(시청률 1%): $1 \pm 0.65\%$

앞으로 시청률이 10%라면 ±2% 정도의 오차가 있다고 생각해도 좋습니다. 또한, 시청률이 낮으면 상대적으로 오차가 커짐을 기억하기 바랍니다. 예를 들어 시청률 20%와 16%는 오차 범위를 벗어나므로 의미가 있는 차이라고 할 수 있습니다. 하지만 시청률 1%와 1.4%는 오차 범위 안이므로 상대적으로 의미가 적은 차이입니다.

더 정확도를 높이려면, 예를 들어 오차의 범위를 반으로 줄이려면 n을 4배로 늘려야 합니다. 앞 표본 기구 예라면 조사할 세대 수를 3,600세대로 늘려야 하므로 시청률 조사 비용이 늘어납니다. 즉, 조사할 세대 수는 조사의 정확성과 비용의 균형에 맞춰서 정해야 합니다.

03 가설검정

통계학 기반으로 가설을 검정하는 방법입니다. 상품의 품질을 판단하는 업무에 자주 사용됩니다. 먼저 용어의 의미를 이해한 후 대략적인 개념도 살펴보세요.

 주장하고 싶은 가설과 반대인 가설(귀무가설)을 기각시키는 것임

통계학의 가설검정

통계학의 가설검정은 조사나 실험 결과에서 추정되는 가설이 모집단에서도 성립하는지, 아니면 단순히 우연히 일어났는지를 확률과 통계로 검정하는 것임

귀무가설과 대립가설

검정할 때는 주장하려는 가설(예를 들어 A보다 B가 크다)과 반대 가설(A와 B의 차이는 없다)을 세움. 이때 주장하려는 가설은 '대립가설'이라고 하고 반대 가설은 '귀무가설'이라고 함

가설검정의 단계

① 선택하지 않으려는 귀무가설과 선택하려는 대립가설을 세움
② 검정할 확률분포의 유의수준을 결정함
③ 귀무가설 아래에서 통계량과 측정 결과가 일어날 확률을 계산함
④ ③의 확률이 유의수준 이하면 귀무가설이 선택되지 않으므로 대립가설이 더 타당하다고 할 수 있음. 유의수준 이상이면 귀무가설이 올바르며 측정 결과는 편차의 범위 안이라고 판단함

용어 설명

• 유의수준: 귀무가설을 선택하지 않는 기준이 되는 확률이며, 보통 5%나 1% 등의 값을 사용함. 예를 들어 5%로 설정했다면 발생 확률이 5% 미만인 사건은 우연이 아님(의미가 있음)으로 판단함
• p 값: 귀무가설이 올바르다고 가정할 때 측정 결과를 우연히 얻는 확률임. p 값이 작을수록 귀무가설을 선택하지 않아야 한다고 확실하게 주장할 수 있음

 **공장별 상품의 차이**

문제와 함께 검정 단계를 설명합니다.

> **문제** 공장 A와 B에서 같은 상품을 생산하고 있습니다. 어느 날 공장 A에서 생산된 상품 200개의 무게 평균은 530g이고 표준편차는 6g입니다. 한편 공장 B에서 생산된 180개 상품의 무게 평균은 528g으로 표준편차는 5g입니다. 공장 A와 B의 상품 무게에 차이가 있다고 할 수 있을까요?

공장 A와 B에서 생산된 상품 무게의 평균에 차이가 있는지 조사하고 싶은 것이므로 귀무가설과 대립가설은 다음과 같습니다.

- 귀무가설: 공장 A와 B에서 생산된 상품 무게에 차이가 없다
- 대립가설: 공장 A와 B에서 생산된 상품 무게에 차이가 있다

통계량을 정리하면 오른쪽 표와 같습니다. 여기서 표본 수가 크기 때문에 표본의 분산이 모집단 분산과 같다고 생각합니다.

	공장 A	공장 B
모분산	$\sigma_A^2 = 6^2$	$\sigma_B^2 = 5^2$
표본 수	$n_A = 200$	$n_B = 180$
표본평균	$\overline{x_A} = 530$	$\overline{x_B} = 528$

확률분포는 표준정규분포(Z분포)를 가정하며 유의수준은 $\alpha = 0.05$(5%)입니다. 귀무가설이 옳다면 공장 A와 B의 차이는 없으므로 공장 A의 표본평균 x_A와 공장 B의 표본평균 x_B의 차이 $x_A - x_B$는 평균 0, 표준편차가

$$\sqrt{\frac{\sigma_A^2}{n_A} + \frac{\sigma_B^2}{n_B}} = 0.5647$$ 인 정규분포를 따릅니다.

이제 검정 통계량 Z_0을 계산하면,

$$Z_0 = \frac{\overline{x_A} - \overline{x_B}}{\sqrt{\dfrac{\sigma_A^2}{n_A} + \dfrac{\sigma_B^2}{n_B}}} = 3.5417 \cdots\cdots \fallingdotseq 3.542 \text{이고,}$$

유의수준이 $\alpha = 0.05$일 때 Z분포 값은 1.960보다 크므로 귀무가설은 선택되지 않습니다. 따라서 공장 A와 B의 상품 무게는 의미 있는 차이가 있으며, 이때 p 값은 0.0002(0.02%)로 작습니다.

04 단순회귀분석

회귀분석은 엑셀 등으로 간단하게 계산할 수 있습니다. 단, 결과를 해석할 때 주의해야 합니다.

회귀 식은 오차의 제곱이 최소가 되도록 결정함

n개의 데이터 모음 (x_1, y_1), (x_2, y_2), ……, (x_n, y_n)이 있을 때, 회귀분석은 종속변수 y를 독립변수 x의 식으로 나타냄. 즉, $y ≒ f(x)$가 되는 회귀 식 $f(x)$를 계산하는 것이며, 특히 독립변수가 1개일 때 '단순회귀분석'이라고 함

최소제곱법

최소제곱법은 오차의 제곱을 더한 것임. $\sum_{i=1}^{n}\{y_i - f(x_i)\}^2$이 최소화되는 회귀 식 $f(x)$를 계산하는 것이기도 함

결정계수

회귀 식 $f(x)$의 결정계수를 다음과 같이 정의함. 단, μ_Y는 y_1, y_2, ……, y_n의 평균값임

$$R^2 = 1 - \frac{\sum_{i=1}^{n}(y_i - f(x_i))^2}{\sum_{i=1}^{n}(y_i - \mu_Y)^2}$$

특히 회귀 식 $f(x)$가 일차식, 즉 $y = ax + b$일 때 a, b는 최소제곱법을 사용하여 다음과 같이 나타내며, a, b는 '회귀계수'라고 함

$$a = \frac{n\sum_{i=1}^{n}x_i y_i - \sum_{i=1}^{n}x_i \sum_{i=1}^{n}y_i}{n\sum_{i=1}^{n}x_i^2 - \left(\sum_{i=1}^{n}x_i\right)^2}, \quad b = \frac{\sum_{i=1}^{n}x_i^2 \sum_{i=1}^{n}y_i - \sum_{i=1}^{n}x_i y_i \sum_{i=1}^{n}x_i}{n\sum_{i=1}^{n}x_i^2 - \left(\sum_{i=1}^{n}x_i\right)^2}$$

회귀 식이 일차식이면 결정계수 R^2는 상관계수의 제곱과 같음

회귀분석의 의미

회귀분석은 **2장 07**에서 살펴보았었습니다. 오른쪽 그림과 같이 여러 점에 대한 근사직선을 넣는 것을 소개했습니다.

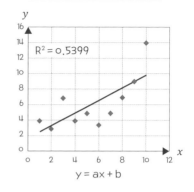

$$y = ax + b$$

이 직선(회귀선이라고 합니다)을 그리는 수학적 방법이 여기에서 소개하는 회귀분석입니다. 회귀 식은 각 점 오차의 제곱이 최소가 되도록 정합니다. 이를 **최소제곱법**이라고 합니다. 사실 회귀 식과 최소제곱법은 컴퓨터를 사용하여 계산하는 편이므로 직접 계산할 필요는 없습니다. 하지만 수학적인 개념은 알아 두어야 합니다. 결정 계수 R^2은 0에서 1 사이의 값이며 1에 가까울수록 회귀직선의 정확도가 높다는 임을 기억하기 바랍니다.

여기까지 이해했다면 단순회귀분석을 사용할 수 있습니다.

BUSINESS 광고의 효과 측정하기

사업이나 장사하는 분이라면 광고의 중요성을 크게 느낄 것입니다. 그러나 중요하다고 생각하더라도 구체적인 효과를 나타내는 데는 어려움이 있습니다. 이때 회귀분석을 사용하면 광고의 효과를 정량적으로 나타낼 수 있습니다.

다음 그림은 상품을 홍보하려고 고객에게 보낸 전단지 매수와 실제 방문객 수의 데이터를 회귀분석한 것입니다.

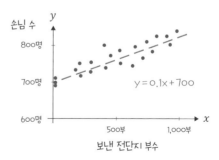

앞 그림에서 회귀직선의 기울기는 0.1, 즉 전단지를 100장 보내면 10명의 손님 수가 증가했습니다. 이 결과는 광고 비용의 효과를 논의할 때 도움을 줍니다.

05 다중회귀분석

독립변수가 여러 개 있는 회귀분석입니다. 보통 독립변수가 많으므로 현실적인 데이터의 분석에 자주 사용됩니다.

독립변수는 가급적 적게 두는 것이 현명함

$y = ax + b$와 독립변수 하나로 종속변수를 나타내는 것이 단순회귀분석이면, $y = a_1x_1 + a_2x_2 + \cdots\cdots + a_nx_n + b$와 같이 여러 개 독립변수 x_n로 종속변수를 나타내는 회귀분석은 '다중회귀분석'이라고 함

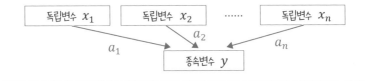

다중회귀는 여러 개 종속변수가 있는 회귀분석이다

단순회귀분석은 종속변수 'y'에 대해 독립변수 'x' 하나로 나타내는 회귀분석입니다. 이 절에서는 여러 개 독립변수에서 종속변수를 나타내는 다중회귀분석을 소개합니다.

예를 들어 종속변수가 매출액일 때 이를 손님의 변화로 설명하려는 것이 단순회귀분석이라면 손님과 기온 등 여러 개 독립변수로 매출액인 종속변수를 나타내려는 것이 다중회귀분석인 셈입니다.

다중회귀분석의 회귀계수 계산은 직접 손으로 계산할 수 없을 정도로 복잡하므로 이 책에서는 생략합니다. 그러나 단순회귀분석과 같이 오차의 제곱을 최소화하도록 회귀계수를 계산합니다. 즉, 독립변수가 여러 개일 뿐 회귀계수와 결정계수 개념은 단순회귀분석과 같습니다.

실제로 회귀분석을 사용할 때는 독립변수 후보가 많습니다. 하지만 다중공선성 (multicollinearity)에 주의해야 합니다. 다중공선성이란 독립변수 사이의 상관관계가 강할 때 발생합니다. 예를 들어 독립변수를 전체 손님 수, 남자 손님 수, 여자 손님 수라고 정했다고 생각해 보죠. '남자 손님 수 + 여자 손님 수 = 전체 손님 수'라는 관계가 성립

합니다. 그럼 독립변수 사이에 강한 상관관계가 있으므로 다중회귀분석의 정확도가 낮습니다. 이러한 상관관계가 있는 독립변수를 정하지 않도록 주의해야 합니다.

다중공선성만 주의하면 독립변수를 늘릴수록 회귀 식의 정확도가 높아집니다. 즉, 결정계수가 1에 가까워집니다. 그러나 실제로 회귀 식을 사용하여 분석할 때 독립변수는 적은 것이 좋습니다. 당장의 정확도만 고려해 독립변수를 너무 늘리지 않도록 해야 합니다.

BUSINESS 기상 조건과 수확량의 관계

다음 표와 같이 기상 조건(월 평균온도, 일조 시간, 강수량)과 어떤 작물의 수확량을 분석하는 데 다중회귀분석을 활용해 보겠습니다.

평균온도(℃)	일조 시간(h)	강수량(mm)	수확량(kg)
19.2	127	170	454.3
21.1	126	153	498.1
21.8	104	183	554.3
22.2	100	149	489.7

앞 데이터를 엑셀로 다중회귀분석하면 다음과 같은 결과를 얻습니다.

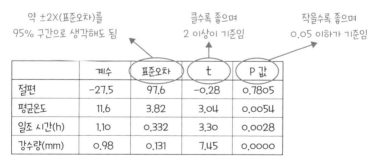

회귀 식: (수확량) = 11.6 ×(평균온도) + 1.10 × (일조 시간) + 0.98 ×(강수량) − 27.5

계수를 계산해 앞과 같은 다중회귀 식을 나타낼 수 있습니다. 그러나 분석 결과를 보면 절편이 정확하지 않은 편이므로 절편을 0으로 설정하는 것이 좋습니다.

교양 ★★　　실용 ★★★　　시험 ★

06 주성분분석

여러 개의 변수로 구성된 정보를 요약하는 새로운 변수로 바꿔 분석하기 쉽게 하는 방법입니다. 머신러닝과도 연관 있는 개념입니다.

Point 정보를 요약해서 나타내려고 변수를 합성하여 주성분을 만듦

주성분분석은 여러 개 변수의 공통부분을 찾아 주성분이라는 합성 변수를 만듦. 목적은 '정보의 요약'임. 예를 들어 변수 x_1과 x_2에 대해 편차(분산)가 최대인 주성분계수 a, b를 계산하는 것임

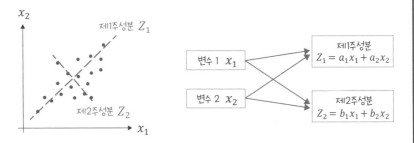

- 주성분의 분산(편차)이 큰 순서로 제1, 제2, …… 주성분이라고 함
- 각 주성분끼리 서로 직교함
- 주성분계수는 보통 $a_1{}^2 + a_2{}^2 = 1$이라는 제약 조건이 있음
- 주성분은 변수의 수만큼 계산하며, 분석 목적(정보의 요약)을 생각하면 허용 범위 안에서 오차가 작으면 좋음

주성분분석의 지향점

주성분분석은 여러 개의 변수가 있는 데이터에 새로운 변수를 만들어 분석하기 쉽게 하는 방법입니다. 새로운 변수는 원래 변수를 합성하여 만듭니다. 이때 요약, 가장 큰 분산, 직교라는 세 가지 사항을 고려해야 합니다.

첫 번째 요약이란 데이터를 정리하여 판단하기 쉽게 하는 것입니다. 예를 들어 국어, 수학, 영어 세 과목의 시험 결과가 있을 때 총점이라는 지표를 만드는 것이 요약의 하나입

니다. 세 과목의 데이터는 삼차원이지만, 총점이라는 일차원 데이터를 만들면 합격·불합격 판단이 쉽습니다. 이것이 요약의 장점입니다.

두 번째는 가장 큰 분산입니다. 먼저 분산이 작다는 반대 개념의 문제를 생각해 봅시다. 수학 시험의 문제가 매우 쉬워서 30명의 학생 중 100점을 20명, 95점을 10명이 받았다고 생각해 보죠. 이 시험 결과로는 학생들의 수학 실력을 제대로 판단할 수 없습니다. 즉, 분산이 작은 상태입니다. 적절한 판단을 내리려면 분산이 크면 좋습니다.

세 번째는 직교입니다. 이는 벡터의 일차독립으로 설명할 수 있습니다. 통계 데이터를 벡터로 나타내면, 주성분분석은 좌표축의 변환에 해당합니다(**11장 03** 참고). 이때 변환된 축을 직교시키면 데이터의 불확실성이 주는 영향을 최소화할 수 있습니다. 그래서 주성분분석에서는 각 주성분을 직교시키는 것입니다.

📖 BUSINESS 브랜드 이미지 조사

같은 업계 여러 회사의 브랜드 이미지를 다음 그림과 같이 정리하는 것을 본 적이 있을 것입니다. 이는 회사 이미지에 관한 수십 가지의 항목을 만들고 설문을 시행한 후 그 결과의 주요인을 분석해 만든 것입니다.

이때 주성분분석을 이용하면 설문 결과를 잘 설명할 수 있는 주성분 2개를 선정해 직교 축으로 설정합니다. 단, 주성분분석에서 얻는 결과는 단순한 수식일 뿐입니다. 해당 수식이 무엇을 나타내는지는 사람이 직접 해석(오른쪽의 그림에서 가로축은 가격, 세로축은 브랜드 이미지)해야 합니다.

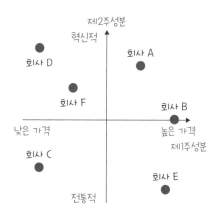

 교양 ★★　　 실용 ★★★　　 시험 ★

07 인자분석

여러 개의 변수에 있는 공통 관계(공통 요소)를 뽑습니다. 인자분석도 머신러닝에서 자주 사용됩니다.

Point 주성분석과 비슷하지만 주목할 부분이 다름

인자분석은 여러 개의 변수에 있는 요소(공통 요소)를 뽑아 변수 사이의 관계를 나타내는 방법임. 다음과 같이 변수의 공통 요소를 사용하여 각 변수의 관계식을 계산함. 이때 a와 b를 '인자부하량'(factor loading), e를 '특정인자'(unique factor)라고 함

인자분석에서 미리 공통인자와 변수의 영향 관계를 상정하고 분석하는 방법을 '구조방정식 모델'(structural equation models, SEM)이라고 함

일반적인 인자분석　　　　　　구조방정식 모델(SEM)

회전

공통인자의 의미를 명확히 하려고 축을 회전할 수 있음. 회전은 직교 상태를 유지하면서 회전하는 직교회전(orthogonal rotation)과 축과 별도로 회전하면서 직교 상태를 유지하지 않는 사각회전(oblique rotation)이 있음. 사각회전은 회전 후 인자 사이에 상관관계가 있음을 뜻함

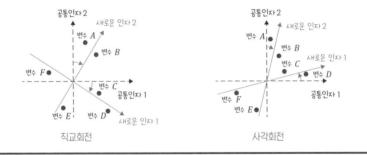

직교회전　　　　　　　　　　사각회전

의미에 주목해야 하는 인자분석

인자분석은 주성분분석과 헷갈리기 쉽지만, 개념에 뚜렷한 차이가 있습니다. 주성분분석은 변수의 요약에 주목하며 변수에서 주성분을 계산합니다. 하지만 인자분석은 공통인자에 주목하며 공통인자에서 변수를 계산합니다. 즉, 변수 → 주성분 또는 공통인자 → 변수라는 관계가 있습니다.

인자분석에서는 공통인자의 분석을 중요하게 생각합니다. 즉, 공통인자가 무엇을 뜻하는지를 중요하게 생각합니다. 따라서 공통인자와 변수의 관계를 처음부터 제한(구조방정식 모델)하거나 공통인자의 의미를 명확히 하려고 축을 회진시키기도 합니다.

즉, 인자분석은 변수의 본질을 뽑겠다는 의도가 강한 분석 방법입니다.

📔 BUSINESS 고객 설문 분석

레스토랑의 단골에게 다음 표와 같은 설문을 했다고 생각해 봅시다.

질문 항목	인자		
	식사를 즐기고 싶다	원하는 만큼 먹고 싶다	어린이와 먹고 싶다
희귀한 메뉴가 있다	0.86	0.25	0.02
계절감을 느끼는 요리가 있다	0.82	0.42	0.05
조리하는 장소가 보인다	0.60	0.11	0.31
주문이 가능하다	0.01	0.78	0.35
뷔페여서 음식 값을 신경 쓰지 않는다	0.40	0.68	0.41
양을 선택할 수 있다	0.12	0.64	0.46
어린이용 메뉴가 있다	0.02	0.00	0.94
적당히 떠들썩한 분위기다	0.00	0.00	0.71
인테리어에 여유로움이 있다	0.00	0.01	0.62

앞 설문 결과에 인사분석을 하면 질문 항목미다 인지 3개를 얻습니다. 이 인자를 분석하면 '식사를 즐기고 싶다', '원하는 만큼 먹고 싶다', '어린이와 먹고 싶다' 등 고객의 요구사항을 알 수 있습니다.

즉, 인자분석은 설문 결과에서 요구사항을 파악해 마케팅, 생활 습관에서 병의 원인 탐구, 사람의 성격 분석 등을 하는 데 적합합니다.

Column

시험 수학과 실용 수학의 가장 큰 차이는 무엇인가

'시험에서의 수학과 실용 수학의 가장 큰 차이'를 물으면 무엇이라고 답해야 할까요? 그중 하나로 '오류가 있는지를 파악'한다는 답이 있습니다. 즉, "이 데이터를 통계 분석하세요"라고 말했을 때 정말 오류가 없는 데이터인지 파악하는 것입니다.

시험에서의 수학은 문제를 내기 전 신중하게 검정하므로 오류가 발생할 경우가 아주 적습니다. 또한, 오류가 있다면 출제한 사람이 수험생 전원 정답 등의 조치를 취합니다.

하지만 실생활에서 제시하는 숫자는 쉽게 믿을 수 없습니다. 예를 들어 측정 장비가 손상되었거나, 데이터를 뽑는 조건이 다르거나, 엑셀 함수를 잘못 사용하는 등 오류가 발생할 상황은 여기저기에 숨어 있습니다. 또한, 데이터의 오류는 단순한 오류라면 바로 알 수 있지만, 좀처럼 알기 어려운 것도 많습니다. 어떤 면에서는 직감과 경험의 세계입니다. 따라서 제시한 데이터를 그대로 믿지 말고 꼭 검증해야 합니다.

논문의 수식에도 상당한 확률로 오류가 있습니다. 전문적인 이론은 검증할 수 있는 사람이 적으므로 심사를 거친 논문이라도 오류가 발생하는 것입니다. 그래서 실제로 논문의 수식을 사용할 때는 직접 계산해 검증해봐야 합니다(물론 유명한 법칙과 정리라면 이 과정을 거치지 않아도 괜찮습니다). 단순한 인터넷 정보라면 신용도가 더 낮으므로 검증 과정도 더 철저해야 합니다.

그래서 실용 수학을 다루는 사람이라면 단순하게 공식에 숫자를 넣어 계산하는 것이 아니라 어떤 수학 이론을 증명 과정을 살펴보거나 공식을 실제로 전개하는 등의 훈련으로 개념을 제대로 이해하는 힘을 길러야 합니다. 학문에 왕도는 없습니다. 꾸준하게 배움을 계속합시다!

마치면서

이 책은 일반인을 위한 수학이라는 관점 아래 계산 방법보다는 수학 개념을 재미있게 소개한다는 생각을 하면서 썼습니다. 이 책을 끝까지 읽어 보았다면 적어도 "미적분이란 무엇인가?", "벡터란 무엇인가?", "통계란 무엇인가?" 등의 질문에 답할 수 있을 것으로 생각합니다.

물론 실생활에서 수학을 자유롭게 사용하려면 실제 업무에서 직접 수학을 적용해 보아야 합니다. 이 책은 여기에 필요한 최소한의 지식은 소개했다고 생각합니다. 이제 더 이상 책만 읽어서는 안 됩니다. 책이 아닌 현실의 문제를 직접 접하고 해결하면서 더 높은 수준의 수학 지식을 얻기 바랍니다.

한편 이 책은 '재미있는 수학'이나 '아름다운 수학'의 관점이 아닌 실용성을 중요하게 생각하면서 썼습니다. 그래서 교양 관점의 수학을 다루는 책과 차이점이 있습니다. 이는 실제로 수학을 활용하면 수학의 즐거움과 아름다움을 자연스럽게 이해할 것으로 믿기 때문입니다.

예를 들어 초보 요리사라면 최고급 식칼을 사용하든 값싼 식칼을 사용하든 차이를 느끼지 못할 것입니다. 하지만 수행을 거듭하면서 요리사의 실력이 좋아지면 좋은 도구의 가치를 자연스럽게 느낄 것입니다. 또한, 최고의 도구를 발견한다면 그 자체로 아름다움을 느낄 것입니다.

수학도 실생활에서 사용하는 도구입니다. 이 책을 통해 실생활에 활용하는 수학 개념을 익히면서 수학 자체의 즐거움과 아름다움까지 느낀다면 매우 행복할 것입니다. 하지만 즐거움이나 아름다움은 본인 스스로 노력해서 느껴야 합니다. 이 책에 부족한 부분이 있다면 다른 자료나 선생님의 도움을 받으면서 노력을 계속했으면 하는 바람입니다.

앞으로 수학과 함께 여러분의 인생이 풍성해지기를 바랍니다.

2018년 12월 구라모토 다카후미

찾아보기